中国科协学科发展研究系列报告

中国科学技术协会 / 主编

2022—2023
种子学
学科发展报告

中国生物工程学会　编著

中国科学技术出版社
·北 京·

图书在版编目（CIP）数据

2022—2023 种子学学科发展报告 / 中国生物工程学会编著 . — 北京：中国科学技术出版社，2024.11

（中国科协学科发展研究系列报告）

ISBN 978-7-5236-0738-1

Ⅰ.①2… Ⅱ.①中… Ⅲ.①作物 – 种子 – 研究报告 Ⅳ.① S330

中国国家版本馆 CIP 数据核字（2024）第 092597 号

策划编辑	刘兴平　秦德继
责任编辑	史朋飞　李　洁
封面设计	北京潜龙
正文设计	中文天地
责任校对	吕传新
责任印制	李晓霖

出　　版	中国科学技术出版社
发　　行	中国科学技术出版社有限公司
地　　址	北京市海淀区中关村南大街 16 号
邮　　编	100081
发行电话	010-62173865
传　　真	010-62173081
网　　址	http://www.cspbooks.com.cn

开　　本	787mm×1092mm　1/16
字　　数	250 千字
印　　张	11.5
版　　次	2024 年 11 月第 1 版
印　　次	2024 年 11 月第 1 次印刷
印　　刷	河北鑫兆源印刷有限公司
书　　号	ISBN 978-7-5236-0738-1 / S・796
定　　价	68.00 元

（凡购买本社图书，如有缺页、倒页、脱页者，本社销售中心负责调换）

2022—2023
种子学
学科发展报告

首席科学家 杨新泉

编写人员 杨新泉 倪中福 姚颖垠 宋松泉 胡 晋
　　　　　　王建华 张春庆 严建兵 郭宝健 陈 伟
　　　　　　解超杰 徐建红 祝增荣 彭友林 王州飞
　　　　　　李 岩 关亚静 刘冬成 郭 亮 张昌泉
　　　　　　陈全全

学术秘书组 张 霞 许小勇 王丽冰 王子奇

序

习近平总书记强调，科技创新能够催生新产业、新模式、新动能，是发展新质生产力的核心要素。要求广大科技工作者进一步增强科教兴国强国的抱负，担当起科技创新的重任，加强基础研究和应用基础研究，打好关键核心技术攻坚战，培育发展新质生产力的新动能。当前，新一轮科技革命和产业变革深入发展，全球进入一个创新密集时代。加强基础研究，推动学科发展，从源头和底层解决技术问题，率先在关键性、颠覆性技术方面取得突破，对于掌握未来发展新优势，赢得全球新一轮发展的战略主动权具有重大意义。

中国科协充分发挥全国学会的学术权威性和组织优势，于 2006 年创设学科发展研究项目，瞄准世界科技前沿和共同关切，汇聚高质量学术资源和高水平学科领域专家，深入开展学科研究，总结学科发展规律，明晰学科发展方向。截至 2022 年，累计出版学科发展报告 296 卷，有近千位中国科学院和中国工程院院士、2 万多名专家学者参与学科发展研讨，万余位专家执笔撰写学科发展报告。这些报告从重大成果、学术影响、国际合作、人才建设、发展趋势与存在问题等多方面，对学科发展进行总结分析，内容丰富、信息权威，受到国内外科技界的广泛关注，构建了具有重要学术价值、史料价值的成果资料库，为科研管理、教学科研和企业研发提供了重要参考，也得到政府决策部门的高度重视，为推进科技创新做出了积极贡献。

2022 年，中国科协组织中国电子学会、中国材料研究学会、中国城市科学研究会、中国航空学会、中国化学会、中国环境科学学会、中国生物工程学会、中国物理学会、中国粮油学会、中国农学会、中国作物学会、中国女医师协会、中国数学会、中国通信学会、中国宇航学会、中国植物保护学会、中国兵工学会、中国抗癌协会、中国有色金属学会、中国制冷学会等全国学会，围绕相关领域编纂了 20 卷学科发展报告和 1 卷综合报告。这些报告密切结合国家经济发展需求，聚焦基础学科、新兴学科以及交叉学科，紧盯原创性基础研究，系统、权威、前瞻地总结了相关学科的最新进展、重要成果、创新方法和技术发展。同时，深入分析了学科的发展现状和动态趋势，进行了国际比较，并对学科未来的发展前景进行了展望。

报告付梓之际，衷心感谢参与学科发展研究项目的全国学会以及有关科研、教学单位，感谢所有参与项目研究与编写出版的专家学者。真诚地希望有更多的科技工作者关注学科发展研究，为不断提升研究质量、推动成果充分利用建言献策。

前　言

在生物多样性的丰富宝库中，种子作为植物生命的起点，具有不可替代性。种子学，一门致力于种子生物学、种子生态学、种子生产技术及种子经营与管理等跨学科领域的综合性科学，承载着认识、利用、保护和改良种质资源，推动农业可持续发展的重要使命。

种子学的发展源远流长，可追溯至古代农业的起源。然而，直至近现代，随着生物科学技术的飞速发展，种子学才真正从农业科学中独立出来，成为一门专业而系统的学科。从最早的农作物种植到现代基因编辑技术的广泛应用，种子学的发展历程是一个不断探索、积累和创新的过程。

当前，种子学研究正处在一个飞速发展的阶段。分子生物学、基因组学、合成生物学等前沿科技的引入，不仅为种质资源鉴定、改良提供了全新工具，而且开启了种子功能基因组学、表观遗传学等新兴研究领域。此外，随着全球气候变化和生态问题日益严重，种子学也在生态修复、生物多样性保护等方面发挥着重要作用。

展望未来，种子学的发展将更加紧密地与生命科学、信息科学、环境科学等交叉融合。从基础研究到应用转化，从实验室到田野，种子学的学科发展方向与趋势将更加多元化和全球化。同时，我们也应看到，随着研究的深入和技术的发展，合理利用资源、保障生态安全、推动社会公平等挑战与机遇并存。

综上，种子学作为一门承载着生命希望与农业未来的学科，其发展前景广阔。面对挑战与机遇，我们应把握时代脉搏，加强国际合作与交流，培养跨学科人才，推动种子学学科的持续健康发展。

杨新泉　倪中福

序

前言

综合报告

种子学概况 / 003

　　一、种子学科概述 / 003

　　二、种子学学科最新研究进展 / 006

　　三、国内外发展比较 / 025

　　四、趋势与展望 / 030

专题报告

种子发育研究 / 037

种子营养研究 / 048

种子生产研究 / 080

种子加工贮藏研究 / 101

种子质量研究 / 132

种质设计与创制研究 / 149

ABSTRACTS

Comprehensive Report / 169

Reports on Special Topics / 171

综合报告

随着我国农业现代化步伐的不断加快，种子学学科在推动农业高质量发展、提升农作物抗逆能力、保障粮食安全等方面发挥着愈发重要的作用。本综合报告旨在全面探讨我国种子学学科未来5年的发展趋势，并提出相关战略需求，指明重点发展方向。

种子学概况：回顾我国种子学学科的发展历程，分析种子学在我国种业振兴大背景下的作用，研判当前及未来我国种子学面临的新机遇和新挑战。

种子学学科近年的最新研究进展：全面总结梳理近5年我国种子学学科的研究现状，探讨未来发展的战略需求。首要任务是加强遗传改良和创新研究，通过基因编辑等前沿技术培育更为优质、高产、抗逆的作物品种。在应对气候变化的过程中，提高作物的适应性和抗逆性是未来5年的研究重点。数字农业和智能化种植技术的融合将推动农业生产方式的根本变革，为实现智能农业的目标，要加强信息技术在种子生产和农业管理中的应用。同时，强调生态友好和可持续发展，通过有机农业和低碳农业模式，降低农业对环境的负面影响。

国内外发展比较：通过梳理全球种业发展形势，对比国内外发展差异，明确未来基因编辑技术的广泛应用、智能农业的崛起、多领域融合促进创新等将成为未来5年我国种子学学科发展的主要趋势。通过科技的前瞻布局，种子学学科将迎来更为璀璨的发展前景。

总结与展望：科技的不断推陈出新，为我国种子学学科提供了丰富的发展契机。要充分发挥科研机构、高校和企业的协同作用，加强国际交流与合作，不断推动我国种子学学科的创新与进步。只有紧跟时代潮流，抓住机遇，我国种子学学科才能在全球舞台上展现出更为独特的风采，为推动我国农业现代化迈出坚实步伐。

种子学概况

一、种子学科概述

"国以农为本，农以种为先"，种子是农业的"芯片"，是农业生产中不可替代、最基本、最重要的生产资料，也是人类生存和发展的基础，在整个农业与国家经济中具有不可替代的作用。种业既是国家基础性、战略性核心产业，又是实施好"藏粮于地、藏粮于技"战略的关键，关系着中国人饭碗的安全。2022年3月6日，习近平总书记在参加全国政协十三届五次会议农业界、社会福利和社会保障界委员联组会时指出："解决吃饭问题，根本出路在科技。我国农业科技进步有目共睹，但也存在短板，其中最大的短板就是种子。种源安全关系到国家安全，必须下决心把我国种业搞上去，实现种业科技自立自强、种源自主可控。"党中央在强调粮食安全的基础上，把种源安全提升到关系国家安全的战略高度，从源头上破难题、补短板、强优势、控风险，保证中国人的饭碗盛满中国粮。

种业历经矮秆化、杂交化和生物技术三次技术迭代，迎来了以基因编辑、人工智能等技术融合发展为标志的新科技革命，积极迈向"生物技术+信息化"的育种4.0阶段。现代种子产业作为科技密集型产业，是引领农业生产和发展方式变革，促进中国特色农业现代化建设的关键一环，正主动适应社会转型升级、人民生产和生活方式转变。现代种子产业是一个系统工程，具体涉及多个方面：种质资源收集，新品种育种，新品种适应性、丰产性区试，品种权保护推广审定登记管理，保持种子品种纯度、延长品种经济寿命，育种家亲本种子繁殖，农业生产大田用种种子高质高效田间生产技术，保持种子生命力与活力的种子收获，烘干脱水，加工精选，预防种传病害及提高逆境出苗等增加种子附加值的种子包衣，种子丸化技术，保持种子寿命的种子贮藏，包装材料与方法，有利于市场管理的标牌标识，种子质量检验、销售、售后服务等。

种业在发达国家已是一个有着近百年发展史的产业。1869年，科学家Nobbe首次发表了《种子学手册》，因此被推崇为种子学创始人。进入20世纪，种子学科迅猛发展，成为推动世界种业发展和农业进步的关键时期。种子学科经过100多年的发展，在理论和技术方面已形成许多支撑产业发展、种子贸易相关的技术体系和规则。当前，纵观世界种业，在种子质量检验领域已经成立了国际种子检验协会（ISTA），该组织制定了各项用于评判种子贸易过程中的种子质量所需的技术规程与标准，包括种子净度、纯度、水分、发芽率、活力、健康、种子均匀度七项指标，只有依据该组织的规程检验结果才会被国际贸易双方认可。在种子生产领域，国际种子认证机构——北美官方种子认证协会（AOSCA）、经济合作与发展组织（OECD）等的高质量种子的认证生产程序在发达国家被广泛应用，以确保农业生产用种的种子质量安全。在种子贸易领域，成立了国际种子贸易联合会（FIS）、美国种子贸易协会（ASTA）、英国种子贸易协会（UKSTA）、非洲种子贸易易协会（AFSTA）、亚太种子协会（APSA）等组织。我国目前有中国种子贸易协会和中国种子协会。在新品种选育领域，成立了国际植物新品种保护联盟（UPOV）的知识产权保护组织。此外，还有很多为新品种生产优质种子而产生的种子技术领域国际组织，如国际种子技术员协会（ISST）、国际种子科学学会（ISSS）等。在美国、英国、德国、法国、荷兰等国家的许多大学均成立了种子相关科学系或研究中心，进行种业人才培养和种子科技研究。上述各类种子相关国际组织和研究中心在发达国家的种子产业发展中发挥了极为重要的作用。

我国种业发展起步较晚，起始于1978年的改革开放，由"四自一辅"向"四化一供"转变。种子市场一直到中华人民共和国成立才得以初步建立并缓慢发展，国家政策对种业发展起到关键作用。自20世纪90年代我国出台一系列种子行业改革政策，使得我国种业逐步走上了产业化、市场化的道路。1995年国家实施"种子工程"，种子产业全面发展。2000年我国首次颁布《中华人民共和国种子法》，种业全面向市场经济转变，种业政企分开，种业迎来了快速发展期。《国家中长期科学和技术发展规划纲要（2006—2020年）》中明确提出了重点研究与种业相关的种子科学基础理论与创新技术，全面提升了种子质量，提高种业的核心竞争力。自此，中国种业迅猛发展，2011年种子公司超过8000家，但假冒伪劣种子引起的农业生产事故频发，2011年农业部成立种子局，农业农村部成立后，进一步加强种业管理司建设。通过对种子公司引导管理、优胜劣汰，市场规模下降到7000家左右。同时中国作为世界第二大种子消费市场，目前已有60多家跨国种子公司进入中国种子市场，如先锋种子公司（Pioneer）、Cebeco、Deka/Plant Genitics、KWS、利马格兰公司（Limagrain）、孟山都（Monsanto）等，而先正达已被中国收购。种业安全关乎国家粮食安全和社会稳定，德国KWS公司的甜菜种子、美国某公司的洋葱种子，以及欧洲部分国家的番茄、辣椒种子等，基本垄断中国市场。

改革开放以来，我国制定了一系列种业发展支持政策，为种业发展创造了良好的环境。党的十八大以来，我国农作物选育水平、良种水平和供应能力显著提升，自主选育的品种种植面积占95%以上，做到了"中国粮主要用中国种"。猪牛羊等畜禽和部分特色水产核心种源自给率分别达到了75%和85%，这些都为粮食和重要农副产品的稳产保供提供了保障和支撑。2021年，中央一号文件明确提出要"打好种业翻身仗"，对未来种业的重点领域做了顶层设计和系统部署，涉及种质资源保护、育种科研攻关、种业市场管理，包含整个种业全链条各个环节，这为我国种业发展指明了方向。尽管当前我国种业市场规模1300多亿元，种业市场规模位居全球第二，仅次于美国，但从种业自身来看，种质资源保护利用还远远不够，自主创新能力还不强，特别是在育种的理论和关键核心技术方面，种业创新的主体企业竞争力不强。

种子学是通过研究农作物种子的特征特性、生理功能和生命活动规律，为农业生产服务，解决种子生产中存在的各类科学技术问题，包括种子的形成和发育、种子的形态构造和化学成分、种子的休眠与萌发、种子的寿命和活力，以及种子的加工、贮藏和检验等。种子学研究为种子生产、储藏及加工等提供了科学的指导，推动了农作物生产的进一步发展。在现代农业中，优质的种子不仅能够提高农作物产量，而且可以提高农作物抗逆性、适应性及抗病虫害能力，提高农产品的质量和市场竞争力。种子学是一门既古老又年轻的学科，作为一门科学被系统研究有100多年的历史。早期的种子学主要包括种子生物学和种子生理学。20世纪，随着人们对种子在农业生产中的重要地位的认识，推动了种子科学研究的发展，科学家从形态解剖学、生理学、生物学角度研究种子的生命发展规律；从种子的生产、加工、贮藏及检验检测方面不断研究和开发种子的功能。

种业发展离不开科技创新。随着生物、信息、新材料和新能源等领域的颠覆性技术加速向农业领域渗透，带动了农业产业技术的深刻变革、生产方式的转型升级和产业格局的深度调整，致使我国现代种业发展面临巨大挑战。近年来，随着全世界种子产业发展和种子产业化进程的突飞猛进，多组学整合分析与现代遗传、分子、生理、生化和生物技术相结合取得了前所未有的进展，这将种子研究推向了以环境友好的方式提高作物产量和质量的新高潮。种子科学在传统学科和新兴学科（分子遗传学、分子生物学和基因工程等）的基础上，已扩展为种子科学与技术，研究已从群体拓展到个体，从细胞水平拓展到分子水平。种子学属于基础研究和应用紧密结合的学科，种子研究与生产需要紧密结合，在更广阔的范围内为农业生产服务。

本报告对近5年我国种子学科的发展进行了评述和归纳，回顾、总结和科学评价我国近几年种子学科的新理论、新技术、新方法和新成果等发展状况，结合2022年以来农业领域的重大专项，对涉及作物育种等方面的关键技术进展进行凝练，简要介绍种子学在学术建制、人才培养、研究平台、重要研究团队等方面取得的进展，并结合本专业有关国际重大研究计划和研究项目，分析比较国际上本学科最新研究热点、前沿趋势和发展动态。根据近5年种子学发展状况，对比国内与国际农业技术发展差距，分析我国种子学未来5年发展战略和重点发展方向，研判相关发展趋势，提出相应发展策略。

二、种子学学科最新研究进展

（一）种子学最新理论与技术研究进展

在市场经济条件下，种子是一种有生命力、高繁殖系数、有使用时限、高附加值的农业商品，受到世界各国的重视。种子产业是一个系统工程，主要包括：农作物、蔬菜、花卉、牧草的优良品种选育，优良品种大田生产用种的生产繁殖，优质种子的种子加工包衣处理，种子质量检验包装贮藏流通销售，种子产业管理五大系统。种子是农业生产最基本的生产资料，也是高科技的载体，一切农业现代技术和农艺措施，只有直接和间接地通过种子这一载体，才能在农业生产中发挥作用。

2000年，中国颁布《中华人民共和国种子法》，促使种业向市场化、现代化迅猛发展。2011年，农业部（现农业农村部）成立种子局，并支持中国农业大学牵头编制中国种业科技发展规划。此外，种子科技重大研发项目的实施与启动，有效促进了我国种业技术的发展。"十二五"期间启动的两个农业部行业公益专项分别于2017年和2018年完成验收。中国农业大学主持的"主要农作物高活力种子生产关键技术研究与示范"提出了针对玉米和水稻的"适时早收"技术对策，并制定了玉米、水稻、小麦、棉花高活力种子生产技术规程；建立了15种种子活力测定技术体系，其中的玉米种子活力冷浸发芽测定法被批准为行业标准。浙江大学主持的"杂交制种技术与关键设备研制与示范"项目研制了水稻机插壮秧技术和混直播与机械插秧技术，筛选优化杂交制种脱水剂，开发了8台（套）杂交制种专用机械设备。"十三五"期间启动了"主要农作物种子分子指纹检测技术研究与应用""主要农作物良种繁育关键技术研究与示范""主要农作物种子活力及其保持技术研究与应用""主要农作物种子加工与商品质量控制技术研究与应用"4个种子领域重点研发专项。这些重大项目的实施有效促进了种业科学的研究力度，为我国种子产业的快速发展奠定了坚实基础。

生物技术、信息技术等从农学与农艺性状不断向种子科学领域渗透，生物技术，特别是基因组学、蛋白质组学、生物信息学等在种子科学研究领域的应用。近5年来，我国在作物种子发育、种子休眠和萌发、种子劣变和耐贮藏的基础研究方面取得了较大进展，克隆了多个基因，并初步解析了部分调控网络，不仅提升了该领域研究的国际影响力，而且为我国不同作物种子活力的提升提供了大量基因资源。特别是在种子发育方面，有关小RNA、表观遗传及线粒体蛋白的功能机理研究已成为热点。在种子休眠方面，鉴定了调控小麦和大麦的种子休眠的关键基因，生长素和茉莉酸介导的种子休眠调控亦被报道，其中的分子机制也得到进一步阐明。在种子萌发方面，主要围绕ABA和GA通路展开研究，进一步丰富了现有种子萌发的调控分子机制。在种子活力方面，克隆了多个控制作物种子发芽速度、逆境萌发特性及种子耐衰老等的基因，并阐明了其作用机制。

1. 种子的萌发

种子萌发作为植物生命周期中一个关键的生理过程，标志着植物从休眠状态到活跃生长状态的转变。这一过程不仅直接影响着农作物的出苗率和生长势，而且影响到植物的生长发育和产量。随着科技的发展，种子萌发的最新理论与技术研究进展为我们提供了更深刻的理解和更精准的工具，有助于提高农作物产量、优化育种策略及适应气候变化。种子通过环境信号的变化，使萌发和整个植物生命周期的进程与环境相适应。种子对水分的吸收（吸胀作用）激活代谢过程，随后导致胚的扩大和胚根（或其他器官）通过周围组织伸出。种子的呼吸作用在吸胀后被立即激活，为萌发过程提供代谢能量，为生物大分子合成提供碳骨架。种子发育过程中合成的转录物（mRNA）存在于干种子中，但大多数在吸胀后不久被降解。萌发相关基因的转录及其翻译为蛋白在水合作用后最初的几个小时开始。胚组织的扩大被包围它们的组织限制；胚生长潜力的增加或覆盖组织的强度降低允许萌发完成。细胞分裂通常只在萌发完成后才开始。使种子进行一段时间的部分水合然后脱水能够加快其种植后的萌发，种子引发（seed priming）是一种在商业上被用来提高植物幼苗建成速率和整齐性的有效措施。种子的萌发受许多内源和外源因子的调控，包括生理调节、激素控制、转录和转录后调控及表观遗传控制。

种子休眠是自然界普遍存在的现象，也是一种显著的农艺性状，低水平的休眠可能导致收获前萌发，而高水平的休眠则抑制迅速和整齐的萌发，二者都对作物的产量与质量有重要影响。根据休眠的原因和持续时间，种子休眠可以分为多种类型，如物理休眠、生理休眠、形态休眠等。不同类型的休眠机制可能存在差异，但它们都涉及复杂的生物化学和生理过程。近年来，随着分子生物学和基因组学的发展，种子休眠机制的研究取得了重要进展。研究表明，种子休眠的原因主要包括遗传因素、环境因素和生理因素。其中，遗传因素是决定种子休眠程度的关键因素，而环境因素和生理因素则对种子的休眠程度产生影响，例如，在低温条件下，种子可能进入深度休眠；而在高温和干燥条件下，种子的萌发可能会受到抑制。随着种子休眠遗传机理的解析，为解除种子休眠提供了多种可参考的依据，例如，采用温水或硫酸处理等方法来软化种皮，从而打破种子的物理休眠。另外，激素调节也是常用的解除休眠的方法，如用赤霉素、细胞分裂素等处理可打破种子的生理休眠。此外，改变光照、温度等环境因子也可以影响种子休眠，促进其萌发。随着科学技术的发展，种子休眠的研究方法和手段也在不断更新和完善。基因组学、转录组学、蛋白质组学和代谢组学等高通量技术为研究种子休眠提供了有力支持。此外，无损检测技术和计算机模拟等方法也广泛应用于种子休眠的研究。这些新方法和技术的运用有助于深入揭示种子休眠的机制和调控网络。尽管种子休眠的研究取得了一定的进展，但仍面临许多挑战。例如，对于某些特殊类型的种子休眠，其机制仍不完全清楚；同时，解除种子休眠的方法和技术仍需改进和提高。未来，随着生物技术的不断发展和新方法的出现，相信种子休眠的研究将取得更大的突破。在农业生产中，通过深入研究和应用种子休眠的规律和技术，有助于提高种植效益和促进可持续发展。同时，种子休眠的研究也有助于保护和利用种质资源，为植物资源的保护和开发提供重要的科学依据和技术支持。

近几年，我国在作物种子休眠与萌发的研究方面也取得了重大进展，利用组学技术分析了深度休眠与浅休眠种子的差异表达基因、种子早期萌发相关的 MicroRNA 及胚和胚乳中与种子休眠和萌发相关的蛋白。利用图位克隆技术发现水稻编码液泡 H^+-ATPase 亚基 A1 的 *OsPLS1* 基因参与种子休眠调控；利用全基因组关联分析挖掘到水稻 bHLH 转录因子 SD6，解析了其与 ICE1 互作，共同靶向 ABA 合成途径基因调控种子休眠的机理，并且发现在小麦中的同源基因 TaSD6 也具有调控穗发芽的功能。种子活力调控基因 *OsOMT*，萌发基因 *OsCSA*，休眠调控基因 *OsPLS1*、*OsEMF2b*、*OsVP1* 等也相继被克隆；通过连锁分析和关联分析，克隆了水稻 *OsbZIP09*、*OsGLP2-1*、*bHLH57*、*OsWRKY29*、*OsDOG1L-3* 等基因，发现它们通过调节 ABA 代谢或信号传递进而调控种子休眠。中国农业科学院和中国农业大学等研究团队发现 TaJAZ1 是小麦种子萌发的正调节因子，发现 miR9678 可介导 ABA/GA 信号途径调控种子萌发。相对而言，在玉米、小麦等复杂基因组作物中的报道较少，在玉米中发现 MADS26 可提高种子萌发速率，水通道蛋白 ZmTIP1、ZmTIP2 及 ZmTIP3 参与调控种子出苗质量，ZmAGA1 可促进棉子糖的水解提高种子萌发速度。在小麦中发现 TaGATA1 转录因子直接调控 TaABI5，从而影响种子休眠。在大豆中发现糖基转移酶基因 *GmUGT73F4*、铜伴侣蛋白基因 *GmATX1*、苯丙氨酸解氨酶基因 *GmPAL2.1*、基质金属蛋白酶 Gm1-MMP 及其互作蛋白 GmMT-II、钙依赖蛋白激酶 GmCDPK SK5 及其互作蛋白 GmFAD2-1B、钙调蛋白 GmCaM1 及其互作胚胎发育后期丰富蛋白 GmLEA4 等参与调控种子活力，丰富了大豆种子活力的分子调控网络。

随着气候、土壤质量和种植制度的变化，种子萌发面临着新的挑战。同时，科技的进步也为种子萌发研究提供了前所未有的机遇。通过深入研究种子萌发的分子机制、生理调控和应对逆境的适应性，我们有望为提高农作物产量、优化农作物播种期和培育适应性更强的新品种提供科学依据。

2. 种子发育

种子的发育过程涉及复杂的分子机制，直接关系农业生产中的产量和品质。近年来，随着分子生物学、基因组学等技术的发展，对种子发育的分子机制进行深入研究成为热点，特别是有关小 RNA、表观遗传及线粒体蛋白的功能机理研究。种子的发育过程包括胚珠发育、受精、胚胎发育、种皮形成、储藏物质积累、种子成熟等阶段。每个阶段都涉及复杂的分子机制，不同的基因在不同的时期发挥作用，共同调控着种子的形成与发育。胚珠发育是种子发育的起始阶段，也是决定种子性状的关键时期。基因表达调控网络在这个阶段发挥着重要作用。通过高通量测序技术，研究者对胚珠中不同基因的表达谱进行了全面解析，揭示了一系列关键调控基因，如 *LEC1*、*LEC2* 等，它们调控了胚珠中储藏蛋白和油脂的积累。激素在胚珠发育中的调控也备受关注。赤霉素、生长素、脱落酸等激素在不同阶段的作用调控了胚珠的分裂、胚胎发育和种皮形成等过程。最新的研究发现，激素信号通路中的关键元件，如激素合成酶和激素感受器，对于胚珠发育的细致调控起到了至关重要的作用。

受精是种子发育的关键步骤之一，它标志着胚胎的形成。受精过程中，花粉管穿过花柱进入子房，与卵细胞结合形成受精卵。这个过程受到一系列基因的调控，包括花粉萌发、花粉管导向、卵细胞活化等。近期的研究揭示了在这一过程中活跃的基因，如 *FERONIA*、*LRE* 等，参与了信号传导和细胞极性的调控。胚胎发育是种子发育的核心过程。在受精卵分裂形成原初胚后，一系列的分子事件决定了胚胎的不断发育。类似胚珠发育，胚胎发育中也涉及激素调控、基因表达调控等多个层面。最新的研究发现，一些关键调控因子，如 BBM、LEC1 等，通过形成蛋白质复合物，共同调控了胚胎的发育方向和速度。在种子发育中，种皮的形成对于保护内部胚胎和储藏物质具有重要作用。最新的研究揭示了一系列控制种皮发育的关键调控基因，如 *TTG1*、*AP2* 等，这些基因通过调控表皮细胞的分化和蜡质合成，影响着种子的外部特征和抗逆能力。种子的储藏物质主要包括蛋白质、油脂、淀粉等，它们的积累对于种子的生长和发育至关重要。近年来，通过代谢组学和蛋白质组学，研究者在储藏物质积累的分子机制方面取得了显著进展。关键酶和调控基因，如 *SUSIBA2*、*LEC1* 等，被发现直接影响着储藏物质的生物合成和积累。

在分子生物学、基因组学相关技术的推动下，种子发育的分子机制研究取得了显著进展。研究者通过深入剖析基因的表达谱、调控网络，揭示了种子发育的分子机制的复杂性和多层次性。这不仅为我们更好地理解种子发育的本质提供了支持，而且为育种和农业生产中的种子改良提供了理论基础。未来，随着技术的不断发展，我们有理由相信，对种子发育分子机制的研究将进一步深化，农业的可持续发展和粮食安全将有更多的科学支撑。

3. 种子活力

种子活力指种子保持生存能力和发育能力的程度，包括种子的萌发力、发芽力和生长力等。种子活力是农业生产中一个至关重要的参数，直接关系到农作物的生长发育、产量和品质，活力的高低直接关系到农业生产的成败，对于确保农作物的正常生长、提高产量、优化品质具有重要意义。随着科技的不断发展，人们对种子活力的研究逐渐深入，涉及生物学、生态学、生物化学等多个学科领域。种子活力受环境条件、遗传因素等的影响。种子活力的遗传基础一直是科学家关注的焦点。通过基因定位、关联分析等遗传学手段，研究者逐渐发现了与种子活力密切相关的一系列基因。同时，利用转录组学技术揭示了这些基因在种子发育和活力维持过程中的表达模式，为进一步优化种子活力提供了理论依据。温度、湿度是影响种子活力的两个重要的环境因素。近期的研究表明，不同温度、湿度条件下种子的代谢活动、酶活性和细胞膜稳定性均发生了变化，进而影响了种子活力。利用先进的生物化学和分子生物学技术，科学家正在深入研究温度、湿度对种子活力的影响。此外，土壤微生物、植物的竞争、食草动物等也影响着种子活力，生态学研究逐渐揭示了这些因素之间的复杂关系，深入分析了它们对种子活力的综合影响，为设计更加生态友好的农业生产系统提供了新思路。

种子活力的提高不仅可以促进农作物产量的提升，而且为育种工作提供了更多的选择。通过筛选具有高种子活力的品种，育种者可以培育出适应不同环境的新品种，提高农作物的抗逆性和适应性。传统的种子活力评估方法主要包括发芽率、发芽势、发芽指数等指标，这些方法通过观察和统计种子在一定条件下的发芽情况，能够较为直观地反映种子的活力水平，但这些方法存在着操作烦琐、周期长等缺点，限制了对大规模样本的高效评估。近年来，分子生物学技术在种子活力评估中的应用逐渐成为研究热点。通过检测种子中关键基因的表达、代谢产物的累积等分子水平指标，可以更精准地评估种子的活力。同时，遥感技术的发展使得人们可以通过卫星或飞机获取大范围的植被信息，为种子活力的空间分布监测提供了新手段。图像分析和人工智能技术的崛起为大规模种子活力评估提供了高效的解决方案。通过拍摄和分析种子在不同阶段的图像，结合深度学习等算法，可以自动识别和评估种子的发芽情况，实现了对大规模样本的快速处理和准确评估。

随着精准农业的发展，种子活力的研究将在农业生产中发挥更为重要的作用。通过实时监测种子活力，农民可以更加科学地进行种植管理，减少种子的浪费，提高生产效益，实现农业的可持续发展。

4. 种子衰老

种子衰老是一个逐渐积累、不可逆的生物学过程，导致种子萌发缓慢、种子或幼苗对逆境的耐受性下降，最终导致其活力和生活力完全丧失。当种子衰老程度较轻时，有限的损伤会在种子吸胀过程中得到修复，但是由于修复过程需要消耗能量和时间，导致种子萌发缓慢；而当种子衰老程度较重时，会导致不正常幼苗的出现；当种子衰老程度极重时，胚根不能突破种皮，种子生活力完全丧失，寿命终结。种子衰老的生理机制已经得到了研究，种子衰老经常伴随着种子形态、种皮颜色等变化，一切变化都是种子内部生理生化物质含量的改变影响细胞及亚细胞结构导致的。在种子衰老过程中，活性氧（reactive oxygen soecies，ROS）的持续攻击使脂质过氧化，导致细胞膜结构改变，使得膜结构中的磷脂由圆柱形变为头部基团变小、尾部变大的圆锥形，这种形状变化使得膜不能保持双分子层的特性，进而出现严重的膜损伤，使细胞内含物泄漏。细胞器超微结构也会随着种子老化而发生变化。作为能量合成的主要细胞器，线粒体是种子衰老过程中第一个受到损伤的细胞器。在种子衰老的过程中，种胚线粒体出现明显肿胀，外膜和嵴发生畸变（Ratajczak et al.，2019）。此外，在种子劣变时，各种关键酶（ATP 合成相关酶、淀粉酶、脱氢酶、DNA 聚合酶、蛋白酶等）会失活，保护酶系统［抗坏血酸过氧化物酶（ascorbate peroxidase，APX）、过氧化氢酶（catalase，CAT）、过氧化物酶（peroxidase，POD）、超氧化物歧化酶（superoxide dismutase，SOD）等］的活性降低。随着线粒体损伤和酶活性丧失，呼吸速率下降，ATP 的产生减少，种子萌发所需的营养物质缺乏，导致种子萌发被抑制。目前，越来越多的种子衰老机制被研究解析，对于如何提高农作物种子活力、保持种子健康具有重要意义。

5. 种子贮藏蛋白

在农业科学领域，种子贮藏蛋白作为一类关键的植物功能蛋白，承担着种子发育、萌发和早期生长阶段的重要生物学功能。其分子机制研究对于理解种子的生物学过程，以及在农业生产中优化作物产量和质量具有重要意义。种子贮藏蛋白是储存在植物种子内部，用来提供胚胎生长所需的营养物质的特殊蛋白质。其主要功能包括为胚芽提供能量、氮源和氨基酸，支持种子的生长和发育。因此，种子贮藏蛋白在植物的生命周期中具有至关重要的生物学功能。根据其氨基酸组成和结构特点可分为谷蛋白、贮藏球蛋白和贮藏亚油酸的亚油酸蛋白三大类。这些蛋白质的存在形式、氨基酸序列及在种子发育过程中的表达动态均具有较大的差异，形成了多样化的贮藏蛋白家族。

贮藏蛋白的合成是在种子发育过程中的一个复杂生物学过程。该过程主要发生在种子的内质网和高尔基体系统中，涉及多个细胞器的协同。通过转录、翻译和后续的修饰，植物细胞将合成出特定种类的贮藏蛋白。合成后的贮藏蛋白将被定向运输到贮藏器官，通常是种子中的内质网泡或油体。在这些贮藏器官中，贮藏蛋白经过一系列的后续修饰，如糖基化、磷酸化等，形成最终的储存形态。这种储存形态既有助于贮藏蛋白的稳定性，又使其能够在种子需要时迅速释放。

在种子发育过程中，贮藏蛋白的合成主要受到基因的转录调控。一些关键的调控因子，如转录因子和激素信号通路，直接或间接地调控着贮藏蛋白基因的表达。这些调控网络在不同的发育阶段，甚至在不同的种子器官中发挥着不同的作用。除了转录调控，翻译调控也是贮藏蛋白合成的关键环节。一些调控元件，如微RNA和转录后修饰蛋白，参与了翻译的调控过程，影响着蛋白合成速率和合成的选择性。这一层面的调控使得植物能够在不同的生长环境和生物学需求下灵活调整贮藏蛋白的表达。种子贮藏蛋白在种子萌发阶段需要迅速释放，为胚芽提供所需的养分。这就要求贮藏蛋白在特定的时机被降解。该过程主要通过质体和蛋白酶的协同作用完成，其中质体为蛋白降解的主要场所，蛋白酶则负责降解贮藏蛋白。贮藏蛋白释放的机制涉及质体和膜蛋白之间的相互作用。在贮藏蛋白降解的过程中，质体膜可能发生一系列变化，导致贮藏蛋白从质体中释放。同时，细胞膜上的膜蛋白也可能介导贮藏蛋白的释放，使其能够进入细胞质，从而为萌发的种子提供能量和营养。作为种子发育过程中的能量储备，贮藏蛋白在种子萌发阶段充当着重要的能量提供者。其分解产物为胚芽提供氮源和碳源，支持胚芽的快速生长。一些研究表明，贮藏蛋白不仅在种子的正常发育过程中发挥作用，而且可能参与植物的抗逆应答。在面对气候变化和逆境时，贮藏蛋白的功能可能不局限于提供营养，还可能涉及植物的整体生理适应。

我们可以期待一下新一代的分子生物学和组学技术的发展，为种子贮藏蛋白的研究提供更为全面、深入的视角。高通量测序、质谱技术等的应用，有助于揭示贮藏蛋白的转录调控、翻译调控、降解与释放等层面的细节。通过深入理解种子贮藏蛋白的分子机制，我们能够更好地利用植物基因工程手段，对贮藏蛋白进行精准调控，进而改良农作物的品质和抗逆性，这将对未来的作物品种创新和农业可持续发展产生深远影响。

6. 种子生产技术

种子生产是农业生产的第一步，对保障粮食安全和农业可持续发展意义重大。我国主要农产品的种子自给率处于世界领先地位，目前，我国已建立了超级稻、矮败小麦、杂交玉米等高效育种技术体系，农作物自主选育品种面积占比超过95%。水稻、小麦、大豆全部为自主品种，玉米自主品种占90%以上。水稻、小麦两大口粮作物品种100%自给，农作物良种覆盖率达到96%以上，实现了粮食生产基本用中国种子。近年来，随着科技的不断进步和农业的不断发展，种子生产也不断有新的进展，包括基因编辑技术、单倍体育种、分子设计育种、智能化农业和植物工厂等。这些新技术和新模式的应用为种子生产带来更加广阔的发展前景和更多的机遇。

良种生产离不开遗传改良。农作物遗传改良是农业科学研究中的重要领域，是通过一系列技术手段改变作物基因组、创造遗传变异从而筛选获得目标性状的种子。涉及种质创新、基因编辑技术应用、杂交育种、分子标记辅助育种、转基因育种技术、抗逆性状改良、高产性状优化及品质性状提升等。传统的遗传改良通过不同品种间的杂交，获得具有优良性状的新品种。杂交育种可以通过有性杂交和人工杂交等方法实现。通过杂交可以将不同品种的优良性状结合起来，形成新的优良品种。物理的辐射、高压，以及化学诱变等也被用于作物遗传改良。现代分子生物学、基因组学和遗传学的发展快速推动了种子生产的高效发展和创新。中国农业科学院深圳农业基因组研究所黄三文团队运用"基因组设计"的理论和方法体系培育杂交马铃薯，对马铃薯的育种和繁殖方式进行了颠覆性创新。中国水稻研究所王克剑团队结合 MiMe 和 OsMTL 基因突变，成功实现了杂交水稻种子的杂合纯育，突破了"一系法"杂交水稻的关键技术。中国农业大学农学院陈绍江教授团队在玉米单倍体育种技术领域的理论和应用等方面取得整体性突破，克隆了关键诱导基因 ZmPLA1 和 ZmDMP，并成功构建了单倍体工程化育种高效技术体系。科技的进步为种业创新赋能，实现了育种模式和流程的变革，为保障我国粮食安全起到了重要的支撑作用。随着分子标记、转基因及基因编辑技术在农作物遗传改良中的应用，为种子生产开启了新纪元。转基因种子是利用基因工程手段培育出的具有特定性状的种子，为农业生产提供了新的选择。近年来，转基因种子研究取得了重要进展，培育出了一批抗逆性更强、产量更高、品质更优的转基因种子品种。然而，转基因种子的安全性和伦理问题一直是人们讨论的焦点。基因编辑技术是一种新兴的育种技术，可以通过对基因进行精确的编辑和改造，创造出具有优良性状的新品种。目前，CRISPR-Cas9 等基因编辑技术已经广泛应用于作物育种领域，能够在短时间内实现对目标基因的精准改造，为缩短育种周期、提高育种的准确性和效率创造了条件。

在种子生产技术研究方面,美国杜邦先锋公司于2006年通过将转基因技术、花粉败育技术和荧光色选技术结合,形成了SPT技术,实现了细胞核雄性不育在玉米杂交制种领域的应用。在SPT技术基础上,我国科学家利用基因编辑技术定点删除了玉米内源 $Ms26$ 基因重要功能域,同时共转化了与SPT系统中类似或相同的基因,获得雄性不育系和保持系,为未来自主知识产权的玉米三系不育杂交种种子生产奠定了基础。玉米单向杂交不亲和性(Maize unilateral cross-incompatibility,UCI)是一种合子前生殖隔离现象,控制花粉在不同类型玉米之间的传递,可用于玉米的无隔离种子生产。玉米UCI现象由单位点控制,包含紧密连锁的花粉决定因子和花丝决定因子基因,其中花丝决定因子阻碍花粉为之授粉结实,而花粉决定因子能够突破花丝决定因子的阻碍。中国科学院遗传与发育生物学研究所克隆了Ga1位点的花粉决定因子基因、Ga2位点的花粉和花丝决定因子基因及Tcb1位点的花粉决定因子基因,并解析了其杂交不亲和的生理和分子过程。将Ga2位点导入我国种植面积最大的杂交种郑单958的双亲,获得了"Ga2型郑单958",经大面积示范种植,结果表明含有纯合Ga2位点的郑单958可有效避免其他玉米花粉的污染,生产出高纯度玉米种子。这些基因的克隆和利用在玉米无隔离制种及生产中具有潜在价值。

在高活力种子生产技术方面,过去10年最突出的成绩是形成了玉米和水稻的适时早收技术,中国农业大学等单位以提高玉米种子田间出苗能力的种子活力指标为研究目标,从影响种子活力的品种遗传因素、制种气候条件和水肥管理等维度开展了联合研究,集成多年试验数据,提出"适时早收"的技术对策,打破传统以黑层出现或乳线消失为依据的收获方式,不仅有效提高了玉米种子活力,而且降低了后续种子晾晒遭受低温冻害等风险。针对杂交水稻制种过程中受精结实率低、不育系易包颈、种子穗发芽风险大等问题,湖南农业大学经研究发现种子在黄熟度为75%~90%时活力最高,并发现水稻适时早收技术的应用能有效抑制种子霉变和穗萌的发生,更具生产应用价值。同时发现灌浆速率慢但周期长,有利于总淀粉和支链淀粉积累,提高种子活力,阐明了不同化控调节剂抑制穗萌并提高杂交种子活力的调控机制,揭示了稻穗群体种子活力差异的时空变化规律,建立了增加早授粉强势粒比率、强化晚授粉弱势粒灌浆以提高杂交种子活力的途径与技术,创建了以"一养"(养花、粒、穗)、"二早"(适期早收、早结束授粉)、"三适"(适地、适肥、适密)为特征的杂交水稻种子高活力制种技术,在种业企业示范与应用,取得较好效益。扬州大学研究发现,轻度土壤落干能有效缓解高温胁迫下水稻光温敏核不育系开颖及雌蕊受精障碍,解析了其中的机理。中国科学院发现微调 $EUI1$ 基因显著促进了穗颈节细胞长度的增加,使得制种过程包颈率降低,异交结实率和杂交制种产量显著提高。针对我国杂交水稻种子生产程序烦琐,人力、资金投入较多的问题,湖南农业大学等单位研究集成了"小粒种,大粒稻"的杂交水稻机械混播制种体系,利用水稻小粒型不育系,对父母本混播混收,然后根据种子粒厚差异进行机械分离,实现机械化制种,颁布《杂交水稻机械化制种技术规程》农业行业标准和《三系杂交水稻机械制种技术规程》《杂交水稻制种全程机械化技术规范》等地方标准。浙江大学以机械化辅助授粉与喷施赤霉素为突破口，开展农艺与农机相融合的机械化配套栽培技术研究，形成了全程机械化水稻制种技术体系。同时，机械化制种与雌性不育恢复系制种模式结合，形成适于机械化制种的水稻恢复系创制方法。山东农业大学研究了影响小麦种子活力的播量、蘖位、施肥方式、成熟度和干燥温度等因素，以及花期喷施外源 GA、ABA 等的影响；结合不同区域生产的小麦种子活力差异及生理过程差异，明确了生产高活力小麦种子的适宜地区、干燥温度、取种部位、播深、密度等，建立了小麦种子生产、加工、处理等关键技术，并制定了高质量小麦种子生产技术规程。集成了以"培育合理群体、健壮个体，分期施肥防倒伏，适期收获、合理干燥"为核心的黄淮麦区冬小麦高活力种子生产技术体系。

7. 种子质量与检测

种子是农业生产的基础，其质量直接影响到农作物的生长发育、产量和品质。优质的种子不仅能够提高作物的抗病性、抗逆性，而且能够为高产、高效的农业生产打下坚实的基础。因此，对于种子质量的准确检测与评估是农业生产的重要环节。随着农业科技的不断发展，种子质量检测技术也在不断创新和发展。从传统的手工检测方法到现代的自动化、高通量检测技术，种子质量检测的手段发生了翻天覆地的变化。各种检测方法被广泛应用，从物理性、生化性到遗传性，从大数据到人工智能，不同技术手段的融合为种子质量的评估提供了多层次的支持，极大地提高了种子质量检测的准确性和效率。

种子的大小和质量是评价种子质量的重要指标。传统的方法主要依赖人工称重和测量，存在工作效率低、结果容易受人为因素干扰的问题。现代的物理性检测技术，如图像处理技术和机器学习算法，可以更准确、快速地进行种子大小与质量的测定，使大规模的种子质量评估成为可能。种子的形状和颜色也是反映种子质量的重要特征。传统的方法通常需要借助人眼进行观察和判断，这容易受主观因素的影响。现代的图像处理技术结合计算机视觉和人工智能，能够实现对种子形状和颜色的自动化识别。这不仅提高了检测的精度，而且大大提高了工作效率。种子的含水量是评价种子质量的重要参数之一。传统的含水量测定方法主要有称重法和干燥法，但这些方法往往需要破坏性地处理种子样品，且耗时耗力。近年来，核磁共振（NMR）技术、红外光谱技术等生化性检测方法的应用使得对种子含水量进行非破坏性检测成为可能，为种子质量检测提供了更多选择。种子的萌发势是评价其生命力和发芽潜力的重要指标。传统的测定方法主要包括人工萌发和室内实验，这些方法不仅费时费力，而且存在主观误差。近年来，利用生物学技术和分子生物学手段，如 DNA 条形码技术和基因表达分析，对种子萌发势进行更为准确、高通量的检测逐渐成为研究热点。随着分子生物学技术的发展，DNA 分析成为评价种子质量的重要手段之一。通过对种子 DNA 进行分析，可以获取关于遗传信息的重要数据，如遗传多样性、基因型特征等。这些信息有助于判断种子的纯度、进行种属鉴定及判定遗传稳定性等。利用大数据分析使得对于庞大样本的种子质量评估变得更加高效。通过汇集全球的种子信息、生长环境数据和农业管理实践，利用大数据分析方法，可以更全面地了解不同地区、不同品种的种子质量特征，为精准农业提供支持。此外，人工智能技术在种子质量检测中的应用为该领域带来了革命性的变化。通过深度学习算法和神经网络，人工智能系统能够自动识别、分类和评估大量的种子图像，从而实现高效、准确的检测。这为种子质量检测的自动化和高通量化提供了强大的支持。

在种子质量检验领域，国际上已经成立了国际种子检验协会（ISTA），该组织主要制定各项用于评判种子贸易过程中的种子质量所需的技术规程与标准，包括种子净度、纯度、水分、发芽率、活力、健康、种子均匀度七项指标，只有依据该组织的规程检验，结果才会被国际贸易双方认可。此外，对种子生活力及活力的检测技术研究主要集中在非破坏性和快速两个方面，主要通过 X 光、红外线、可见光、电子鼻、红外光谱技术、近红外光谱技术、高光谱技术等对种子颜色、大小、种子热力图、挥发性气体含量的监测，判断种子生活力及活力的高低。自 1995 年我国颁布《农作物种子检验规程》（GB/T 3543）以来，检验内容一直是发芽率、含水量、净度和纯度四项指标，实践中缺乏大田玉米出苗能力预测的活力测定方法。在公益性行业（农业）专项"主要农作物高活力种子生产关键技术研究与示范"和重点研发专项"主要农作物种子活力及其保持技术研究与应用"等支持下，中国农业大学联合甘肃、辽宁、新疆等国家玉米制种基地农科院，广泛调查主栽玉米品种和自交系的田间出苗特性和室内标准发芽（发芽率）、冷浸发芽（低温浸种，模拟田间阶段性极低温）、低温发芽（持续低温）、人工加速老化发芽（模拟恶劣贮藏环境）等萌发特性，发现冷浸发芽力与多环境下的田间出苗率的相关性最高，能较为准确反映玉米种子的田间出苗率，被确定为我国首个作物种子活力测定的行业标准。无损检测可在不经历萌发、不损耗种子的情况下预测种子活力，中国农业大学、山东农业大学等探讨了光谱成像、气味识别、化学成分定量等在玉米种子活力无损检测中的应用，创建出与活力相关性最高的高光谱波段组合，建立了包括高光谱图像采集、感兴趣区域提取、光谱反射率数据获取等活力无损检测方法，在甜玉米种子活力预测中具有较高的决定系数。开发基于 GC-IMS 技术检测到的 3 种特征性关键挥发性气体成分（苯甲醛 M、苯甲醛 D、1- 丁醇 M）构建的 AS-PCC-VIP-PLS-R 模型，在基于人工老化种子样本数据预测自然老化种子活力变化方面取得了突破。这些活力无损检测技术的探索为未来开发不经过发芽过程、无损预测玉米种子活力的新型检测技术开发奠定了基础。针对杂交水稻种子活力较差的现状，湖南农业大学、浙江大学等开展了水稻种子活力检测方法研究，创新了与田间出苗高度吻合的常规与快速水稻种子活力检验方法，制订"水稻种子活力测定方法""水稻种子活力测定低温法"等地方标准。开发了种子活力高光谱技术、Q2 技术、胚根伸长计数法技术等种子活力测定方法，总结提出了 6 种快速评估水稻种子活力的优良方法。还开发了水稻高活力种子性状的分子标记，用于全基因组快速选择高活力种子材料。在种子健康方面，南京农业大学建立了基于环介导恒温扩增（LAMP）技术的水稻种子中稻瘟病菌、白叶枯菌和稻曲菌的快速可视化检测方法。围绕小麦种子活力的测定方法，国内研究机构开展了大量研究工作，如研究了逆境条件下小麦种子活力与主要相关酶活性及其基因表达的关系，建立了基于小麦种子发芽逆境抗逆指数的种子活力评价方法；研究并确定了小麦种子人工加速老化活力测定团体标准。在无损检测方面，中国农业大学等单位系统地研究了机器视觉识别技术在种子活力检测和种子精选方面的应用，确立了小麦种子活力检测标准，系统提升了小麦发芽活力指标检测的稳定性，发现低活力小麦种子的苗长、平均鲜重对环境变化较为敏感，高活力小麦种子的苗长、平均鲜重等指标的环境稳定性相对较好。开发了 Phenoseed 种子表型提取系统，实现了小麦种子尺寸、颜色、纹理等 54 个指标的一键提取。在纯度检测方面，有机结合机器视觉、高光谱成像等无损检测技术和深度机器学习、SVM、集成学习等算法，实现了杂交小麦种子纯度的快速检测，机器视觉结合 MLP 和 BLR 算法，实现了多种植物种子净度的快速检测，在小麦种子上的准确率均达到 99%。开发了苯酚染色法田间快速测定小麦品种纯度的检测技术。中国农业大学、浙江农林大学、青岛农业大学、东北农业大学和北京农学院联合攻关，系统研究了幼苗生长测定、逆境抗性测定、生理生化测定等方法在玉米、水稻、小麦、棉花种子活力检测上的应用，开发了适合不同农作物种子活力相关性状快速智能化检测方法体系，并运用这些方法对我国市场上销售的主要农作物种子进行发芽率及活力普查。本项目的技术成果已惠及很多制种企业，对我国近年的主要农作物种子质量提升有重要作用。

种子纯度检测技术在种子纯度和真实性等传统检测项目上，在"农作物品种 DNA 分子身份体系构建"等支持下，北京市农林科学院研究玉米标准 DNA 指纹库，构建覆盖 6 万多个品种、全球最大的玉米标准 SSR-DNA 指纹库（25182 个）和覆盖 2 万多个品种的 SNP-DNA 指纹库，集成适用于 KASP、芯片、定点测序等多标记、多技术、多平台的玉米高通量的 SNP 分子鉴定技术体系和标准统一的数据库管理系统，为开展玉米 DNA 指纹数据库构建、查询、比对、分析提供关键技术和共享平台，在品种审定、司法鉴定等方面广泛应用，其中玉米 Maize6H-60K 芯片已授权生产约 10 万张，在多家大型种企中规模化应用；所研制 SNP 鉴定技术标准规范通过多角度评估测试显示与 SSR、田间表型鉴定结果具有高度相关性和一致性。这些研究引领了作物标准 DNA 指纹构建及品种分子鉴定研究。中国农业大学建立了以分子标记和机器视觉为基础的多种作物种子纯度的快速检测技术，如玉米种子高光谱图像品种真实性检测方法、基于种子贮藏蛋白和同工酶的电泳检测技术等。

随着种子质量检测技术的不断发展，相应的技术标准和规范也需要不断完善。建立统一的、国际化的技术标准，对于确保检测结果的准确性和可比性至关重要。尽管许多先进的种子质量检测技术已经在实验室中取得了显著成果，但如何将这些技术推广到实际生产中，仍然面临一定的挑战。需要解决技术成本、设备普及和操作简便性等问题，以确保技术能够真正服务于广大农民和农业生产者。随着基因编辑技术等新兴技术的应用，涉及种子的遗传信息和生命工程学等也引发了一系列伦理和法律问题。如何平衡技术创新和社会伦理的关系，制定相应的法规和政策，是当前亟待解决的问题之一。

8. 种子贮藏与技术应用

种子的贮藏是确保良好播种效果和保障农业生产的重要环节。种子贮藏技术是通过将种子保存在适宜的环境条件下，以延长种子的保存期限，保证种子的质量和可用性。种子的贮藏涉及种子的生物学特性、化学成分，以及环境因素等的影响，理解种子的贮藏理论是制订合理贮藏方案的基础。

近年来，我国在作物种子发育及贮藏物质积累的调控机理方面有了长足发展，例如，在水稻研究方面，克隆了多个调控种子粒型和粒重的基因，并阐明了部分作用机制。发现了泛素受体 HDR3 与 GW6a 互作增加粒长和粒重，TGW3 磷酸化修饰 OsIAA10 影响生长素途径，细胞色素 P450 家族基因 *GW10*、泛素相关 SMG3-DGS1-BRI1 复合物影响 BR 途径来调控籽粒大小的机制等。此外，发现类己糖激酶 OsHXK3、泛素化蛋白酶 OsUBP15 及 GW2-WG1-OsbZIP47 模块调控水稻粒型。在玉米研究方面，发现 SnRK1-ZmRFWD3-Opaque2、Opaque2-GRAS11 途径调控籽粒大小和胚乳淀粉合成，天冬酰胺合成酶 ASN4 影响籽粒蛋白含量，RNAPIII 亚基 ZmNRPC2 影响种子发育中的基因转录，甲基化影响细胞骨架和种子发育，RUB 类泛素修饰激活酶 ZmECR1 和 miR169-ZmNF-YA13 模块调控种子大小。在小麦研究方面，发现小麦磷酸海藻糖 TaTPP-7A 和生长素响应途径 TaIAA21 调控籽粒大小。在大豆研究方面，葡萄糖异构酶编码基因 *ST1* 影响籽粒厚度和种子油分合成，GmST05 转录调控 GmSWEET10a 影响种子大小及蛋白质和油分含量，联合连锁图谱和全基因组关联分析发现大豆赤霉素 3β- 羟化酶编码基因 *GmGA3ox1* 通过调控赤霉素的合成参与大豆种子生长，聚半乳糖醛酸酶基因 *PG031* 的自然变异调控大豆种皮的渗透性和粒重。

近 5 年来，我国作物种子劣变和耐贮藏的基础研究取得了良好进展。在水稻研究方面明确了 L- 异天冬氨酰甲基转移酶 1 基因 *PIMT*、脂肪氧化酶基因 *LOX3*、生育酚等在水稻种子寿命调控中发挥作用。华南农业大学等团队克隆了耐贮藏基因 *OsPIMT1*、*OsLOX3* 等，以及耐逆境耐淹萌发基因 *OsCBL10* 等。中国农业大学和西北农林科技大学等研究团队揭示了棉子糖家族寡聚糖 ZmRF 可调节玉米的种子活力，发现了 *ZmDREB2A* 基因调控玉米种子耐贮藏能力。在大豆研究方面，发现 Gm1-MM、PGm2-MMP 可提高种子耐受高温高湿的能力，磷脂酶基因 *PLDα1* 调控大豆种子耐贮藏能力。

传统的种子贮藏方法包括冷藏、冷冻和干燥等，这些方法在一定程度上确保了种子的长期保存。然而，随着对种子保存期限和贮藏效果要求的提高，研究者致力于对传统贮藏方法进行优化与改进。采用新型保鲜剂、包装材料等提高传统贮藏方法的效率和可行性。种子贮藏技术的关键是控制温度、湿度和氧气浓度。温度是影响种子贮藏效果的重要因素，低温能够延缓种子的老化和代谢过程，从而延长种子的保存期限。近年来，低温液氮保存技术作为一种高效的贮藏手段受到广泛关注。通过将种子置于极低温液氮中，可以有效降低种子的新陈代谢，延长其保存寿命。此外，低温液氮保存还可以降低种子的代谢活性，有助于维持其遗传稳定性，对于保存珍贵或难以繁殖的作物品种尤为重要。2021年9月，新建成的国家农作物种质资源库正式投入运行，基本实现了种子的超低温保存，还可以保存试管苗和DNA，保存全过程实现了智能化、信息化，种子贮藏寿命可以达到50年。湿度指种子贮藏环境中的水含量。过高的湿度会导致种子发霉变质，而过低的湿度则会导致种子失去水分，影响种子的存活率。氧气浓度指种子贮藏环境中氧气的含量。过高的氧气浓度会促进种子的呼吸作用，加速种子的老化和代谢过程，而过低的氧气浓度则会使种子窒息死亡。种子保护剂的研究是贮藏领域的一个热点，新型种子保护剂可以在一定程度上抑制种子的老化、抑制真菌和细菌的生长、提高种子的耐贮藏性。同时，这些保护剂的使用也需要考虑对种子品质和环境的影响，为工业生产提供更可靠的贮藏手段。种子处理技术在农业生产中的应用日益广泛，主要包括种子外衣的涂覆、化学处理等。新型种子处理剂，如生物农药、生长调节剂等的应用，为提高种子的萌发率、增强植物抗病虫害能力提供了新途径。同时，精准的种子外衣涂覆技术也逐渐成熟，保障了处理剂的均匀分布，提高了处理效果。

在种子生产过程中，还需要对种子进行脱粒、精选、干燥、精选分级、包衣、包装等处理，部分特殊的种子还涉及药剂浸种、催芽等处理，以提高其品质和适应性。近年来，我国对于种子加工设备的研究重视程度明显提升，我国农业已基本实现全程机械化作业，烘干机、清选机、精选机、包衣机、精量包装等设备基本实现了数字化控制，在智能控制下，实现了如烘干温度、湿度、包衣药物浓度、传送速度等的传感器测量，提高了种子处理的精确性（韩长生等，2022）。同时，风力平衡式清选、自平衡重力精选、光学色选、精确丸粒化处理等技术逐渐得到更广泛应用。

贮藏与加工过程中，种子的品质可能会受一系列因素的影响，包括温度、湿度、光照等。因此，通过合适的贮藏和加工方式减少或避免对种子品质的影响是重点研究领域，通过深入研究对种子品质的影响机制，建立全面科学的评价体系，确保种子在贮藏与加工过程中品质的稳定性，可以为优化贮藏与加工条件提供科学依据。

新技术的引入也为减少对种子品质的不良影响提供了新思路。在推动农业可持续发展的背景下，环保型贮藏与加工技术逐渐受到重视。采用低能耗、低污染的技术手段，减少对环境的负面影响，是未来种子贮藏与加工技术发展的趋势之一。此外，循环利用废弃种子外衣和加工废水等资源，也是可持续性研究的一个方向。随着物联网、大数据等技术的发展，智能化贮藏与加工系统逐渐成为研究的热点。通过传感器、无线通信等技术，实时监测种子的状态，精确调控贮藏和加工的环境条件，以达到最佳的贮藏效果。这不仅提高了工作效率，而且降低了能源消耗，为种子的可持续贮藏与加工提供了科学支持。种子贮藏与加工的研究进展涉及多个领域，从传统的贮藏方法到新型的加工技术，从对种子品质的影响机制到可持续性研究，都在推动农业生产方式的升级与改进。

9. 种子加工技术

种子加工技术中，玉米种子加工流程包括干燥、脱粒、精选、分级、包衣、计量包装等环节。近几年，部分玉米种子加工环节取得一定进展。例如，针对脱粒损伤评价方法缺失，中国农业大学创新性地组合可运动的甩盘、叶片和固定的碰撞筒，创造可容玉米种子运转的内环境，模拟脱粒造成种子损伤的过程，大批量评价玉米种子的耐机械加工特性，发现硬粒型玉米比马齿型玉米更耐机械损伤，含水量为12%的种子最耐加工损伤。针对生产中分选参数调试流程繁杂且严重依赖人为经验等问题，中国农业大学采用可视化组件封装技术和基于信号和槽的信息触发传递技术开发了"种子清选精选工艺流程人机交互模拟系统"，实现了灵活调整分选组合、科学展现分选效果、高效筛选最适分选工艺；建立了提高种子均匀度的玉米种子精选分级技术。在水稻种子加工环节，及时且合适的干燥工艺是保障种子高活力的重要举措。我国种子科技工作者研究了利用低温循环式干燥机进行水稻种子烘干的技术工艺，以及不同烘干温度对不同含水量玉米种子活力的影响，分析了水稻种子烘干温度和种子含水量的关系，形成了安全高效的变温烘干技术的农业行业标准《杂交水稻种子机械干燥技术规程》。但鉴于我国当前的烘干机械自动化程度较低，缺乏对种子温湿度进行自动检测和自动调节温湿度的设备，变温烘干技术难以推广，未来须与农机结合，开发高智能的机械化烘干设备。

种子包衣处理技术是在常规的化学药物浸种拌种、土壤处理、苗期喷洒等方法防治病虫成本高、效果差、污染严重的情况下，利用现代生物、化工和物理等技术，以种子为载体，采用机械方法，将含有杀虫剂、杀菌剂、微肥、植物生长调节剂等成分的种衣剂均匀包覆在种子表面，达到防治苗期病虫危害、促进作物生长、提高作物产量的一项种子综合处理技术。国外种子包衣剂的开发应用较早。20世纪20年代，美国的Thornton和Ganulee率先提出了种子包衣处理。但真正把种子包衣剂与苗期病虫害综合治理有机结合起来是在20世纪70年代末，1978年美国得克萨斯试验站研制出种子包衣新产品，即用山梨糖（Sorbose，$C_6H_{12}O_6$）和黏合剂醋酸纤维等配成种衣剂处理棉花种子，有效防治了棉花立枯病。1983年，美国FMC公司研制开发了呋喃丹种子处理剂，在世界各地，如阿根廷、墨西哥、巴西、埃塞俄比亚、罗马尼亚和中国等，应用在玉米、棉花、豌豆、苜蓿和大麦等作物上，对种子包衣剂的研究和应用起到了巨大的推动作用。1984年日本住友化学株式会社对蔬菜种子进行工厂化包衣，使小粒种子大粒化、丸粒化，既方便播种又节省用种量。近年来，新西兰、澳大利亚、加拿大、德国和荷兰等国广泛采用种子包衣技术，应用的范围扩展到多种作物，包括发展中国家在内的许多国家都颁布了专门的法案、条例，明确规定种子包衣才能出售使用。在种子包衣方面，利用高分子材料使包衣的种子具备感应环境温度或水分变化的能力，达到种衣剂的温控智能释放或水分智能储释，提高抗寒或抗旱效果，获得智能型抗寒种衣剂。除了传统的包膜、薄层丸化、丸化技术，浙江大学还开发了团聚式丸化和挤出式丸化技术。并将活性炭的保护能力与挤出式丸化技术结合，得到具有"除草剂保护荚"功能的丸化种子。此外，将具有系统活性的化合物装载入智能包衣材料，可实现防伪与抗逆的双重效果。这些种子引发和包衣技术的发展不仅改善了农作物田间成苗，而且对植物产量和品质也有积极的影响。在种子增值技术方面，研究了多种化学试剂，如硝普钠、硫化钠、多胺、褪黑色素等，对提高种子发芽力、增强植物非生物胁迫耐受性的引发效果，开发了以气体为介质的磁力引发、超声引发和电浆引发等技术，有效避免了以水为介质引发时吸胀和回干过程对种子造成的损伤。在种子包装方面，提出了种子防伪的包装理论和方法，并组合多种防伪方法，形成种子双重防伪技术，进一步提高了种子防伪的安全性和技术水平。

10. 种质资源收集与保护

优良品种选育的前提是种质资源创新，种质资源是生物携带遗传信息的载体，具有实际或潜在利用价值，其形态包括种子、植株、茎尖、休眠芽、花粉，甚至DNA等。种质资源创新水平的提高源于育种技术水平的提升，其中凝聚着大量科技创新及技术创新。近10年来，基因编辑技术发展迅猛，已实现对农业生物内源目标基因的定点插入、删除和替换等精确改造，是颠覆性新技术；全基因组选择技术可实现在全基因组水平上聚合优良基因，已在玉米、水稻品种选育中发挥很好的效果；合成生物技术可突破自然代谢途径这一瓶颈，实现对重要目标性状的人工设计和颠覆性改造；杂种优势固定已在水稻中实现了技术上的突破，由于其颠覆性价值，未来各国将就该技术展开激烈竞争；学科深度交叉融合促使现代育种技术向智能设计育种技术发展，极大地缩短了育种周期、降低了育种成本；转基因技术持续带动生物产业快速发展，已逐步形成转基因产品多元化、转基因性状多样化、转基因技术精准化的发展态势，转基因生物产业的经济增长点优势日益凸显。细胞工程与染色体技术已在增强农业生物种质遗传多样性和利用方面发挥巨大作用。总之，生物种业技术已体现出发展迅速、学科之间不断交叉融合等特点，生物育种技术不断改造升级，实现了生物育种精准化、高效化和规模化，推动生物种业进入新一轮技术革命，加快了优良品种选育的效率。

在过去相当长的一段时间，我国的育种工作飞速发展，培育了很多优良品种，特别是在水稻、玉米、小麦三大粮食作物上，稳固了国产优良品种的主导地位。"十三五"时期，我国加快了种质资源保护与利用体系建设，建成完善了由1座长期库、1座复份库、10座中期库、43个种质圃、205个原生境保护点及种质资源信息中心组成的国家作物种质资源保护体系。截至2022年年底，我国收集保存资源总量突破54万份，保护了一大批珍稀濒危资源；每年向科研、育种和生产提供有效利用10万多份，有力支撑了我国的作物育种和农业科技创新。但对优质种子的重视程度远远不够，因缺乏配套的种子生产和加工技术，很多优良品种的潜力无法得到充分发挥，现阶段的种子整体质量无法满足单粒播或直播的要求，成为现阶段我国农业生产机械化转型的瓶颈。种子科技主要包括高活力种子的生产、加工、贮藏、检验等技术开发和机理解析，以及种子活力的遗传改良。过去10年，国家科技管理部门逐渐认识到种子的重要性，在项目支持下，我国在高活力种子检验、生产、加工，以及纯度鉴定和保持等方面取得了一定进步，部分农作物种子质量显著提升，如玉米种子发芽合格率从 2013 年的 89.4% 提高到了 2019 年及之后的 99% 以上。

种子作为农业的"芯片"，是农业增产、粮食安全的重要保障。良种对农作物的增产稳产起关键作用，据测算，良种的选育和推广对单产提升的贡献率在 50% 以上。例如，我国大豆、玉米受育种及栽培等因素影响，单产水平只有世界先进水平的 60% 左右，产量差距背后是品种的耐密性和抗逆性差异。近 10 年来，得益于国家不断出台促进粮食增产的政策，我国种业稳步发展、持续增强，农业高质量发展成效显著。我国种子相关专利数量复合增长率达到 28.8%，良种对粮食增产的贡献率超过 45%。随着生活水平的提高，人们对于优质粮的需求增加，科研育种逐步从注重产量向产量品质并重转变。中国农业科学院作物科学研究所和南京农业大学育成的新型低谷蛋白水稻品种"W088"做出的米饭不仅可吸收蛋白显著降低，而且食用后升糖指数低，适合慢性肾脏病、糖尿病人群食用。由西安恒创农业科技公司培育的高抗性淀粉小麦新品种——"糖寿麦一号"，其抗性淀粉含量达到 10% 左右，对预防糖尿病、心血管疾病、肥胖症等慢性病有良好效果。从吃得饱到吃得好，再到吃出营养吃出健康，人们对良种的选育提出了更多的要求。

（二）种子学科发展与人才培养

我国的种子科学研究起源于 20 世纪 50 年代，当时苏联和其他东欧国家的许多种子科学理论对我国的种子科学产生了深远影响，如苏联科学家科兹米娜的《种子学》、什马尔科的《种子贮藏原理》、菲尔索娃的《种子检验和研究方法》。20 世纪 70—80 年代，中国科学院郑光华等编写的《种子工作手册》《实用种子生理学》和《种子活力》等种子科学相关著作对我国种子科学与技术的发展起了积极作用。1995 年，中国农业大学成立了种子科学与技术系，以开展种子方向的研究与人才培养工作。2002 年，中国农业大学在国内首先设立了种子科学与工程专业，进行本科招生，2003 年开始进行硕士和博士招生。随后，国内主要农业院校相继开设种子本科专业，截至 2022 年，全国有 50 多所院校开展种子科学与工程本科专业人才培养，其中中国农业大学、山东农业大学、西北农林科技大学等还进行硕士和博士人才培养。2010 年，中国农业大学种子科学与工程专业被教育部批准为特色专业。2011 年，种子科学与工程被教育部批准为作物学一级学科下的第三个二级学科。2012 年，教育部建立"种业领域"专业硕士人才培养协作网并开始招收专业学位硕士生；2016 年种业与作物、园艺、草业合并，形成了"农艺与种业领域"专业硕士生培养方向，目前共有 69 所科研院校进行该领域的专业学位研究生培养。2018 年成立了"2018—2022 年教育部高等学校种子科学与工程专业教学指导分委员会"。

中国农业大学、浙江大学、南京农业大学、山东农业大学、中国农业科学院作物研究所、浙江农林大学、东北农业大学等依托作物学科的国家和教育部重点实验室及研发平台，围绕玉米、小麦、水稻、大豆、棉花、油菜、烟草等作物，开展了种子生物学，以及高活力种子生产、加工、贮藏、检测等方面的基础研究、应用基础研究和技术研发，在国内形成了多个种子科学创新团队。中国农业大学承建了农业农村部农作物种子全程技术研究北京创新中心，山东农业大学、南京农业大学、华南农业大学、东北农业大学等高校加强了种子科学实验室建设，研究条件得到了进一步改善。

任何产业的发展都离不开科技和人才。未来生物与信息技术融合发展的趋势将更加明显，智慧育种是跨学科、多交叉的技术体系，涵盖生命科学领域的基因组技术、表型组技术、基因编辑技术、生物信息学、系统生物学、合成生物学，以及信息领域的人工智能技术、机器学习技术、物联网技术、图像成像技术等，需要将数据信息采集、分析和模拟嵌入融合到育种创新的全流程，对多学科人才和学科交叉研究能力要求较高。目前中国大学和研究所的智慧育种研究刚刚起步，各相关研究机构尚未建立起专业化的育种大数据研究支撑部门，缺乏既懂生物育种又懂信息技术、既懂作物栽培又懂工程技术、既懂软件编程又懂硬件设计的复合型人才。我国种子产业的现代化发展迫切需要一大批具有既懂得现代作物品种改良，又懂得优质种子的生产理论，以及种子检验、贮藏、加工、处理、包装等，还懂得国际种子贸易规则、知识产权保护等知识的高级复合型人才，同时加强种业科学研究力度。

（三）种子产业政策与管理现状

1. 种业监管治理基本实现"有法可依"，法律法规和技术标准体系逐步健全

新《中华人民共和国种子法》（简称新《种子法》）颁布实施。2000年7月8日，第九届全国人民代表大会常务委员会第十六次会议审议通过了《中华人民共和国种子法》。自此，我国种质资源的合理利用，品种的选育，种子的生产、经营和使用，以及生产者、经营者和使用者合法权益的保护有了坚实的法律基础。2016年，新《种子法》颁布实施，种业"放管服"改革深入推进，审定作物由28种减少到5种，实施了非主要农作物品种登记制度，加大植物新品种权保护力度，市场主体活力进一步被激发，依法制种深入推进。我国种子产业历经二十余年发展，进入了升级转型的关键时期。于2022年3月1日起施行新《种子法》，其最核心的内容是建立了实质性派生品种制度。实质性派生品种指由原始品种实质性派生，或由该原始品种的实质性派生品种派生出的品种，与原始品种有明显区别，并且除派生引起的性状差异外，在表达由原始品种基因型或基因型组合产生的基本性状方面与原始品种相同。这种制度进一步强化了对于种业原始创新的保护。实施实质性派生品种制度，扩大新品种权保护范围，着力解决品种权人维权难和举证难的问题，是我国基于对全球种业发展趋势、国内种业发展面临的深层次问题而做出的科学判断。配合新《种子法》的贯彻落实，种业法律法规体系不断建立健全，全面构建种业法治的"四梁八柱"。制（修）订并颁布了《农作物种子质量检验机构考核管理办法》《主要农作物品种审定办

法》等配套规章。加速推进《中华人民共和国植物新品种保护条例》《中药材种子管理办法》《农作物种子质量监督抽查管理办法》《种苗管理办法》《救灾备荒种子储备管理办法》《农作物种子质量认证管理办法》的制修订工作。种业质量管控技术和标准研发成功并颁布施行，种子质量和检验标准体系不断完善，已建立国家和行业标准81项、地方标准88项，有效支撑了市场监管的大部分需求。加快了农作物种子检验规程修订，拟定了种子标准制修订3年（2019—2021年）规划，有序推进了种子标准制修订和方法研发。不断完善分子检测标准体系。全面推进30多种农作物的品种DNA指纹数据库构建与品种鉴定标准研制工作。完成了一批SSR标准的编制、评审与报批。加快推进SNP分子检测技术研发，以七大农作物品种DNA指纹数据库构建项目为抓手，加快推进玉米、水稻、小麦、棉花、油菜、大豆、蔬菜等SNP检测技术研发与标准制定。目前，玉米、水稻、小麦等主要农作物DNA指纹库基本建成并已在监管中发挥重要作用。

构建农作物品种鉴定分子技术体系意义重大，可快速鉴别品种身份，为种子质量监管提供更为高效和便捷的手段；可推动形成较为完善的种子检验技术体系，促进种子质量检验技术支撑种业发展；可带动种子企业注重品种真实性和纯度分子检测，推动新技术的普及应用，提高种子质量，增强我国种业竞争力。构建作物品种DNA指纹库，要以分子检测技术和现代信息技术为手段，以法规和技术规范为依据，以应用于种子市场监管为目的，围绕保障现代种业健康发展这一中心任务，坚持问题导向，搭建全国统一的农作物品种DNA指纹数据平台，培育一批高水平的具有分子检测能力的检验机构和技术人才，实现品种鉴定有标准、有数据库、有平台、有机构、有人才，为依法开展品种真实性检测和进一步强化市场监管提供技术支撑。

2. 监管治理体系逐步建立

种业机构改革基本完成。种业管理队伍不断壮大。在机构改革中，部级层面的种业管理队伍和职能得到加强。各省及以下种业管理队伍相应加强，形成了"行政处室+事业单位"的格局。全国有28个省（直辖市、自治区）陆续组建种业管理行政处室。全国共有种子站2733个、区试站7374个、测试中心28个、检验机构338个。统筹农作物种业管理，构建大种业发展格局。职能分工更加明确。种业领域农业行政综合执法、行业管理形成"各司其职、各负其责"的专业化分工。农业综合行政执法改革深入推进，执法能力建设不断加强，有效整合了兽药兽医、畜禽屠宰、种子、化肥、农药、渔业、农机、农产品质量等行政处罚、行政强制职能，初步建立起一支廉洁高效、执法规范的农业综合行政执法队伍，初步形成了权责明晰、上下贯通、指挥顺畅、运行高效、保障有力的农业综合行政执法体系。种业行业监管不断强化，明确职责分工、强化协调配合，为综合行政执法提供标准和技术服务支撑，确保国家粮食安全和农产品质量安全，维护群众合法权益。

3. 市场监管力度持续加大

日常监管机制逐步完善。种业市场监管高压态势基本形成。随着新《种子法》的贯彻落实和"双随机一公开"监管全面推行，大力推进种业日常监管和专项行动有机衔接，对违法生产经营行为处罚更为严格，发现一起查处一起，震慑效果更加明显。连续多年开展日常监管，总结出一套较为有效的"四季歌"监管方式，按照"双随机一公开"要求，全面强化日常监管，明确任务目标，压实地方责任，净化种子市场，主要农作物种子质量合格率稳定在98%以上，种子质量稳步提升。监管手段不断丰富。构建了涵盖行政审批、生产经营管理、信息查询、信息公开等功能的中国种业大数据平台，整合多部门、多环节、多类型的涉种管理服务系统，将全国种子企业、农作物品种、生产经营门店纳入平台，实现信息互联互通、共享共用，来源可查、去向可追、责任可究的可追溯体系基本建立。明确了以打通"品种""种子""主体"三条线为基本遵循，进行平台构建、系统整合、数据融合，种业大数据等信息化技术正在不断拓展应用范围和场景。监管方式不断创新。强化可追监管、信用监管等新型治理方式及机关机制，监管能力不断提升。强化种子追溯管理，实行种子唯一身份管理，建立健全品种管理和生产经营活动档案，种子追溯管理制度框架基本建立，追溯手段建设逐步完善，追溯能力逐步提升，对保障各类主体合法权益、保护用种农户利益、保障市场平稳有序运行发挥着重要作用。探索实行信用监管、分级分类监管，开展种子企业信用等级评定，对失信种子企业限制或禁止申请政府购买服务项目，切实做到"一处失信、处处受限"。

4. 植物新品种权保护力度不断加大

植物新品权保护氛围日渐浓厚。近年来，连续筛选、发布植物新品种保护十大案例，通过《农民日报》《中国知识产权报》等媒体对外发布，在全社会形成了关注知识产权保护的浓厚氛围，同时有力震慑了植物新品种权侵权违法行为，为种业自主创新营造了良好的发展环境。知识产权保护意识日渐加强。品种权申请和授权数量快速增长，年申请量已连续多年位居世界第一。品种权保护范围不断扩大。累计发布11批农业植物品种保护名录，受保护的农业植物种类达到191个，尤其是中草药、园艺等作物纳入保护，有效激励特色作物育种创新。管理服务力量有效增强。不断强化植物新品种职能，全国28个省（直辖市、自治区）相继成立种业行政管理机构，部科技发展中心增加了植物新品种保护方面的处室，河北、湖南、江苏等省还专门成立了植物新品种保护科室，形成了省市县行政管理、事业支撑、综合执法协调配合、运行高效的执法队伍。

5. 当前种业监管领域存在的问题

（1）法律法规及质量标准体系还不完善。

①部分《种子法》配套规章制度还不健全。《中华人民共和国植物新品种保护条例》等一批规章制度亟须制修订。生物育种等新领域、新业态的法规及管理制度尚存在空白。②标准体系还需完善。非主要农作物品种分子检测、种子活力及健康检测、种子质量、质量控制等标准还需加快制修订。③部分法律规范个别条款已滞后于形势发展。新形势下，品种管理、生产经营等环节出现了新情况、新问题，《种子法》等法律法规的个别条款规

定和要求已明显不适应形势发展。部分条款规定有待进一步明确。在具体实践中，很多细节问题在《种子法》中没有明确规定，有待进一步出台相关解释予以明确。如"推广"如何定义、引种备案后的标签说明、同一生态区如何界定、种子生产经营备案的时间品种数、"自繁自用"如何界定等问题。

（2）管理体系及农业综合执法力量不足。

①管理体系还需进一步完善。自上而下的种业管理体系还不完善，部分地区市、县级种子管理部门在机构改革中被合并或撤销，出现种业管理"无腿"的情况。部分地区种业行业监管与综合执法、行政部门与事业单位在职责划分与协调配合等方面还存在诸多问题，部分地方改革还没有完全到位。②管理队伍及执法装备还需进一步加强。多数种业管理部门编制及人员较少，缺少懂法律、懂种子、懂农业的管理及执法人员。部分基层综合执法部门经费、人员、装备等配备不足，与监管执法职责和任务严重不适应。

（3）监管治理手段及能力有待提升。

①数字化、信息化、信用管理等手段应用还不够普及、充分。②监管执法人员相关专业能力和水平有待提升。执法人员对部分法律的理解还不到位。尤其是基层执法人员还存在对立法精神理解不到位、法条理解不准确甚至不理解的现象，给依法执法带来困难。③品种管理与知识产权保护及市场监管存在一定的脱节。品种管理与品种权保护制度缺少衔接，标准样品管理未进行统一，DUS测试等环节信息未共享共用。

（4）部分新领域的监管治理有待深化研究。

随着经济社会发展，部分新领域种子种苗监管迫切需要强化。如中药材种子、蔬菜果树种苗等领域的监管治理还需要深入推进。

（5）社会公众对涉种法治意识有待提高。

①在农业生产经营主体方面，用种风险意识、维权证据意识等亟待提高。②舆论媒体的涉种宣传导向需要正确引导，种业正向宣传力度还需进一步加大。

三、国内外发展比较

结合国际种业集团近年来的成长历程和发展模式，研究国外种业发展值得借鉴的经验，比较评析我国种业产业的发展状态。

（一）国际种业发展形势

科技发展推动种业加快变革。进入20世纪以来，随着应用遗传学的发展和应用，农作物育种、良种繁育和推广工作取得巨大进步，农作物基因改良步伐加快，现代农作物种业产生并发展起来。经过100多年的发展，发达国家的种业已经进入成熟阶段。2000年以来，国际种业快速发展，全球种业规模急速扩大。农作物种业正在经历以"生物技术＋

信息技术"为特征的第四次种业科技革命，基因编辑技术、高通量检测技术、全基因组育种、合成生物学、传感技术等前沿、颠覆性技术创新对育种模式和农业生产方式都将带来革命性的影响，推动育种程序化、数据化、机械化、智能化、精准化、高效化发展；国际种业巨头正在按照"为农民提供全套解决方案"的方向发展，除提供种子、农化产品及技术之外，还提供植保技术、施肥技术、气象服务、机械化技术、农产品市场信息，甚至金融服务等综合服务。种业借助信息网络技术加强全球联合育种，模式日趋成熟，大幅提升了育种效率；基因组学、蛋白组学、代谢组学等现代生物技术为大规模动植物基因资源鉴定、挖掘与利用提供了理论与技术支撑，出现了"分子设计育种""全基因组选择GS2.0"等新概念与新手段，动物育种进展开始加快；GPS、区块链、物联网、人工智能等新兴信息服务网络化科技加速发展，在畜牧业生产中逐步得到规模化应用，大大促进了动物重要经济性状的精准化和智能化鉴定。抓住科技发展浪潮，可以给我国种业带来"跨越发展"的巨大机遇，但科技发展带来的种业研发、生产、经营和管理深刻变革，也给我国种业带来了新挑战。

种业"寡头"垄断与分化发展并存。在农作物种业方面，2015年世界前十大种业公司的全球市场份额已超70%；从2015年年底开始，国际种业与农化市场启动新一轮大规模并购浪潮，杜邦与陶氏并购涉及资金1300亿美元，中国化工集团以440亿美元并购先正达，德国拜耳以630亿美元并购孟山都，2020年中化集团、中国化工集团农业业务合并，组建了新的先正达集团，并购、重组后的种业三大巨头占全球农作物种业市场1/3以上，转基因领域接近完全垄断。前十大种业公司中，丹农的牧草、草坪草种子业务，坂田和瑞克斯旺的蔬菜种子业务，隆平高科的水稻种子业务等各有特色和优势。不少公司选择走差异化发展之路，在细分市场上占有一席之地，如荷兰Dummen集团等有近百年历史的育种企业主导全球花卉产业；美国圣尼斯公司（Seminis）等8家公司控制着全球1/2以上的番茄种子市场；全球也诞生了一批如以色列Evogene的专业化技术公司。在畜禽种业方面，PIC年营业额达670亿美元，销售种猪300万头，占全球种猪市场的25%；德国EW集团、荷兰汉德克（Hendrix）和美国泰森（Tyson）集团三家公司占领全球约90%的蛋种鸡和肉种鸡市场；全资控股PIC的母公司Genus集团还控股全球最大的种肉牛、种奶牛公司。在体量巨大的跨国种业巨头面前，我国种业面临被"碾压"的巨大挑战。

全球竞争加剧与合作加强交叠。当前世界种业以知识产权为核心的竞争不断加剧，对资源、市场、人才的争夺和控制日趋紧张；同时，由于育种必须依赖种质资源这一特殊性，加之新技术（专利）在育种中的作用越来越重要，任何企业和国家无法独占所有资源、技术（专利），使得国际种业在竞争的同时，加强合作成为必然选择。在知识产权方面，跨国种业巨头抓紧全球布局，截至2018年2月，全球共有15.7万件农业生物技术领域相关专利（其中生物技术育种专利5.8万件），布局在20多个国家/地区组织，中国成为主要的布局国，排名前四位的陶氏杜邦、拜耳、巴斯夫、先正达（中国化工）申请量分别超过 5200 件、3500 件、300 件、2500 件；拜耳/孟山都育种专利申请量占全球的 10.4%；如"新西兰猕猴桃案"这样的跨国植物新品种权维权案时有发生；PIC 拥有养猪相关专利 300 多项，一些广泛应用的技术如应激基因检测等均申请了专利。资源、市场、人才竞争激烈。西方各国将遗传资源全球收集作为国家战略，严控核心遗传资源的输出；美国动物遗传资源保护中心收集保存的近百万份遗传物质中超 2/3 为外来；美国牵头启动全球动物基因组注释 FAANG 计划、对标人类基因组的 ENCODE 项目，深入发掘动物基因组中关键功能基因与调控机制；日本政府将和牛精液作为"国宝"加强出口管制；陶氏杜邦集团旗下的先锋良种公司拥有世界上最大的玉米种质资源库，覆盖了全球 60% 的玉米种质资源；拜耳在新加坡建立了作物科学研发总部，在印度、越南、菲律宾、印度尼西亚建立了杂交水稻种子生产研究试验站和生产基地；PIC 公司在中国 10 多个省采用独资、合资等方式建立了 20 多家曾祖代、祖代或父母代场；美国通过发放"绿卡"、中国通过人才计划吸引国际人才。竞争的同时，各种业公司也广泛通过知识产权转让许可、资源交换等加强育种合作，例如，2019 年，首农集团与 PIC 签订战略合作，计划未来投资 5000 万~8000 万美元引进和发展 PIC 全球独家拥有的专利技术和优秀种质资源。

此外，世界不确定性因素不断增加，贸易冲突不断，逆全球化思潮、单边主义、狭隘民族主义抬头，政治危机、生态环境危机、公共卫生和安全危机等国际危机"常态化"，金融危机、经济危机可能卷土重来；全球资源趋紧、疫病流行性传播、气候暖干化严重等问题促使资源节约型、抗病型、环境友好型、气候适应型等品种性状成为国际上动物遗传育种追求的新目标。

（二）国内种业发展形势

我国种业正处于从种业大国向种业强国发展的阶段。我国农作物种子市场超 1200 亿元，仅次于美国，为我国种业做大做强提供了发展沃土。政策引领不断提升，2013 年习近平总书记"要下决心把民族种业搞上去"重要指示提出后，种业在农业上的"芯片"地位被提到新的高度。2018 年中央一号文件明确指出，加快发展现代农作物、畜禽、水产、林木种业，提升自主创新能力。2018 年政府工作报告要求，促进农林牧渔业和种业创新发展，2019 年政府工作报告要求，大力发展现代种业，《乡村振兴战略规划（2018—2022 年）》提出，"深入实施现代种业提升工程，开展良种重大科研联合攻关，培育具有国际竞争力的种业龙头企业，推动建设种业科技强国"。我国资源保护实力位居前列，长期保存作物资源超 50 万份，居世界第二位，西甜瓜、剑麻、黄麻、红麻、苎麻、橡胶等种质资源鉴定评价走在世界前列。育种科研实力不断增强，部分领域引领、赶超。作物育种领域论文量居世界首位，占全球 20%，高水平论文数量逐年增加，水稻育种基础研究、棉花基因组研究等世界领先；遗传评估、全基因组选择等关键技术研发在国际上处于"领跑"或"并跑"位置。发展出一批初具国际竞争力的企业。资本持续"加持"种业，中化收购先正达、"两化"重组，中信入主隆平高科；2019年全球农作物种业销售额前20强中有4家中国公司上榜，销售额占前20强的13%，其中先正达排名第三，销售额占前20强的10%。

我国种业正处于向高质量发展转变、加快开放和深化改革的新阶段。我国经济已由高速增长阶段转向高质量发展阶段，经济发展进入新常态。农作物种业经历了10年左右的高增长后，从2014年起步入"寒冬"。"品种井喷"、模仿育种不断、资源环境压力加大、要素成本上升，这些因素共同决定中国种业必须走高质量发展之路。以开放促改革、促发展，我国种业正加快对外开放步伐，不断放宽种业外商准入限制，海南自由贸易区正打造全球动植物种质资源引进中转基地和种业对外开放新高地，国内种业企业布局"一带一路"沿线国家。2013年深化种业体制改革，从2014年开始，我国不断推进种业成果权益比例改革，2018年机构改革新组建种业管理司，统筹农作物种业和畜禽种业，各地农业厅（委/局）也陆续设立种业处；"放管服"改革、科技体制改革、法律法规的立改废释都为深化种业改革带来了强劲的东风。

（三）当前我国种业发展存在的问题

目前，我国种业发展面临的形势错综复杂，既有机遇也有挑战。乡村振兴战略的实施及《种业振兴行动方案》的实施，推动了我国农业由产量数量型向质量效益型转变，种业作为农业发展的"芯片"，肩负新使命、新任务。近年来，虽然我国种业发展有了很大进步，为粮食和重要农产品稳产保供做出了重要贡献，但基础仍不牢固，与国际先进水平相比，我国种业发展仍面临一些问题，存在明显的短板弱项，迫切需要下功夫来解决。如资源保护利用还不够，农业种质资源普查收集不全、保存保护乏力、共享机制不畅。一些领域育种创新特别是基础原始创新与国际先进水平还有差距，玉米、大豆、个别蔬菜品种竞争力不强。种质资源是实现育种创新突破的关键。目前，我国种质资源收集保护力度不够，野生近缘植物消失风险加剧，疫病对畜禽地方品种构成较大威胁。种质资源经过精准鉴定的不到10%，基因挖掘和新种质创制不能满足育种需要，地方和特有品种开发利用仍处在初级阶段，资源优势未转化为产业优势。虽然在我国主要农作物中大部分种子为"自产"，但玉米、马铃薯等种子部分依赖进口。高端品种的蔬菜种子以进口为主。主要问题如下。

1. 种业创新水平总体依然不高

一是基础研究引领性不够，缺少从0到1的原始创新。农作物种业领域论文数量虽已位居世界首位，但基础研究积累不够、原始创新能力不强、科技创新源头供给不足，总体创新程度仍落后于国际先进水平，部分关键核心技术受制于人。部分遗传育种基础研究尚处在跟跑阶段，品质、产量、抗逆等性状形成的分子机制研究不系统，商业化全基因组分子标记开发和实用化分子育种技术应用较少。

二是育种技术交叉融合不够，智能化水平不高。跨国农作物种企已进入以"工厂化"

模式为主、分子技术为核心的"精准育种"阶段，并向以大数据为核心的"智慧育种"过渡，我国大多还处于"课题组""小作坊"的传统育种阶段，与国际先进水平存在1~2个代差。育种与计算机、数学等领域的技术交叉融合不够，智能化程度相距甚远，缺乏标准化、自动化的育种大数据体系。

三是科研组织模式不能适应种业产业发展的要求。国外跨国公司的育种研发多采取大规模团队协作、专业化分工方式，而我国育种资源主要集中在农业科研院所和大专院校，由于其所掌握的种质资源有限、课题组人力不足，品种组合较少。中国种业相关的公立科研机构有150多家，此外，还有各省级、市级农科院所。但长期以来，种业研究领域都是各个科研院所甚至各个课题组各自为战。全国布局的农业院所本来是中国农业科技创新的优势，但过于强调自主发展，使得各分立、分散的机构难以形成创新网络和高效能的创新系统。在过去的项目部署上，国家和地方科研资源缺乏有效整合、科研项目缺乏系统设计，科研组织模式大多为拼盘模式，科研资金被分散到众多研究主体，各研究单位或课题组之间的合作貌合神离，信息交流、育种资源共享不充分，大量研究属于低水平重复，造成了科研资源的巨大浪费，因此难以取得重大创新成果。

四是品种创新整体不足，与国际先进水平差距较大。我国育种人才、种质资源等科技要素向种子企业流动机制不畅，以市场为导向的技术研发体制尚未形成，极大地制约了我国育种研发资源要素活力的发挥，阻碍了种业整体水平的提升。种质资源精准鉴定（评价）、创新利用程度低，50万份作物资源仅4%深度评价，育成新品种427个，资源优势还没有转化为基因与品种优势。农作物修饰性、模仿性育种盛行，原创、突破品种稀缺，玉米、大豆产量严重低于美国。

五是未来种业产业发展的人才不足。未来生物与信息技术融合发展的趋势将更加明显，智慧育种是跨学科、多交叉的技术体系，涵盖生命科学领域的基因组技术、表型组技术、基因编辑技术、生物信息学、系统生物学、合成生物学，以及信息领域的人工智能技术、机器学习技术、物联网技术、成像技术等，需要将数据信息采集、分析和模拟嵌入融合到育种创新的全流程，对多学科人才和学科交叉研究能力要求较高。但中国的大学和研究所的智慧育种研究刚刚起步，在组织功能上，各相关研究机构尚未建立起专业化的育种大数据研究支撑部门；在人才结构上，难以吸引最优秀的信息科学人才，缺乏既懂生物育种又懂信息技术、既懂作物栽培又懂工程技术、既懂软件编程又懂硬件设计的复合型人才；在创新实践上，面临着数据采集缺乏标准化和系统性、数据整合共享不足、设备的适用性不强、先进的数据挖掘方法尚未能充分应用等问题。

2. 企业竞争力整体较弱

一是"产学研"脱节。国际上发达国家的育种创新多以企业为创新主体，而我国的种业创新则是以大学、科研院所为主体。以企业为主体的创新体系，其研发活动是以实用为导向的，着力解决生产中的实际问题，而以科研院所为主的创新体系则是以论文为导向的，研究方向更倾向于追逐热点问题、追求理论化形式，对实际问题和需求缺乏了解，研究与应用脱节，使创新成果缺乏实际应用价值和市场前景。在我国，除了少数大型种业企业，大部分科企合作不够深入，且研发主体与市场脱节，企业与公益性科研单位存在竞争，合作双方存在目的不同、利益诉求存在差异的问题，加之成果转化的价值认定体系和风险管控体系尚不完善，一方面导致科研成果"供给侧"脱离市场需求；另一方面有市场前景的科研成果转化效率和效益受制约，"研发－转化－产业化"之间仍然存在鸿沟，影响企业"造血"能力。

二是企业实力整体偏弱。产业集中度低，多、小、散、弱格局未根本改观。现代种业是典型的高科技，但现实中我国种业法律成本和技术成本不高，导致准入门槛低，长期"小、散、乱"的格局仍未改变，2018年，我国农作物种业企业5663家，资产总额10亿元以上的企业仅有22家。转基因作物商业化受限，生物技术对产业质量的拉升尚未形成，企业长期投入研发能力和意愿不足，前50强企业年研发总投入15亿元，不及孟山都的1/6。种业企业资本运作起步较晚，产业链延伸和知识产权的布局存在不足，行业资源整合能力有待提升。现代企业管理体系和人才培养机制不完善，复合型人才缺失，中小企业对人才吸引力不够，人才流失比较严重，制约了企业长期稳定的发展。

三是支持企业发展的良好生态尚未形成。鼓励育种创新的政策供给和科研投入长期偏重科研教学单位，部分政策导致企业人才"逆流"。企业表达诉求和获取支持的平台较少，行业协会的协调作用未得到充分发挥。合作交流及诚信体系的建立有待完善。现阶段，生物育种产业化进展缓慢，创新价值难以实现，抑制了投入发展的积极性。近年来，中央一号文件均提出："尊重科学、严格监管，有序推进生物育种产业化应用。"但支持生物育种产业化的配套政策尚未出台，科研人员专注生物育种前沿和关键技术创新仍有顾虑，种业企业投资生物育种产业化开发的积极性仍然不高，能够形成有良好综合性能和经过成熟试验验证的生物育种品种还非常有限。

四、趋势与展望

当今世界正经历百年未有之大变局，新一轮科技革命和产业变革突飞猛进，科学研究范式正在发生深刻变革，学科交叉融合不断发展，新一轮科技革命和产业变革重塑全球经济格局，国际力量对比深刻调整，国际环境日趋复杂，保障粮食安全成了全球共同面临的挑战。"要开展种源卡脖子技术攻关，立志打一场种业翻身仗"，我国农业生物育种技术研发及其产业化发展已进入自立自强、跨越发展的新阶段。但在生物育种研发方面还面临包括原始创新薄弱、关键技术缺乏和创新链条脱节在内的制约因素。因此，种子学的发展显得尤为重要。只有大力发展种业科技创新，才能加快我国生物育种技术研发与产业化进程，增强我国现代农业核心竞争力，实现科技自立自强，保障国家粮食安全、生态安全与国民营养健康。

随着人工智能、大数据等技术的发展，种子学研究领域也将逐步实现智能化和精准化，以提高农业生产效率、降低资源浪费为主要研究目标，通过先进的生物信息学数据分析、分子生物学技术及人工智能，快速改造种子的性能，提高种子应对气候变化和环境恶化的能力。在种子学人才培养方面，现代种业和数字化信息时代的到来，对种业学科人才的需求越来越倾向于应用型和交叉型。近年来，各高校通过设立新型技术交叉学科专业，重塑种业人才知识培养体系，为现代种业人才培养提供了良好的沃土。在种子学研究基础条件建设方面，各种业研究平台将通过开放共享的方式支持和引导种子学领域的基础研究。另外，种子学研究直接影响着国家种业产业的发展，因此在国家政策层面需要有更多的支持和倾斜。要通过持续强化生物育种发展的战略意义，完善国家生物育种创新发展体系，通过种子学研究领域科技创新推动我国由生物育种产业大国向生物育种产业强国快速转变，确保关键共性技术自主可控，"中国碗装中国粮"。同时，种子学研究应紧紧围绕我国种业发展和创新中亟须解决的问题，在技术层面有更多的原始创新，并进一步全面发展和推广。针对我国农业生物种质资源多样性与演化规律不清的科学问题，应用多重组学、泛组学、人工智能和系统生物学等技术方法，揭示农作物从野生种到地方品种，再到现代品种发展过程中重要性状的形成与演化规律，阐明种质资源驯化和改良中的遗传调控机理。针对未来农业生物分子设计所面临的关键技术瓶颈，研发种子精准设计与创造亟须的变革性、颠覆性技术，构建种子精准设计的技术体系。针对我国农业农村现代化对粮食安全、绿色发展、健康生活、极端气候响应和战略新兴产业发展的重大需求，精准培育和创造增产提质、减投增效、减损促稳的新型农业资源，实现对现有品种的跨越升级，引领精准农业发展。

种业是国家战略性、基础性核心产业，在我国农业发展中具有不可替代的战略作用，是促进农业长期稳定发展、保障国家粮食安全的根本。"十三五"以来，我国粮食总产量连续5年超过6.5亿吨，良种的贡献突出。经过"十三五"育种科技攻关，良种对粮食增产的贡献率在稻谷、小麦等口粮作物上已经达到54.85%，基本实现了"中国粮"用"中国种"。当前，我国种业既面临着世界不确定性、国际竞争的外部压力，也面临着自身发展新阶段的内在变革需求，挑战与机遇并存，机遇大于挑战。当今世界种业竞争的实质是科技竞争，全球正孕育着以组学技术、信息技术、基因工程等为核心的新一轮种业科技革命。保障国家粮食安全，建设种业强国，保障粮食安全，重点是做好"藏粮于地""藏粮于技"，要着力加强种业科技自主原始创新，实现种业科技的自立自强，从根本上筑牢国家粮食安全的基础。因此，迫切需要加快实施生物育种科技重大项目，重构种业科技创新体系，解决基础研究薄弱、核心种质与关键技术缺乏等问题，在战略基础研究、前沿引领技术等领域取得新突破，抢占种业科技制高点，赢得新时代种业科技革命的主动权。

《中华人民共和国国民经济和社会发展第十四个五年规划和2035年远景目标纲要》聚

焦国家战略科技力量，充分表明在当前国内外环境发生深刻变化的形势下，我国已充分认识到实现种业科技自立自强的重要性和紧迫性。推动种业创新发展、突破资源环境约束、进一步提升作物单产是保障我国粮食安全的重要手段。党的十八大以来，我国种业发展取得明显成效。目前，农作物良种覆盖率在96%以上，自主选育品种面积占比超过95%。涉外资种子企业占我国种子市场销售总额的3%左右，农作物种子年进口量约占国内用种总量的0.1%。总体上，我国农业生产用种安全是有保障的，风险是可控的。

如何强化国家战略科技力量，打好种业"翻身仗"，重在抓好种业创新，要坚持把科技自立自强摆在农业农村现代化的突出位置。主要从以下4个方面发力：一是尽快启动实施种源创新技术攻关，着力破除瓶颈卡点，形成一批具有自主知识产权的突破性成果。我们期待加快实施种质资源的挖掘与利用专项计划。目前，种质资源往往得不到知识产权保护，但挖掘抗病、抗虫、优质、高产等相关基因，可以得到知识产权保护，因此要推动将种质资源转化为基因资源。同时加强种质资源的收集、保存和利用。按计划完成全国第三次种质资源普查收集，做到"应收尽收、应保尽保"；尽快加入《粮食和农业植物遗传资源国际条约》，有序有效地引进种质资源；依托优势科研院所和种子企业，搭建种质资源鉴定评价与基因挖掘平台；推动种质资源登记交流共享。二是开展主要粮食作物、特色作物和畜禽水产育种联合攻关，加快培育高产高效、绿色优质、节水节粮、宜机宜饲、专用特用新品种，满足多元化需求。提升种业自主创新能力。发挥新型举国体制优势，集中全国优势科研力量联合攻关，培育突破性新品种；建立和完善品种资源、技术成果有条件共享和权益按比例分配的开发利用机制；积极引进种质资源、核心技术、高端人才。三是健全商业化育种体系，推进科企合作，促进产学研深度融合，做强做优做大产业主体。培育有核心竞争力的企业。推动企业兼并重组；鼓励并支持有条件的种子企业建立商业化育种体系，充分利用公益性研究成果，按照市场化、产业化育种模式开展品种研发；出台激励政策，支持育种人才、资源、成果向种子企业流动，使企业逐步成为种业创新主体；支持创新型种子企业享受科技企业税收优惠及研发后补助等政策。四是开展育种遗传基础、分子育种技术等前沿性公益性研究，在坚持尊重科学、严格监管、防范风险的基础上，有序推进生物育种产业化应用。优化种业发展环境。尽快修订《中华人民共和国植物新品种保护条例》。引入《国际植物新品种保护公约》（UPOV91）文本内容，建立"实质性派生品种制度"，保护原始创新；加强市场监管，营造良好的营商环境。

针对制约中国当前和未来种子产业的核心问题，实现全面突破的可行途径可从以下几方面加以考虑。

全面构建"企业＋政府"有机融合的新型举国体制，加大基础研究和应用基础研究的投入，夯实农业关键核心技术攻关之源。关键核心技术主要源于基础研究的长期积累，而我国农业科研多年来关注短期效益的技术攻关，对于基础性、交叉性研究重视不足，需要建立长期、稳定的研究专项，进行长期培育。此外，需要借鉴农业产业技术体系的组织方法，组建一批长期从事农业重大战略问题和战略技术研究的专门团队，对农业长远发展的关键战略问题和战略方向进行长期的创新研究。由农业政府机构提供指导，三方机构提供审查、技术支撑等服务，科研院所、高校、种企等共建育种数据平台，促进资源共享，提高育种效率。

在欧美种业创新强国，企业与大学、科研院所紧密合作，相当一部分研究是由企业资助并提出研究方向的，研究成果的优先序也是先注册专利再发表论文，并在知识产权价值分享的基础上与企业联合进行产业化应用开发，科研院所缺乏开发下游应用环节基因性状功能的积极性和投入能力，企业参与创新不足是制约中国种业发展的关键。因此，要加强科研院所与种企之间的协作，形成分工明确的技术研发与产业化体系。在这一过程中，顶层规划与政府的大力支持在科企协作的前期运行阶段至关重要。通过联合科研院所、大学、企业共同推进育种工作，形成了产学研协同的组织形式和分工明确的技术研发体系，推进育种底层技术的研发与产业化应用进程。

强化核心关键技术攻关体系顶层设计，建立战略决策层、执行层，加快以新型举国体制突破战略前沿和关键核心技术研究。美国等发达国家在全球重点产业链和战略性新兴产业关键核心技术创新领域取得优势的根本原因在于，由国家创新计划主导的基础研究的持续高强度投入与市场激励机制下企业对应用基础研究持续高强度投入的有机融合。因此，我国在种业核心关键技术攻关时要高度重视政府和市场各自功能的全面融合，构建一条真正符合我国现实状况的新型举国体制，科学统筹、集中力量、优化机制、协同攻关。

建立人才流动机制，优化考核机制，凝聚科技攻关力量，推进科技创新自立自强。科研人才是国家战略力量的重要基础单元。在未来农业现代化发展中，跨学科、多交叉的复合型科研人才尤为重要，因此，要建立健全重点科研人员数据库，围绕国家种业领域关键核心技术和"卡脖子"领域，梳理重点科研人员名单。科技攻关牵头单位可从其他科研单位吸纳优秀科研人员进行双聘等，通过绩效奖励激发科研人员创新活力；而对于抽调到国家级重点研究机构开展技术攻关的科研人员，应在规定期限内保留其在原单位的岗位和基本工资，其职务科研成果归原单位和技术攻关牵头单位共有。

加快创建种业领域的国家实验室，以国家实验室为国家战略需求导向的核心攻关主要执行层，同时整合多层次科技资金和分散在各机构的科研人才，加大国家种业科技重大专项支持，鼓励地方相关科研项目协同支持本地科研人员参与种业领域国家实验室的研究项目，建立起国家和地方种业相关科研资金的集中投入机制，支持以重点攻关目标为导向整合科研项目资金，以稳定支持、长效评价、柔性管理的方式支持原创性、引领性研究，支持具体目标导向的研究任务，形成科技攻关大平台。采取任务导向的委派机制组织国内最优秀的科研团队和企业开展联合攻关，立足于服务总体攻关目标的实现，加强任务协同，建立分岗、分责的多元化评价考核体系，对于应用技术、数据及模拟、测试试验等支撑性服务，应以工作任务完成进度、质量等进行评价考核，强化对产业化应用成果的认定，促进实现各个团队、各类人才各展所长的全国大协作。

优化布局产业链、创新链，超前筹划分子育种产业化应用与智能育种技术，推动种业关键核心技术攻关全面突破。从全球种业发展监管来看，全球对于新兴生物育种技术的接受度逐渐提高，转基因与基因编辑技术作物/动物不断获批，中国的转基因、基因编辑等新兴技术的监管法规也在不断完善，其中转基因产业化应用将朝着"非食用—间接食用—食用"的进程谨慎有序推进，而《农业用基因编辑植物安全评价指南（试行）》的发布也大大推进了基因编辑技术的产业化应用进程。从育种技术发展来看，国际一流种业公司育种技术正由分子育种（3.0版）进入智慧育种（4.0版），而国际一流种业公司纷纷在我国布局，国内本土种企面临着全球智慧育种技术的冲击。因此，针对当前农业关键核心技术攻关，要加强在基因编辑技术、高效制种技术、智慧育种技术体系等农业领域关键核心技术，以及布局表型组技术、基因芯片、种子微切、大数据与智慧育种等前沿空白领域的科研部署。各研究机构及种企超前筹划分子育种产业化应用，科研院所、育种服务商及头部种企加大在智能分子设计育种技术领域的研发力度，加大在合成生物学、多组学、基因型大数据平台等领域研究的投入，推动中国种业国际化发展。

总之，要立足保障国家粮食安全根本目标，针对制约种业发展的瓶颈和薄弱环节，准确把握新一轮科技革命和种业变革趋势，加强战略谋划和前瞻部署。以促进种业高质量发展为主题，以提质增效为中心，加快基础建设，切实提高种业的可持续发展能力。以加快现代生物技术与新一代信息技术深度融合为主线，以推进优质、高效、绿色、节粮新品种培育为主攻方向，强化种业基础能力，提高种业创新水平，完善多层次多类型人才培养体系，促进种业转型升级，实现种业由大变强的历史跨越，在未来竞争中占据制高点。

作者：杨新泉　王建华　宋松泉　张　霞　陈全全
　　　王州飞　李　岩　祝增荣　彭友林　徐建红
　　　　　　　　　　　　　　统稿：杨新泉　倪中福

专题报告

本专题报告旨在详细描述我国种子学学科在基础研究与技术应用方面的最新进展，突出当前的科研热点和取得的重要成果。这些进展不仅推动了我国种子学的学科深度发展，而且为农业领域提供了丰富的科学支撑。通过对基因编辑技术、智慧农业、生态友好种植等方面的深入研究，我们将描绘出未来 5 年种子学学科可能的发展蓝图，紧扣我国农业现代化的需求，提出明确的发展战略和方向，未来的研究将更加注重基础理论与实际应用的结合，通过深度挖掘种子的生物学特性，助力我国农业科技的可持续、跨越式发展。

种子发育研究

一、引言

种子是陆生植物在进化和多样化过程中适应环境演变的重要器官，是植物演化到最高阶段的产物。种子是种子植物（包括裸子植物和被子植物）特有的繁殖器官，一般包括胚、胚乳和种皮（果皮）三部分（Gutierrez et al., 2007）。胚是由合子（受精卵）发育而成的，胚乳由初生胚乳核（受精极核）发育而来，种皮（果皮）由珠被（子房壁）发育而成。被子植物在有性生殖过程中会发生双受精过程，即花粉携带的两个精子分别与胚囊中的卵细胞和中央极核细胞融合形成二倍体合子（受精卵）和三倍体初生胚乳核（受精极核）（Bleckmann et al., 2014）。合子经过细胞分裂、生长分化、器官发生和休眠静止等过程形成成熟胚胎；受精极核一般会经历一个早期的核分裂时期和随后的细胞化过程等形成胚乳（Zhang et al., 2020）。胚乳是植物主要的营养累积部位，细胞化后的胚乳开始进行营养累积，在发育后期累积淀粉、脂肪和蛋白质等，有些类型的种子在发育过程中胚乳被吸收从而消失，由胚（主要是子叶）代替行使储存营养物质的功能。胚乳是大多数农作物种子的主要组成部分，其大小与种子产量紧密相关。在种子成熟过程结束时，种子干燥，RNA 和蛋白质的合成停止，胚胎进入休眠状态，此过程通常伴随着叶绿素降解（Agarwal et al., 2011）。

被子植物包括单子叶植物和双子叶植物，这两类植物的种子在发育模式上明显不同，主要体现在胚乳的发育上。尽管单子叶植物和双子叶植物种子的早期胚乳发育较为保守，其受精后的胚乳均经历了细胞核增殖，但细胞质不分裂，进而形成多核胚乳，但是它们的胚乳在后期发育过程中均表现出了显著的差异（Armenta-Medina et al., 2021）。胚胎和胚乳这两种受精产物由母体孢子体组织（种皮）包裹，种皮从母体植物中转移同化物，并在整个种子发育过程中保护胚和胚乳，负责母本和子代间的信息交流。母本和父本组织对子代的发育起着重要作用，有研究表明父本与母本相互作用控制种子早期发育，最终决定了种子的大小及质量（Li et al., 2020）。

种子作为植物生命繁殖和农业生产中起重要作用的器官，其发育过程中的一系列过程（细胞分裂、细胞分化、器官发生、发育进程调控、胞间通信等）已成为生物学研究的重大科学问题，也是发育生物学研究的基础。种子是胚胎生长所需营养的提供者，能够在逆境胁迫条件下通过休眠来更好地适应环境。因此，通过对种子发育调控机理的研究可为挖掘良种基因提供理论基础，对农作物产量和品质的提高提供理论支持和技术保障，有助于我们适应农业生产新形式、新变化的要求，满足人类生存和发展的需要。

二、国内外种子发育生物学研究热点及现状

（一）种子发育基本过程

绝大多数种子由胚、胚乳和种皮三部分组成，它们分别由合子（受精卵）、初生胚乳核（受精极核）和珠被发育而成。在被子植物的有性生殖过程中，来自花粉的两个精子分别与胚囊中的卵细胞和中央细胞融合形成合子和初生胚乳核。前者经过细胞分裂、分化、器官发生和休眠建立等过程形成成熟胚胎；后者经过游离核分裂、细胞化等过程形成胚乳。胚和胚乳均可进行种子的营养累积，在发育后期累积淀粉、脂肪酸和蛋白质等。

种子发育过程涉及细胞分裂、细胞分化、器官发生和胞间通信等过程的调控机制是生命科学领域的重大科学问题，也是发育生物学研究的核心命题。早期胚胎发育调控涉及的关键生物学过程包括合子激活、胚胎极性建立、胚胎模式形成、子叶形成等。近期的研究表明：精细胞中特异表达的某些转录本受精后就出现在合子中，暗示合子胚胎发生的启动和胚胎的早期发育并非只有母本信息调控。在配子成熟时期建立了某种关键的母本机制，这些母本因子对于受精后胚胎发生的启动及早期胚乳发育起决定性调控作用，体现了雌配子信息对受精与胚胎发生的重要意义。胚乳发育一般经历一个早期的核分裂时期和随后的细胞化过程，细胞化之后的胚乳开始进行营养累积。不同植物胚乳的后期发育差异很大，大部分双子叶植物的成熟种子中胚乳极少，有些单子叶植物（多为禾本科植物）有大量的胚乳营养累积。这种营养累积策略的差异是由不同的细胞发育命运决定的。研究表明，特异表达的基因、激素、调控基因转录的因子、表观修饰及 sRNA 等在胚乳早期发育中发挥重要作用。细胞分裂素信号途径相关基因在胚乳发育的多核体阶段有高水平的表达，对胚乳发育具有关键作用。植物生长素调控了胚乳的细胞化过程；胚乳中赤霉素的活性对种子的正常生长是必需的（Bueno Batista and Dixon, 2019）。MADS-box、Homeobox、B3 及 DOF 类转录因子家族成员在胚乳发育中发挥着重要的调节作用（Ji et al., 2019; Zheng et al., 2019）。sRNA 参与了胚乳发育过程中基因组印记的形成。此外，利用水稻、玉米、大

麦突变体开展的遗传学研究也鉴定出了一些参与胚乳早期发育的关键基因。最近的研究发现了胚乳和胚胎间信息交流的新机制，来源于胚胎的TWS1前体，通过胚乳产生的肽酶进行切割产生活性小肽，该小肽与胚胎中的受体结合，调控胚胎角质层的形成和种子发育（Doll et al. 2020）。

（二）种子储藏物质的积累

种子在萌发阶段几乎不需要外界提供营养，因为种子中有淀粉、脂肪、蛋白质等营养物质，种子储藏物质的积累经历了一个动态变化的过程。

禾谷类种子（小麦、水稻、玉米）和豆类种子（豌豆、蚕豆、菜豆）以储藏淀粉为主，通常被称为"淀粉种子"。这类种子在发育过程中首先合成大量的糖从叶片运到种子，再经过酶的作用把可溶性糖转化为淀粉，积累在胚乳中。目前，种子中淀粉合成代谢相关单个基因的功能研究得比较透彻。多个淀粉合成相关基因共同控制种子中淀粉的代谢过程，并且有大量淀粉合成相关转录因子参与到淀粉的合成（Penfield，2017）。其中的一个基因发生突变，将会引起多个淀粉代谢相关基因及其转录过程的改变。因此，种子中淀粉合成相关基因及其转录组成一个极其复杂的调控网络，目前国内对它们之间是如何协同表达调控的还有待进一步研究。

大豆、花生、油菜、向日葵等油料作物的种子中脂肪含量较高，被称为"脂肪种子"或"油料种子"。这类种子在发育初期先积累碳水化合物，然后在种子成熟初期合成饱和脂肪酸，再在酶的作用下转化为不饱和脂肪酸。脂肪是种子的主要贮藏物质之一，在贮藏过程中，脂肪的积累和代谢对于种子寿命有着重要的影响。早期的研究表明，种子中的不饱和脂肪酸的氧化会引起细胞膜的通透性增加，同时氧化形成的自由基和过氧化物会对蛋白质、膜的结构、细胞组织及DNA造成破坏，从而导致种子活力丧失。近年的研究表明，丙二醛是种子中不饱和脂肪酸氧化的最终产物，会导致种子膜系统的严重损伤，随着丙二醛含量的增加，种子细胞膜结构保持较完整性降低，衰老的程度增加（Braybrook et al.，2006）。目前，尽管针对脂质代谢的研究已经取得重要进展，与脂质代谢相关的基因也有一些被分离克隆，但是关于种子中脂质代谢途径是如何精细调控的还有待深入研究（Bewley et al.，2013）。

豆科植物的种子主要储藏蛋白质，被称为"蛋白质种子"。这类种子在发育过程中，叶片的氨基酸和酰胺运到荚果的荚皮中合成蛋白质暂时储存，后被分解成酰胺运入种子合成蛋白质。贮藏蛋白为种子萌发和幼苗生长提供氮素营养，对种子萌发与胚的生长有着极重要的作用，种子中的储藏蛋白包括谷蛋白、醇溶蛋白、球蛋白和清蛋白四大类，其中最主要的是谷蛋白和醇溶蛋白，并且谷蛋白很容易被人体消化吸收。因此，种子中的蛋白质含量是决定其营养品质高低的重要因素。目前，大量研究结果表明种子蛋白质合成需要多类储藏蛋白编码相关基因的参与，这些基因或基因家族构成一个复杂的调控网络，涉及多个基因、酶、信号通路和植物激素的调控。深入研究这些调控机制有助于理解和改良作物的产量和品质，对于全球粮食生产具有重要意义。

（三）种子休眠

种子休眠通常指具有生活力的种子在适宜的萌发条件下仍不萌发（发芽）的现象，是植物在长期的系统发育过程中形成的抵抗外界不良环境条件以保持物种不断发展与进化的生态特性。种子休眠的原因大致可分为两大类：第一类是胚本身的因素，包括胚的形态发育未完成、生理上未成熟、缺少必需的激素或存在抑制萌发的物质。第二类是种壳（种皮、果皮或胚乳等）的限制，包括种壳的机械阻碍、不透水性、不透气性及种壳中存在抑制萌发的物质等（Chen et al.，2020）。

休眠水平较低基因型的拟南芥种子（Col-0）在温暖的条件下生长发育时，种子成熟的早期表现出初生休眠特性，但是随着 ABA 的降解，种子脱落前初生休眠特性逐渐消失；在低温条件下，ABA 在种子中的积累与在温暖条件下类似，但是低温降低了成熟期拟南芥种子中 ABA 降解基因 *CYP707A1* 和 *CYP707A3* 的表达水平，ABA 降解速率低于其合成速率，导致成熟时种子积累了较多的 ABA（主要积累在胚乳中），使种子仍处于休眠状态（Chen et al.，2021）。在高温或低温下发育的小麦种子分别表现出弱休眠或强休眠，然而，休眠强度似乎与干燥种子中 ABA 含量的变化关系并不紧密。Tuan 等（2020）的研究发现，在低温（13℃）和高温（28℃）下发育成熟的干燥小麦种子中，ABA 含量没有显著差异；然而，低温发育成熟的小麦种子吸胀 24 小时时通过调节 ABA 代谢相关基因 *TaNCED1*、*TaNCED2* 和 *TaCYP707A1* 的表达提高了 ABA 的含量，使种子萌发受到抑制。Bryant 等（2019）的研究表明，在低温条件下，种子休眠基因 *DOG1*（*Delay of germination 1*）在转录因子 bZIP67 的调控下上调表达，从而提高种子的休眠水平。进一步研究发现，在种子发育过程中，在高或低两种温度下的 *DOG1* 转录本的峰值水平差异不大，但是在低温条件下 *DOG1* 转录本的降解受到抑制，导致成熟干燥的种子中储存了更多的 DOG1 蛋白（Chen et al.，2021）。

环境通过表观遗传对种子的休眠和萌发进行调控。温度、光照等气候条件，以及土壤的水肥条件等环境因素，既影响种子从母体脱离时的初始休眠水平，又决定了种子脱落后在土壤中何时完成休眠释放。对于春天萌发的植物来说，随着土壤温度在冬天下降，ABA 合成（*NCED6*）和 GA 分解（*GA2ox2*）基因表达水平升高，导致种子休眠程度加深。在这一过程中，ABA 含量提高到一定的水平就不再增加了，但由于 ABA 信号转导的放大作用，休眠正相关基因 *DOG1* 和 *MFT* 的表达水平持续升高，蛋白激酶基因 *SnRK2.1* 和 *SnRK2.4* 的表达水平也在持续升高，使得种子休眠程度不断加深。随着春天温度的升高，种子中 ABA 的含量下降，ABA 降解基因 *CYP707A2* 和 GA 合成基因 *GA3ox1* 表达量升高。对于秋天萌发的植物来说，种子在夏季处于浅休眠状态，此时通过 GA 信号转导途径的负调控因子 DELLA 蛋白调控休眠，萌发抑制基因 *RGA* 和 *RGL2* 表达量升高。因此，种子休眠与萌发的时间调控主要通过 ABA 和 GA 信号转导途径来实现。对于春天萌发的植物来说，种子在冬天处于深度休眠状态，种子的深度休眠通过促进 ABA 的信号转导来实现；而对于秋天萌发的种子来说，种子在夏季处于浅休眠状态，种子的浅休眠通过抑制 GA 信号转导来实现（Finch-Savage 和 Footitt，2017）。通过分子遗传学、表观组学等相结合的策略，研究明确母体植株或种子对环境信号的感知与转导途径，明确环境通过表观遗传调控种子的休眠和萌发的相关机理，研究成果对于高质量作物种子生产加工具有重要意义。

种子休眠的释放是逐渐进行的，当种子休眠释放到某种程度时，种子开始具有萌发能力，但是剩余休眠对于种子萌发仍然有影响，它虽然不会影响最终的萌发率，但影响萌发速率和萌发整齐度（Finch-Savage 和 Bassel，2016）。作物生长整齐一致是作物全程机械化生产的必然要求。理想的作物品种应该在收获时具有一定的休眠以确保不会导致穗萌发，在播种时应完全处于无休眠状态，确保出苗速率快、出苗整齐。对于在播种季仍有一定剩余休眠的种子，需通过播前处理技术将剩余休眠完全释放，生产上需要一种安全、高效、低成本的种子休眠释放剂。研究发现，植物源烟水可以促进包括农作物、杂草、灌木在内的 80 多个属 1200 多种植物种子的休眠释放（Nelson et al.，2012），提高萌发率，增强幼苗活力；该技术具有绿色、高效、低成本的特点，在农业生产中具有重要的应用价值。国外对于植物源烟水及其所含活性成分 KAR 已有近 30 年的研究历史（Flematti et al.，2011），但我国的研究尚处于起步阶段，目前正加强对植物源烟水在生态学、作物学、杂草防治与草原修复等领域的理论与技术研究，促进我国的绿色与可持续发展。

（四）种子萌发

种子萌发是保障作物产量的先决条件，深入解析决定种子萌发的内在和外在调控因子，有助于实现作物稳产、增产。

围绕种子萌发调控基因开展大量鉴定和深入功能分析。水稻 R2R3 MYB 转录因子 Carbon Starved Anther（CSA）在胚胎和糊粉中特异性表达，通过平衡葡萄糖和 ABA 代谢，优化种子萌发和胁迫响应（Sun et al.，2021）。在种子萌发过程中，细胞开始进行广泛的转录后和翻译后修饰（post-translational modification，PTM），泛素化可能比 26S 降解在调控蛋白功能上发挥更大作用（He et al.，2020a）。去泛素化酶抑制剂 PR-619 可以延缓水稻种子萌发，并导致泛素化蛋白积累；从不同吸胀 0 小时、12 小时和 24 小时水稻胚胎中，在 1171 种蛋白质中鉴定出 2576 个赖氨酸泛素化（lysine ubiquitination，Kub）位点，其中 777 种蛋白质的 1419 个 Kub 位点丰度发生了显著变化。

种子萌发速率是由多基因控制的复杂数量性状，近年来，我国在不同作物上定位了多个控制种子萌发速率的 QTL（quantitative trait locus）。例如，利用全基因组关联分析（Genome-wide association study，GWAS），在玉米 1 号染色体上定位了一个控制种子萌发速率的主效位点，结合比较转录组分析，在该位点预测了3个候选基因（Zhang et al., 2022a）。激素是调控种子萌发速率的关键因子，目前我国报道了多个水稻种子活力关键基因通过激素调控种子活力。例如，水稻吲哚乙酸糖基转移酶基因 OsIAGLU 通过调控种子萌发过程中生长素（IAA）、ABA 含量，引起下游 ABA 信号转导因子 OsABIs 的表达变化，决定水稻种子活力水平（He et al., 2020b）。水稻种子活力的主效 QTL qSV3 候选基因编码一个刺猬互作蛋白类似蛋白 OsHIPL1（hedgehog-interacting protein-like 1 protein），基因不仅能够通过 ABA 代谢和信号转导途径，而且能够通过影响水孔蛋白 OsPIP1;1 调节种子萌发过程中的水分吸收，提高种子活力（He et al., 2022）。

在高盐、低温、淹水或干旱等胁迫条件下，种子具有萌发和成苗的能力是种子高活力的重要表现。在种子耐盐萌发分子机制方面，我国学者通过图位克隆方法成功克隆了一个高盐胁迫下控制水稻种子快速萌发和幼苗建成的候选基因 qSE3，该基因编码钾离子转运蛋白 OsHAK21；在高盐胁迫下，qSE3 促进水稻种子萌发过程中 K^+ 和 Na^+ 的吸收，诱导 ABA 积累和 ABA 信号转导途径的基因表达，抑制 ROS 在种子中的积累，从而提高了种子萌发过程中的耐盐特性（He et al., 2019b）。水稻 APETALA2 型转录因子 SALT ABA RESPONSE ERF1（OsSAE1）通过抑制 OsABI5 表达，正调控种子耐盐萌发；OsSAE1 直接与 OsABI5 启动子结合，OsSAE1 位于上游通过 OsABI 调控种子活力（Li et al., 2022a）。此外，通过全基因组关联分析，已从水稻群体中鉴定了一个控制种子低温萌发的编码含锌指结构域的应激相关蛋白 16（OsSAP16），该基因正向调控低温条件下种子的萌发，基因表达高低决定了种子耐低温萌发能力（Wang et al., 2018）。在种子耐淹水萌发分子机制研究方面，在杂草稻中鉴定了一个编码为 14-3-3 的蛋白基因 OsGF14h，该基因决定着杂草稻低氧下强萌发与出苗；OsGF14h 作为 ABA 信号转导上游信号开关，通过与转录因子 OsHOX3 和 OsVP1 互作，维持 ABA 和 GA 动态平衡，使厌氧敏感品种在水淹直播条件下的出苗率由 13.5% 提高到 60.5%；同时，在人工选择和自然选择中 OsGF14h 与红米基因 Rc 协同驯化（Sun et al., 2022）。在种子耐旱萌发分子机制研究方面，在模拟干旱条件下，过表达番茄乙烯反应 ERF 转录因子（TERF1）能显著降低种子萌发过程中对甘露醇处理的敏感性；研究发现，TERF1 可以激活 GA 信号转导途径，而不依赖 GA 代谢，TERF1 通过 GA 介导的葡萄糖信号途径促进种子萌发（Liu et al., 2022）。

尽管人们已经证明植物激素、光和温度激活的分子网络可调控种子萌发，但有关种子萌发过程的复杂分子调控网络人们仍知之甚少。ABA 和 GA 是调控种子萌发的关键因子（Kucera et al., 2007），但如何精准调控激素含量、活性激素在种子内的分布位置等尚不清楚。其他激素如生长素、细胞分裂素、茉莉酸、油菜素内酯等也在种子萌发过程中起重要作用，有关激素之间的协同和拮抗关系背后的详细分子机制尚未解析。环境条件如光照、温度、含水量在维持种子休眠和萌发中发挥着重要作用，但是种子如何感知外界环境因子变化，从而调控种子萌发的分子机制的研究仍处于空白状态。胚乳不仅是营养物质的来源，而且通过主动分泌信号物质控制种子萌发，有关细胞-细胞通信如何协调种子萌发，以及胚乳在种子萌发中的作用也亟待深入研究（Farooq et al., 2022）。近年来，各类组学技术发展日新月异，为从基因表达、转录物、蛋白质和代谢产物等多维度解析种子萌发机制提供了重要手段（Rajjou et al., 2012）。但是，至今有关组学技术挖掘的种子萌发相关基因、关键蛋白和代谢产物的功能验证及其分子机制解析仍然不足，其他有关蛋白翻译后修饰，包括磷酸化、泛素化、甲基化和乙酰化等在种子萌发调控中的作用还需深入研究。

野生植物的种子通常休眠水平较高，以阻止种子在不利的环境条件下萌发，危及其生存。但在作物育种过程中，为保证在生产中种子萌发整齐一致，育种家在育种过程中倾向于淘汰具有休眠特性的材料，导致目前生产上推广的一些作物种子出现收获前萌发的现象（pre-harvest sprouting），禾谷类种子穗萌发是因为提高了氧化还原酶和水解酶活性，导致储藏营养物质（淀粉、蛋白质、脂肪）的降解，造成禾谷类作物种子产量和品质的严重损失（Xu et al., 2022）。因此，国内外对穗萌发的研究非常重视，大量穗萌发相关基因已经被定位，部分基因被成功克隆，并试图通过育种技术将相关基因引入推广品种，提高作物对穗萌发的抗性。然而，穗萌发抗性的引入也要慎重。在作物生产中，种子萌发整齐一致对于作物的生长和高产是非常重要的，因此育种专家在育种实践中逐渐淘汰了影响种子萌发整齐一致的基因，这类基因大多与种子的休眠特性有关，长期按照该思路育种，最终会导致种子穗萌发现象。值得注意的是，我们也不能在解决种子穗萌发问题的同时，又带来新的问题：种子萌发不整齐，幼苗大小不均匀，进而导致作物产量下降。

（五）种子寿命与活力

种子是植物个体发育的产物，又可以单独进行整个生活史，即从合子开始，种子也会经历发育、成熟、衰老、死亡的生命过程。种子衰老是不可逆的生命历程。在种子发育期间，种皮中的黄酮类化合物和钙的积累，以及种皮叶绿素的降解对于储藏过程的种子衰老有重要影响；棉子糖家族系列寡糖及肌醇半乳糖苷在种子储藏器官中的积累对种子寿命有正向调控作用；在储藏过程中，ROS攻击对核酸、蛋白和膜结构造成损伤的积累是导致种子衰老的主要原因，ROS清除系统及损伤修复系统正向调控种子的寿命（Ratajczak et al., 2019）。

种子储藏过程中，ROS导致的细胞损伤及损伤修复是国内外种子衰老领域研究的热点。国内对种子衰老领域的关注度相对较低，一些研究单位也报道了较好的研究工作。中山大学以我国独具特色的莲子为材料，利用莲子寿命长的特点，从莲子中挖掘了与ROS清除和细胞损伤修复的关键基因，如 *NnPER1*、*NnANN1*（Chen et al., 2016）；此外，也从拟南芥中鉴定了DNA损伤修复基因 *AtOGG1*（Chen et al., 2012）。除DNA损伤外，蛋白损伤也显著地影响种子寿命，西北农林科技大学曾报道了一个线粒体定位的PIMT靶标蛋白ZmMCCα，将PIMT介导的蛋白损伤修复与种子萌发期间的能量代谢成功地联系了起来（Zhang et al.，2023a）。

种子活力是一个复杂的性状，根据种子活力的定义，可以通过鉴定种子快速萌发、种子耐逆萌发、幼苗快速建成等能力，判定种子活力。因此，可以在正常和各种胁迫条件下，利用传统的种子萌发方法评价种子活力。然而，传统的种子活力检测方法由于涉及视觉评估和破坏性，具有一定的局限性；可见光成像、高光谱成像和X射线成像等非接触式、非破坏性的种子活力成像技术可能是今后种子活力评价的潜在方法（Chen et al.，2015；Mahajan et al.，2018）。未来，进一步开发精确鉴定种子活力的方法将有助于揭示其分子机制。

种子活力与种子发育、成熟、衰老、预处理和萌发条件等密切相关。种子活力随着生理成熟而逐渐增加，在收获前后开始下降（Finch-Savage和Bassel，2016）。种子储藏过程中活力逐渐降低，储藏期间种子寿命是保持种子活力的重要因素（Pellizzaro et al.，2020）。在广泛的田间环境下，种子萌发会遇到盐、低温、淹水、干旱等胁迫，会抑制种子活力（Chamara et al.，2018）。但是，通过预处理技术如种子引发处理等，可有效提高种子活力。因此，为了全面解析种子活力的分子调控机制，有必要对种子发育至萌发的所有环节进行系统研究。

目前，有关种子发育成熟过程活力形成、种子快速萌发、种子耐逆萌发、幼苗建成相关分子机制的研究，主要集中在拟南芥和水稻等少数模式植物上，有关农作物如玉米、小麦、大豆、油菜等相关研究较少，有待进一步加强。尽管利用QTL定位、关联分析、各种组学（omics）技术等挖掘了大量种子活力相关的候选基因，但总体而言，有关种子活力分子网络调控人们仍了解的少。针对种子活力相关分子机制的进行进一步解析有助于今后培育高活力作物品种，为促进农业增效、农民增收提供帮助。

三、种子发育生物学研究发展趋势及展望

尽管传统育种仍具有一定的增产潜力，但面对持续的粮食增产需求，有必要进一步发展育种技术和提高育种效率。未来作物设计对于种子发育生物的研究提出了更高的要求。对于调控种子发育的分子机制的深入研究有助于种子产量、品质、活力等育种工作，通过研究种子形成与萌发的调控机制，阐明了决定作物种子产量和品质的分子基础，挖掘可用于粮食产量和品质提高的重要功能基因并应用于主要农作物的遗传改造，这些将为农作物的改良提供理论指导。

种子发育过程伴随着特定基因的时空表达，受体内生理信号和体外环境信号的多重调控，是一个多因素影响的复杂调控网络。最近的研究揭示了光照、温度、激素和多个信号途径对于种子发育的影响，鉴定了一系列种子发育的关键调控因子（Xu et al.，2020；

Zhang et al., 2023b），但是种子发育的调控网络仍然不清楚，仍有很多关键问题亟待解决。例如，种子的发育受到环境因素、非生物胁迫等的影响，但是这些外界因素是如何影响种子发育的？植物激素调控了大量生物学过程，但植物激素如何调控发育等问题有待进一步完善。胚胎、胚乳和母体组织是如何进行信息交流、协同调控种子生长的？尽管种子的生长受环境条件的影响，但是同一物种的种子大小相对恒定，而不同物种的种子大小差异很大，这说明种子的生长上限是由植物的内源信号控制的，而植物种子生长过程中是如何感知生长信号并决定其最终大小的？种子的生长受细胞分裂和细胞扩展的协同调控，植物是如何协调这两个细胞过程，调控种子生长的？目前已经鉴定了一些调控种子发育的信号途径，这些途径之间是如何互作的？种子发育受多种内外界因素的综合调控，包括光照、水分、温度及内源植物激素等。综合考虑种子发育过程中光、温、水等因子的耦合作用，环境因子与内源激素的协同变化，以及种子感知外源信号的分子传导途径等是将来的研究重点。

未来的关键突破将是整合近年发展起来的转录组学、蛋白质组学、代谢组学、表型组学等高通量组学分析手段，以及信息生物学、系统生物学与传统研究方法结合，从多层次研究种子发育的遗传调控网络（Liu et al., 2022）；系统分析不同调控因子、不同遗传途径的互作关系，建立种子发育调控的数学模型；比较不同作物种子形成和萌发的相同和不同之处，从进化和人工选择的角度解析种子发育的规律；其结果不但会系统阐明种子发育的调控机制，还将为主要农作物的产量和品质育种提供重要线索，最终实现多基因控制性状的精准改良。

参考文献

［1］AGARWAL P，KAPOOR S，TYAGI A K. Transcription Factors Regulating the Progression of Monocot and Dicot Seed Development［J］. BioEssays：News and Reviews in Molecular，Cellular and Developmental Biology，2011（33）：189-202.

［2］ARMENTA-MEDINA A，GILLMOR C S，GAO P，et al. Developmental and Genomic Architecture of Plant Embryogenesis：from Model Plant to Crops［J］. Plant Commun，2021（2）：100-136.

［3］BEWLEY J D，BRADFORD K，HILHORST H，et al. Seeds：Physiology of Development，Germination and Dormancy，3rd edition［M］. 2013.

［4］BLECKMANN A，ALTER S，DRESSELHAUS T. The Beginning of a Seed：Regulatory Mechanisms of Double Fertilization［J］. Front Plant Sci，2014（5）：452.

［5］BRAYBROOK S A，STONE S L，PARK S，et al. Genes Directly Regulated by LEAFY COTYLEDON2 Provide Insight Into the Control of Embryo Maturation and Somatic Embryogenesis［J］. Proceedings of the National Academy of Sciences of the United States of America，2014（103）：3468-3473.

［6］ BUENO BATISTA M, DIXON R. Manipulating Nitrogen Regulation in Diazotrophic Bacteria for Agronomic Benefit［J］. Biochemical Society Transactions, 2019（47）: 603–614.

［7］ CHAMARA B S, MARAMBE B, KUMAR V, et al. Optimizing Sowing and Flooding Depth for Anaerobic Germination-Tolerant Genotypes to Enhance Crop Establishment, Early Growth, and Weed Management in Dry-Seeded Rice（Oryza sativa L.）［J］. Front Plant Sci, 2018（9）: 1654.

［8］ CHEN C, HE B, LIU X, et al. Pyrophosphate-fructose 6-phosphate 1-phosphotransferase（PFP1）Regulates Starch Biosynthesis and Seed Development via Heterotetramer Formation in Rice（Oryza sativa L.）［J］. Plant Biotechnology Journal, 2020（18）: 83–95.

［9］ CHEN H, CHU P, ZHOU Y, et al. Overexpression of AtOGG1, a DNA Glycosylase/AP lyase, Enhances Seed Longevity and Abiotic Stress Tolerance in Arabidopsis［J］. Journal of Experimental Botany, 2012（63）: 4107–4121.

［10］ CHEN H H, CHU P, ZHOU Y L, et al. Ectopic Expression of NnPER1, a Nelumbo Nucifera 1-cysteine Peroxiredoxin Antioxidant, Enhances Seed Longevity and Stress Tolerance in Arabidopsis［J］. The Plant Journal: for Cell and Molecular Biology, 2016（88）: 608–619.

［11］ CHEN M, ZHANG B, LI C, et al. TRANSPARENT TESTA GLABRA1 Regulates the Accumulation of Seed Storage Reserves in Arabidopsis［J］. Plant Physiol, 2015（169）: 391–402.

［12］ DOLL N M, ROYEK S, FUJITA S, et al. A Two-way Molecular Dialogue Between Embryo and Endosperm is Required for Seed Development［J］. Science（New York, N.Y.）, 2020（367）: 431–435.

［13］ FAROOQ M A, MA W, SHEN S, et al. Underlying Biochemical and Molecular Mechanisms for Seed Germination.［J］. International Journal of Molecular Sciences, 2022（23）: 8052.

［14］ FINCH-SAVAGE W E, BASSEL G W. Seed Vigour and Crop Establishment: Extending Performance Beyond Adaptation［J］. Journal of Experimental Botany, 2016（67）: 567–591.

［15］ FLEMATTI G R, MERRITT D J, PIGGOTT M J, et al. Burning Vegetation Produces Cyanohydrins that Liberate Cyanide and Stimulate Seed Germination［J］. Nature Communications, 2011（2）: 360.

［16］ GUTIERREZ L, VAN WUYTSWINKEL O, CASTELAIN, et al. Combined Networks Regulating Seed Maturation［J］. Trends Plant Sci, 2007（12）: 294–300.

［17］ IWASAKI M, HYVÄRINEN L, PISKUREWICZ U, et al. Non-canonical RNA-directed DNA Methylation Participates in Maternal and Environmental Control of Seed Dormancy［J］. eLife, 2019（8）: e37434.

［18］ JI X, DU Y, LI F, et al. The Basic Helix-loop-helix Transcription Factor, OsPIL15, Regulates Grain Size via Directly Targeting a Purine Permease Gene OsPUP7 in Rice［J］. Plant Biotechnology Journal, 2019（17）: 1527–1537.

［19］ KUCERA B, COHN M A, LEUBNER-METZGER G. Plant Hormone Interactions During Seed Dormancy Release and Germination［J］. Seed Science Research, 2007（15）: 281–307.

［20］ LI C, GONG X, ZHANG B, et al. TOP1α, UPF1, and TTG2 Regulate Seed Size in a Parental Dosage-dependent Manner［J］. PLoS biology, 2020（18）: e3000930.

［21］ LIU J, LI W, WANG L, et al. Multi-omics Technology and its Applications to Life Sciences: a Review［J］. Chinese Journal of Biotechnology, 2022（38）: 3581–3593.

［22］ MAHAJAN S, MITTAL S K, DAS A. Machine Vision Based Alternative Testing Approach for Physical Purity, Viability and Vigour Testing of Soybean seeds（Glycine max）［J］. Journal of Food Science and Technology, 2018（55）: 3949–3959.

［23］ NELSON D C, FLEMATTI G R, GHISALBERTI E L, et al. Regulation of Seed Germination and Seedling Growth by Chemical Signals from Burning Vegetation［J］. Annual Review of Plant Biology, 2012（63）: 107–130.

［24］ PELLIZZARO A, NEVEU M, LALANNE D, et al. A Role for Auxin Signaling in the Acquisition of Longevity

During Seed Maturation [J]. The New Phytologist, 2020 (225): 284-296.

[25] PENFIELD S. Seed Dormancy and Germination [J]. Current Biology: CB, 2017 (27): R874-R878.

[26] RAJJOU L, DUVAL M, GALLARDO K, et al. Seed Germination and Vigor [J]. Annual Review of Plant Biology, 2012 (63): 507-533.

[27] RATAJCZAK E, MAŁECKA A, CIERESZKO I, et al. Mitochondria are Important Determinants of the Aging of Seeds. International Journal of Molecular Sciences, 2019, 20 (7): 1568.

[28] XU F, TANG J, WANG S, et al. Antagonistic Control of Seed Dormancy in Rice by Two bHLH Transcription Factors [J]. Nature Genetics, 2022 (54): 1972-1982.

[29] XU H, LANTZOUNI O, BRUGGINK T, et al. A Molecular Signal Integration Network Underpinning Arabidopsis Seed Germination [J]. Curr Biol, 2020 (30): 3703-3712.e3704.

[30] ZHANG B, LI C, LI Y, et al. Mobile TERMINAL FLOWER1 Determines Seed Size in Arabidopsis [J]. Nat Plants, 2020 (6): 1146-1157.

[31] ZHANG Y, SONG X, ZHANG W, et al. Maize PIMT2 Repairs Damaged 3-METHYLCROTONYL COA CARBOXYLASE in Mitochondria, Affecting Seed Vigor [J]. The Plant journal: for Cell and Molecular Biology, 2023 (115): 220-235.

[32] ZHANG Z, ZHANG R, MENG F, et al. A Comprehensive Atlas of Long Non-coding RNAs Provides Insight into Grain Development in Wheat [J]. Seed Biology, 2023 (2): 12.

[33] ZHENG Q, HU Y, ZHANG S, et al. Soil Multifunctionality is Affected by the Soil Environment and by Microbial Community Composition and Diversity [J]. Soil Biology and Biochemistry, 2019 (136): 107521.

作者：解超杰

统稿：杨新泉　倪中福

种子营养研究

一、引言

种子储存了植物幼苗最初的营养，也就是根、芽、叶最初生长所需的能量，这些能量就像集中在一个紧凑的、方便移动的包裹中。对于人类而言，种子中的能量和营养物质为人类文明铺平了道路，也成为人类食物的重要来源。种子进化出多种多样的营养储存策略，也以多种方式为人类提供了丰富的食物。储存在种子中的碳水化合物、蛋白质、脂肪、矿物质和维生素等营养物质对于人类健康至关重要。碳水化合物包括淀粉、单糖和多糖，在植物种子尤其是谷类作物种子中含量尤为丰富，为人类提供能量。豆类和油菜种子以蛋白质和油脂的形式储存能量，如大豆的蛋白质含量高达40%；油料作物的种子是健康脂肪的来源之一，这些脂肪对于维持人类身体健康都有重要作用。此外，种子中的维生素、钙、铁和锌等也是维持人体健康所必需的。本章将重点阐述种子营养品质相关性状遗传基础、育种改良策略及未来发展趋势。

二、种子营养品质研究现状

（一）淀粉形成的遗传基础及育种改良

1. 种子淀粉的组成、结构及相关性状的形成

淀粉是禾谷类作物胚乳的主要成分，是决定种子品质的关键因素。谷物胚乳中的淀粉通常由直链淀粉（0%~30%）和支链淀粉（70%~100%）组成，两者均以葡萄糖为单位，在多个淀粉合成相关酶的作用下合成（图1A）（Huang et al., 2021b）。直链淀粉主要是由 α-1，4糖苷键连接的线性大分子，而支链淀粉主要是由大量 α-1，6糖苷键构成的多分支大分子。直链淀粉和支链淀粉的组成、比例和精细结构是决定淀粉理化特性和谷物品质的

关键因素。

淀粉的精细结构通常取决于淀粉的链长分布和晶体结构特征。其中，支链淀粉链长分布是决定淀粉高级结构的主要因素。根据支链淀粉的簇状模型可将支链淀粉中α-1,4-葡聚糖链长度（用聚合度DP表示）分为A链（DP 6-12）、B1链（DP 13-24）、B2链（DP 25-36）和B3链（DP>36），其中A链和B1链占90%以上（Jukanti et al., 2020）。一般认为支链淀粉分子（DP ≥ 10）能通过形成螺旋结构自组装成淀粉的结晶片层，支链淀粉支点和直链淀粉形成无定形片层，结晶片层与无定形片层在淀粉粒内交替形成周期为9纳米的同心生长环，称为晶体结构（图1B-C）。有关直链淀粉的链长分布研究相对较少，其可分为短（DP 100-500）、中（DP 500-5000）、长（DP 5000-20000）三部分或组分1（DP 100-1000）和组分2（DP 1000-20000）两部分。

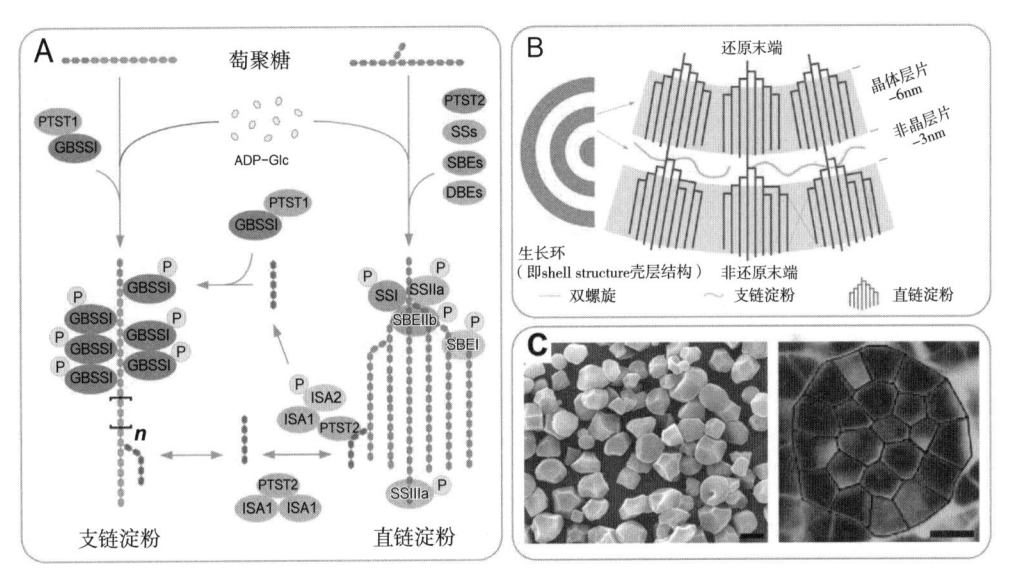

图1 支链淀粉和直链淀粉的合成（A）及淀粉粒结构的形成（B-C）
（Huang et al., 2021b）

淀粉的硬度、黏性、弹性、糊化、回生速率、消化速率和结晶度等物理性质和化学性质是决定谷物与淀粉基食品功能特性的关键因素。通常，直链淀粉含量与淀粉的黏度、消化速率和结晶度呈负相关，而与淀粉硬度、弹性和回生速率呈正相关（Li et al., 2020; Zhang et al., 2020），是决定淀粉理化性质及其最终用途的关键指标。低直链淀粉含量的谷物及其加工产物往往口感较佳，食味品质优，如软米、糯玉米、甜糯玉米、部分糯性小麦、全糯小麦等。不含直链淀粉的糯性淀粉是冷冻食品加工的重要原料，也因其高黏性被广泛用作工业黏合剂。人食用直链淀粉含量高的淀粉消化速率慢、食用后升糖指数低，是一种营养健康的食物。对于支链淀粉而言，支链淀粉A链和B1链的长度及比例与糊化温度分别呈正相关和负相关，较长的A链和B1链也会在一定程度上降低淀粉的消化速率（Li et al.，2020）。因此，糊化温度是影响谷物食味品质和营养品质（消化特性）的关键指标。高糊化温度、易回生老化的淀粉适用于米线加工，而低糊化温度、不易回生老化的淀粉适用于方便食品加工。

2. 淀粉积累的遗传基础

淀粉的合成是由多基因参与的复杂调控网络，水稻、小麦和玉米等禾谷类作物种子胚乳中的淀粉合成通路已经比较清晰（图2）（Huang et al.，2021b）。直接参与淀粉合成的酶类主要包括ADP-葡萄糖焦磷酸化酶（ADP-glucose pyrophosphorylase，AGPase）、颗粒结合型淀粉合成酶（Granule-bound starch synthase，GBSS）、可溶性淀粉合成酶（Soluble starch synthase，SS）、淀粉分支酶（Starch branching enzyme，SBE）和淀粉脱支酶（Debranching enzyme，DBE）等。AGPase主要负责淀粉合成底物——二磷酸腺苷葡萄糖（ADP-glucose，ADPG）的合成。GBSS负责直链淀粉的合成。SS、SBE和DBE等共同参与支链淀粉的合成。其中，SS负责支链淀粉中α-1,4糖苷链的延伸，同工酶最多、功能最复杂；SBE负责催化葡聚糖链产生由α-1,6糖苷键连接的分支；DBE通过降解α-1,6糖苷键纠正淀粉合成中的错误分支，确保支链淀粉的有序合成。上述淀粉合成酶一般都有多个同工酶，各同工酶通过不同的组合方式发挥作用。这些酶的编码基因统称为淀粉合成相关基因（Starch synthesis-related genes，*SSRGs*），在不同作物的自然群体中存在明显的等位变异，且被广泛应用于育种实践。例如，控制直链淀粉合成的*Wx*基因和控制糊化温度的*ALK/SSIIa*基因被广泛应用于选育优质食味稻米、糯玉米、部分糯性小麦和全糯小麦；编码玉米AGPase大亚基的*Sh2*基因被应用于选育甜玉米和甜糯玉米；突变后显著提升抗性淀粉含量的*SBEIIb*基因（小麦中是*SBEIIa*基因）、*SSIIIa*基因被应用于选育高抗性淀粉含量、慢消化水稻和玉米。此外，一些参与淀粉合成的非酶蛋白如引导淀粉合成酶定位到淀粉粒表面的淀粉靶向蛋白（Protein targeting to starch，PTST）、在造粉体被膜上转运ADPG的转运蛋白BT1（Brittle 1）等也已被克隆。

近年来，谷物淀粉合成的调控网络解析也有了进展，一系列具有调控作用的基因陆续被鉴定出来（图2）。在转录层面，淀粉合成相关基因的表达受到一系列转录因子的调控，包括OsbZIP58/RISBZ1、OsNAC20、OsNAC26、NF-YB1、RSR1、ZmABI19、O2、O11、PBF、TaSPA、TaNAC019等（Huang et al.，2021b）。在转录后水平，水稻中发现了一类*Du*（*dull*）基因，其通过调控*Wx*基因的剪接效率来调控稻米中直链淀粉的合成（Igarashi et al.，2021）。翻译后水平的磷酸化是淀粉合成调控的另一种重要模式。^{32}P标记的放射自显影和磷酸化蛋白质组学证明淀粉合成酶类复合体的形成依赖蛋白质的磷酸化，并在玉米AGPase大小亚基、PHO1、SBEIIb、ISA2、BT1，水稻GBSSI和小麦SBEs等蛋白中发现了多个磷酸化位点（Ferrero et al.，2020）。激素在胚乳淀粉合成过程中也起着重要作用。近年来的研究表明，种子发育过程中的淀粉合成主要受叶源ABA的调节。水稻叶片合成的

ABA 在水稻颖果 ABA 长距离运输后，直接激活大多数 *SSRGs* 和多个中枢转录因子在水稻颖果中的表达（Qin et al., 2021）。环境也是谷类胚乳淀粉合成的关键影响因素。高温通过抑制 *SSRGs* 的表达、诱导 α- 淀粉酶编码基因的表达，对谷物胚乳淀粉合成有显著的负面影响，导致籽粒垩白和灌浆异常（Zhang et al., 2018）。

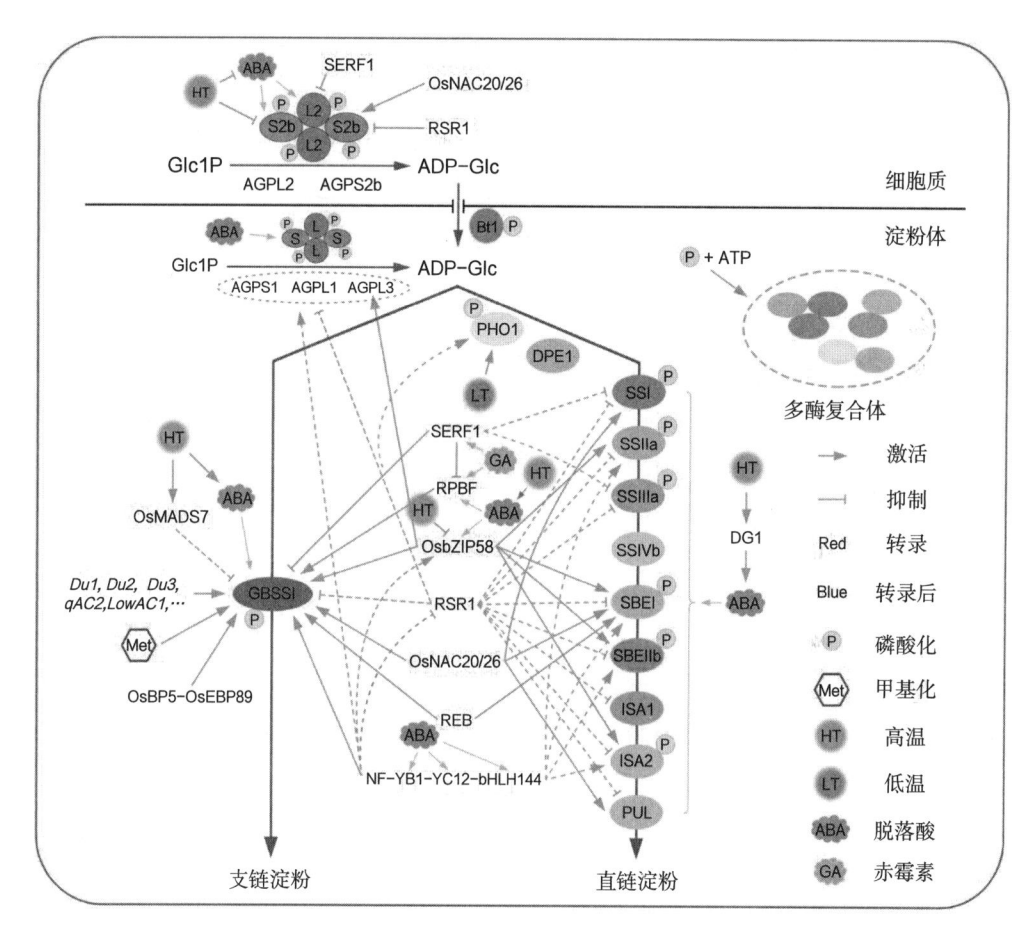

图 2 谷类胚乳中淀粉的生物合成途径
（Huang et al., 2021b）

3. 优良食味淀粉改良分子设计育种

淀粉作为谷物种子中的主要储能物质，对其品质尤其是食味品质影响巨大。在谷物食味品质改良实践过程中，淀粉的改良是主要技术路线。谷物胚乳中的直链淀粉含量是决定蒸煮和加工过程中淀粉理化特性的首要因素。研究表明，降低谷物胚乳中的直链淀粉含量（Amylose content，AC）可显著改善米饭的食味品质及食用玉米和面条的口感。*Wx* 基因是控制直链淀粉合成的主效基因，在水稻、玉米和小麦中均存在大量的等位变异（Luo et al., 2020）。利用优异 *Wx* 等位基因降低育种目标中的 AC 可以显著提升谷物的食味品质，但在育种实践中，不同作物中对 AC 的要求不相同。在玉米中，利用各种突变型 *wx* 等位基因选育的不含直链淀粉的糯玉米，因其具有独特的咀嚼口感而广受消费者欢迎。而将编码 AGPase 大亚基的 *sh2* 突变体的与 *wx* 等位聚合可以获得食味品质进一步提升的甜糯玉米（Dong et al.，2019）。在水稻中，利用 AC 较低的 Wx^b（AC：~16%）和 Wx^{mp}（AC：8%~12%）等位基因降低稻米 AC 可显著提高稻米的食味品质（Huang et al.，2020）。事实上，较低的 AC 尽管能够改善稻米食味品质，但对于稻米的外观品质是不利的（暗胚乳化），因此适度低 AC 可能更有价值。所以控制适度低 AC（13%~14%）的 Wx^{mw}/Wx^{la} 等位基因在稻米食味品质改良中具有重要育种价值（Zhang et al.，2021）。此外，通过基因编辑方式创制新型 *Wx* 等位基因来调控稻米 AC 进而改良稻米品质的方法已经有了很大进展。

在水稻中，除了直链淀粉，支链淀粉也对稻米食味品质有重要贡献，如具有类似 AC 的稻米有时会表现出明显的食味品质差异。由于谷物胚乳中支链淀粉的合成通常由 SS、SBE 和 DBE 三类酶以多酶复合体的形式发挥作用，不同酶类及相同酶类不同同工型之间的复杂相互作用和功能冗余极大地限制了相关研究的开展。尽管如此，对于主效基因 *ALK/SSIIa/SSII-3* 与稻米品质的关系还是非常明确的。其主要通过调节支链淀粉 A 链（DP 6-12）和 B1 链（DP 13-24）的比例来影响淀粉糊化特性并调控稻米食味品质，由于稻米糊化温度是优质大米评价的重要指标，该性状在优质稻米培育过程中广受关注（Chen et al.，2020）；近些年的研究表明，*SSII-2* 基因能够通过影响 *Wx* 和 *SSII-3* 基因表达协同调控水稻胚乳中 AC 和支链淀粉链长分布优化淀粉晶体结构，进而改良稻米食味品质和外观品质（Huang et al.，2021a）。

综上，优良食味淀粉改良的策略应当协同调控 AC 和支链淀粉结构。这不仅依赖于不同优异等位基因的利用，而且需要对不同基因的协同作用进一步解析。考虑到物种和基因功能的差异，不同谷物中所需要的优异基因或组合还需要深入分析。

4. 功能性淀粉改良分子设计育种

功能性淀粉在当前食品、医疗、制药和日用化工等行业具有广泛应用。在天然功能性淀粉遗传改良研究过程中，慢消化淀粉（SDS）、抗性淀粉（RS）和高直链淀粉（玉米中主要的工业淀粉）是当前的研究热点。SDS 一般是消化时间为 20~120 分钟的淀粉，该类型淀粉对血糖的稳定至关重要，也是一些功能性食品和饮料的重要成分。RS 通常指淀粉消化 120 分钟后剩余的部分，由于其难以消化，因此又被称为不可溶膳食纤维。

从遗传调控上来看，高直链淀粉和高糊化温度通常与 RS 直接相关，因此，在功能性淀粉改良研究中，提高直链淀粉含量是一种重要方式。然而，具有相似高直链淀粉含量的种子淀粉在消化特性上也存在较大差异，这表明支链淀粉结构及其他组分可能也会对淀粉的功能特性有影响（Pan et al.，2022）。近些年的研究表明，在保证高活性 GBSSI 酶（负责直链淀粉合成）的条件下对一些淀粉合成相关基因的遗传修饰能够显著增加胚乳中抗性淀粉的含量。水稻中，同时敲除 *SBEI* 和 *SBEIIb* 基因能够提高稻米 AC 达到 60% 以上，

RS 最高提升到 35%（Miura et al., 2021）。此外，在 Wx^a 背景下突变可溶性淀粉合成酶基因 *SSIIIa* 也能产生超过 30% 的直链淀粉和较高的 RS。在玉米、小麦和大麦中，通过下调或突变 *SSIIa* 也能显著增加胚乳 AC 的含量并提升 RS（Yang et al., 2022a）。近期的一些研究表明，同时下调多个可溶性淀粉合成酶类基因的表达也是提升直链淀粉含量和 RS 的重要方式（Zhong et al., 2022）。此外，*SBE* 类基因（*SBE1*，*SBEIIa* 和 *SBEIIb*）的下调或突变更是导致禾谷类作物高 RS 的重要方式。除了对淀粉的直接修饰，胚乳中的脂质、黄酮和多糖等成分可能通过与淀粉的互作而间接影响淀粉的功能特性，但是具体的作用方式还有待明确。

综上，尽管通过基因编辑方式直接获得相关基因的突变体已经非常容易，但是一些重要基因的优异天然等位类型的功能仍不可忽视，对于不同功能基因与突变基因之间的组合效应研究还较少。因此，从功能性淀粉应用与改良出发，进一步明确各主效基因的组合效应是未来创建具有不同理化特性和用途的功能性淀粉的重要思路。

5. 优良加工淀粉改良分子设计育种

淀粉的不同特性对于食品的加工品质影响巨大。无论是在食品加工阶段还是在储藏阶段，淀粉都被认为有助于食品风味的形成和释放，如高 AC 且易回生老化的淀粉是确保米线质量的关键因素。而低糊化温度和不易回生的淀粉是满足方便米饭加工的基本要求。此外，不同 AC 及直链/支链比的小麦淀粉也是影响面团、面条和烘焙食品的重要因素，同样，糯性玉米淀粉也是冷冻食品加工的重要原料之一，其在馅类和酱料制作中被广泛使用。高直链玉米淀粉（AC：60% 以上）由于其具有较高的糊化温度和较高的凝胶性等特性，在轻工业（如薄膜、涂料、黏合剂等）、食品工业、制药业、工业上生产照相胶卷和电影胶片等方面发挥着重要作用。因此，面向生产和消费需求，针对特定加工淀粉性状的改良在作物生产中进展迅速。

针对直链淀粉的改良研究最为系统。尽管在种子胚乳中直接负责直链淀粉合成的主效基因只有 *Wx*，但是其不同等位变异类型对主要粮食作物品种间直链淀粉含量的变异效应巨大。水稻中控制高直链淀粉含量的为 Wx^{lv} 和 Wx^a 两种等位类型，而 Wx^{in}、Wx^b、Wx^{mw}、Wx^{mp} 和 Wx^{op} 等类型分别控制中等到低等水平的直链淀粉含量（Zhang et al., 2021）。而对于糯性淀粉的改良，主要利用的是种子中无功能的 *wx* 来实现。除了 *Wx* 基因，对于淀粉分支酶（如 SBEIIa）和可溶性淀粉合成酶（如 SSIIIa）的修饰也都能不同程度地提高 AC 的含量（Zhong et al., 2022）。

除了直链淀粉的改良，针对支链淀粉的改良研究相对较少，其中最为明确的是就淀粉糊化温度的改良研究。在水稻中，控制淀粉糊化温度的是编码可溶性淀粉合成酶 SSIIa 的 *ALK* 基因，该基因的高活性和低活性类型控制的淀粉糊化温度相差 10℃左右，其主要通过调控支链淀粉短链和中长链差异来影响淀粉糊化温度。因此，通过选用不同的 *ALK* 等位类型可以实现淀粉糊化温度的改良（Chen et al., 2020）。由于淀粉糊化温度的降低在一定程度上也降低了淀粉的老化回生速率，因此在其他作物中尝试对支链淀粉结构的修饰可能也是实现淀粉加工品质改良的有效途径。随着基因编辑技术体系在各作物中的建立，针对特定基因或组合的敲除与碱基替换已经成为现实，这也使得淀粉的分子设计育种逐渐成为主流，其必将推动淀粉品质改良的研究进程。

（二）主要农作物种子蛋白质积累的遗传基础及育种改良

1. 种子储藏蛋白积累

植物叶片和其他营养器官的氮元素以氨基酸或酰胺的形式运输至种子，继而合成储藏蛋白。种子储藏蛋白主要用来储存氮源，为种子萌发提供碳、氮和硫等营养元素。种子储藏蛋白根据溶解度不同可分为四类：清蛋白（albumins，水溶性）、球蛋白（globulins，盐溶性）、醇溶蛋白（prolamins，醇溶性）和谷蛋白（glutelins，溶于稀酸或稀碱）。储藏蛋白以前体的形式在粗面内质网合成，各自分选信号（如序列特异性、C末端和物理结构型液泡分选信号）与液泡分选受体（vacuolar sorting receptor，VSR）互作，然后通过受体依赖型或聚集体形式运输至蛋白质储藏型液泡（protein storage vacuole，PSV），最后经液泡加工酶（vacuolar processing enzyme，VPE）的剪切转换为成熟储藏蛋白。成熟储藏蛋白的形成要经历合成、分选、转运和加工等过程，任何环节出现问题都会影响种子蛋白的品质和含量。此外，储藏蛋白各组分的功能不同。谷蛋白的含氮量高，但其赖氨酸和色氨酸含量少，故营养价值相对较低；球蛋白含较多必需氨基酸，如赖氨酸和色氨酸，具有较高营养价值；醇溶蛋白则不容易被人畜吸收利用，又被称为胶蛋白；清蛋白在医药方面具有非常高的经济价值，有助于改善糖尿病患者的血糖。

2. 水稻蛋白质的遗传改良

水稻胚乳蛋白质依据功能可分为结构蛋白和储藏蛋白：结构蛋白的含量低、种类多，在种子细胞代谢方面发挥重要作用；储藏蛋白的含量高，在稻米胚乳中占据主导地位。稻米储藏蛋白的分布具有一定特征：醇溶蛋白在稻米各部分分布相对均匀，谷蛋白主要位于胚乳淀粉层，清蛋白和球蛋白则集中分布于米糠和精糠。稻米蛋白质含量在不同水稻品种间差异较大，且籼稻的平均蛋白质含量比粳稻高。稻米蛋白质含量是由多基因控制的典型数量性状，且遗传率低、呈加性效应、对环境敏感。此外，稻米蛋白质含量受基因互作或优势基因作用而呈超亲现象，低含量对高含量呈显性效应。总之，稻米蛋白质含量受多基因调控、形成机制复杂（He et al.，2021；Yang et al.，2023）。

近年来，科学家利用分子标记技术解析了大量控制稻米蛋白质含量的QTL。利用染色体片段代换系群体，连续3年检测到一个主效的QTL *TGP12*（Kashiwagi 和 Munakata，2018）；此外，全基因组关联分析也挖掘到许多影响水稻储藏蛋白的QTL（Chen et al.，2018）。然而，仅有少数QTL得以克隆（Yang et al.，2019）。利用珍汕97/南洋占的RIL群体，初定位到首个效应大且稳定的稻米蛋白质含量主效QTL *qPC1*。*qPC1* 编码一个氨基酸转移酶 OsAAP6，正调控稻米 4 种储藏蛋白（谷蛋白、醇溶蛋白、球蛋白和清蛋白）的含量（Peng et al., 2014）。另一个 QTL *qGPC-10* 经图位克隆验证为 *OsGluA2*，该基因编码二型谷蛋白前体，是稻米 4 种储藏蛋白的正调控子，*OsGluA2* 启动子区的一个 SNP 与其转录水平相关，该 SNP 能将所有单倍型分为低（*OsGluA2LET*）、高（*OsGluA2HET*）表达类型，且存在籼粳差异（Yang et al., 2019）。

相比于其他谷物，稻米的蛋白质含量较低且氨基酸组成不平衡、人体必需赖氨酸含量低、加重肾脏负担的谷蛋白含量高。因此，高赖氨酸、低谷蛋白是稻米蛋白含量遗传改良的重要方向。目前，关于高赖氨酸水稻品种改良已有一些研究进展：抑制水稻两种关键酶——天冬氨酸激酶（AK）和二氢二吡啶甲酸合成酶（DHDPS）的表达，可使稻米中游离赖氨酸升高几十倍（Yang et al., 2021）。近年来，科学家利用基因编辑手段创制了比 *LGC-1* 谷蛋白含量更低的新品种（Chen et al., 2022）。

3. 小麦面筋蛋白与加工品质

小麦籽粒中，麦谷蛋白和醇溶蛋白是主要的贮藏蛋白质，占蛋白总量的 80%~85%，同时是面筋蛋白的主要组分，赋予面团独特性质的面筋影响着小麦的品质特性。

麦谷蛋白是多聚体大分子蛋白质，通过分子间和分子内硫键将蛋白亚基相互交联，占小麦总蛋白含量的 10% 左右。依据麦谷蛋白亚基分子量大小和在十二烷基硫酸钠-聚丙烯酰胺凝胶电泳（SDS-PAGE）中的表现，可将麦谷蛋白亚基分为高分子量谷蛋白亚基（high molecular weight-glutenin submits，HMW-GS）和低分子量谷蛋白亚基（low molecular weight-glutenin submits，LMW-GS），其含量分别占籽粒总蛋白的 10% 和 40% 左右，两者通过分子间的二硫键相互结合形成谷蛋白大聚合体，共同影响着小麦面团的流体学特性。HMW-GS 仅占小麦种子储藏蛋白的 10% 左右，但其组成可解释面团品质相关变异的 35%~70%，对小麦加工品质起决定性作用。HMW-GS 受多基因遗传调控，普通小麦品种有 6 个 HMW-GS 基因，位于小麦第 1 染色体长臂的 Glu-A1、Glu-B1 和 Glu-D1 上，每个位点编码一个 x 型和一个 y 型亚基，大部分小麦品种只表达 3~5 个亚基。HMW-GS 在不同小麦品种中会发生广泛的等位变异，Glu-A1 位点：Null、Ax1 和 Ax2*；Glu-B1 位点：Bx7、7+8、7+9、6+8、13+16 等；Glu-D1 位点：2+10、2+12、2.2+12、3+12、4+12、5+10。LMW-GS 约占种子贮藏总蛋白的 1/3，占麦谷蛋白的 60%，主要影响面筋的强度和延展性。LMW-GS 是一个基因组成和结构都很复杂的多基因家族，编码 LMW-GS 的基因位于第一同源组群 Glu-3 位点。醇溶蛋白是小麦面筋的主要组成成分，是一种单体蛋白，分子较小，只含有分子内二硫键，结构紧密呈球形，包括 α-、β-、γ- 和 ω-4 种组分，主要赋予面团延展性，缺少弹性和韧性，具有良好的流变性、延展性和膨胀性，是影响小麦烘烤品质的重要因素之一。

小麦面粉的加工品质主要由面筋蛋白决定。面筋主要是由麦谷蛋白和麦醇溶蛋白组成，通过贮藏蛋白的二硫键形成网状结构的多聚体，决定面团弹性。高分子量谷蛋白亚基是决定面筋弹性和面包烘烤品质的关键因素，主要影响面筋的强度和延展性；麦醇溶蛋白赋予了面团较好的延展性，三者共同决定小麦的加工品质。Glu-A1、Glu-B1 和 Glu-D1 这 3 个 HMW-GS 基因位点都对小麦品质存在正效应，其中 Glu-D1 对小麦的加工品质影响最大，1Dx5+1Dy10 亚基对小麦品质有积极影响，而 1Dx2+1Dy12 亚基则对面包烘烤品质有负面影响。在 Glu-B1 位点，1Bx7+1By8、1Bx13+1By16 和 1Bx17+1By18 亚基组合对小麦品质的贡献大于 1Bx7+1By9 或 1Bx6+1By8。小麦优质 HMW-GS 含量的提高有助于改善小麦品质。Glu-A1 位点有一个亚基表达时比 Null 位点具有更高的面筋强度，而 1Bx7+1By8 和 1Bx7+1By9 比 1Bx7 品质效应更好。Glu-1Bx7 的过表达变异类型（1Bx7OE）会提高面团强度，对小麦加工品质有积极影响。Ax1G330E 是优质小麦品种小偃 54 的 Ax1 编码区的 989bp 处核苷酸 G 变为 A，Ax1G330E 的面粉蛋白特性、粉质仪参数和拉伸仪参数更优，使得烘烤的面包体积也明显变大。L252 和 S99B34 是 Xu 等通过普通小麦与硬粒小麦 "Langdon" 杂交，从后代中筛选得到两个 1AS·1AL-1DL 易位系，从而将表达高分子量蛋白亚基 1Dx5+1Dy10 的 Glu-D1 从 1D 易位到 1AL 染色体上，可以同时表达 1Dx5+1Dy10，从而提高了面包的烘烤品质（Xu et al., 2005）。

20 世纪 80 年代，研究人员开始对控制面粉蛋白品质优劣的谷蛋白和醇溶蛋白进行研究，通过连锁分析和全基因组关联分析（GWAS）鉴定到大量蛋白品质性状相关的遗传位点。硬粒小麦 GWAS 研究鉴定到 395 个品质性状相关位点，分布于所有染色体，5B 染色体上最少（15 个），7A 染色体上最多（45 个）。在 6A 染色体上鉴定到一个影响面团稳定时间和 SDS 沉降值的主效 QTL（QSt/Sv-6A-2851），通过 CRISPR/Cas9 基因编辑其候选基因，该位点的突变体（aaBBDD）的沉降值和稳定时间显著高于野生型，分别为 31.77 毫升 vs 20.08 毫升和 2.60 分钟 vs 2.25 分钟。在山农 01-35/ 藁城 9411 的重组自交系中，鉴定到 1 个与混揉特性相关的新 Glu-B1 等位变异位点（1B.1-24），可解释 8.9%~27.1% 的表型变异。蛋白品质相关优异位点的发掘与利用大大促进了小麦品质的改良。

4. 玉米高蛋白（高赖氨酸改良）

玉米作为种植面积最大的农作物，既可用于饲料生产也可作为主要的食物来源。其籽粒中富含蛋白质、脂肪、淀粉、维生素和矿物质等营养物质，因此具有开发高营养、高生物学功能食品的巨大潜力。然而，普通玉米的蛋白质赖氨酸和色氨酸含量较低，不能满足人、畜、禽等单胃动物的必需氨基酸需求，作为饲料时还需添加豆饼、鱼粉来补充。因此，提高和改良玉米籽粒的营养成分，尤其是提高赖氨酸等必需氨基酸含量，对于改善玉米的食用品质、加工品质和饲用价值具有重要的意义。

1914 年，研究人员发现玉米成熟籽粒蛋白质中的各种氨基酸含量具有不均衡的特点，醇溶蛋白中赖氨酸和色氨酸的含量几乎为零。Mertz 等人于 1964 年通过生化实验证明 *o2* 突变体籽粒胚乳中赖氨酸和色氨酸的含量均高于普通玉米，为高赖氨酸玉米培育提供了新思路。国际小麦玉米改良中心（CIMMYT）等研究单位通过使用回交育种和轮回选择将

opaque-2 和遗传修饰系统结合起来，利用 *o2* 修饰基因对 *o2* 突变体进行改良，成功获得了改良后色氨酸、赖氨酸含量高的同时具有正常农艺性状的优质蛋白玉米（quality protein maize，QPM）。随着高赖氨酸玉米的出现，世界各国通过引入种质资源培育出了一大批高赖氨酸玉米品种。20 世纪 70 年代，在李竞雄的倡导下，高赖氨酸玉米种质资源引入我国，先后育成中单 206、中单 9409、农大 107、新玉 6 号、新玉 7 号、云瑞 1 号等一大批具有较高营养价值和饲用价值的 QPM 品种。为进一步拓展玉米高赖氨酸种质资源，研究人员通过前向育种分子标记辅助选择计划（Forward breeding MAS scheme）、回交育种技术对目标基因（*o2* 和 *o16*）进行前景选择，成功选育一批 *o2o2o16o16* 双隐性的高赖氨酸创新种质。此外，由于 DNA 片段的缺失，隐性 *o2* 基因编码蛋白分子量小于显性 *O2* 基因编码蛋白，且其 bZIP（碱性亮氨酸拉链）域部分缺失，影响反式激活 22 kDa zein（玉米醇溶蛋白）和 *b-32* 基因合成 b-32 蛋白的能力，进而降低了 zein 蛋白含量，玉米胚乳蛋白的赖氨酸和色氨酸含量得到提高。多年来，研究人员通过转录组测序技术，结合染色质免疫共沉淀测序（Chromatin immune-precipitation follow by sequencing，ChIP-Seq）对玉米 *o2* 突变体进行研究，筛选出 186 个 *O2* 直接调控的靶标基因及 1677 个间接靶点基因，发现 *O2* 直接参与调控了除 16 kDa γ- 和 18 kDa δ- 醇溶蛋白以外的所有醇溶蛋白基因的表达，还参与了调控转录因子、碳代谢相关基因、氨基酸代谢相关基因和抗非生物胁迫基因的表达。

除 *o2* 基因外，*floury2*（*fl2*）、*opaque7*（*o7*）、*opaque6*（*o6*）、*floury3*（*fl3*）、*mucronate*、缺陷胚乳（*De*-B30*）、*opaque7749*、*opaque7455*（*o11*）和 *opaque16* 等突变也被发现具有抑制胚乳 zein 合成、提高胚乳赖氨酸含量的作用，这些基因又被称为高赖氨酸突变基因，还被称为优质蛋白玉米突变基因。但不同的高赖氨酸突变基因抑制胚乳 zein 合成的程度不同，如 *o7>o2>fl2>De*-B30*。同时，这些高赖氨酸突变基因间还存在上位效应或协同效应。

除此之外，研究人员对普通玉米群体的籽粒赖氨酸含量进行了遗传分析，发现赖氨酸含量受加性-显性遗传效应控制，且主要以加性效应遗传为主。随后为进一步挖掘调控玉米籽粒赖氨酸含量的基因，研究人员利用不同品种构建的重组近交系进行 QTL 分析，发现第 3 号、5 号、8 号染色体和第 10 号染色体上存在 QTL，其与玉米籽粒赖氨酸含量相关。还有研究利用 485 份玉米自交系进行全基因组关联分析，共定位到第 1 号、2 号、4 号、6 号、7 号、8 号染色体上的 23 个 SNP 位点与玉米籽粒赖氨酸含量相关，并筛选到 68 个候选基因，这些基因主要参与转录、跨膜转运、代谢和生物合成等生物学过程。

为挖掘更多与玉米籽粒蛋白质含量相关基因，前人利用连锁分析的方法对不同品种构建的群体进行 QTL 分析，发现第 1 号、2 号、4 号、5 号、6 号、7 号、8 号、9 号、10 号染色体上均存在与蛋白质含量显著相关的 QTL 位点，有 173 个基因对蛋白质有调控作用，并且这些基因具有累加效应。

目前，QPM 育种已取得较大成就，育种专家开始考虑在培育新的 QPM 品种时，提高玉米其他营养价值和口感，如在提高优质蛋白的同时，改善玉米籽粒中的糖含量、油含量、维生素含量、铁和锌含量，聚合 wx 基因改善玉米淀粉含量等。目前，这些性状逐渐受到关注，有研究对 263 份玉米自然群体进行全基因组关联分析，共确定 4 个 SNP 位点与淀粉含量显著相关，挖掘到 77 个相关候选基因。还有研究利用 464 份普通玉米自交系对直链淀粉含量进行全基因组关联分析，发现 42 个 SNP 位点与直链淀粉含量显著相关，且有多个候选基因参与直链淀粉合成。此外，研究人员发现 sh2 基因与 wx 基因相互作用时，能够进一步提高籽粒中的蔗糖含量，既甜又糯。同时，wx 基因和其他多个胚乳隐性基因间存在互作，ae、du 和 wx 基因隐性纯合时也能够显著提高可溶性糖含量。

5. 大豆高蛋白

大豆籽粒中蛋白质的平均含量为 40%，一些高产大豆品种的蛋白质含量高达 55%。大豆籽粒蛋白通常依据其结构与溶解性分为清蛋白和球蛋白。清蛋白约占大豆蛋白的 5%、球蛋白约占大豆蛋白的 90%。盐溶性的 7S 和 11S 球蛋白从含量和蛋白质的提取上都是大豆中主要的蛋白质成分。水溶性蛋白质含量（WSPC）是影响大豆蛋白质质量和功能的关键因素，具有凝胶性、乳化性、发泡性等加工特性，其含量对大豆食品的加工和利用具有重要作用。前人研究表明，大豆水溶性蛋白质含量具有广泛的遗传变异，一般为 10%~45%。

截至 2022 年，Soybase（https://www.soybase.org）数据库公布了 241 个与大豆蛋白质含量相关的 QTLs，在 20 条染色体上均有分布。目前，与大豆高蛋白相关的基因只有少数被克隆，如 Fliege 等发现 cqSeedprotein-003 QTL 的高或低种子蛋白含量等位基因由 Glyma.20G85100 基因编码的 CCT 结构域蛋白中插入的转座子引起，该基因可使种子提高约 2% 的蛋白质含量。小 GTP 酶 GmRab5a 及其鸟嘌呤交换因子 GmVPS9 被证明在大豆高尔基体运输后的储存蛋白中发挥作用。糖转运蛋白 SWEET 家族成员中的 GmSWEET39 具有改善油脂和蛋白质的双重功能，且经历了两种不同的人工选择途径。其他相关研究也鉴定出一些蛋白质含量候选基因，但未进行基因功能验证。前人研究表明 Gm20 连锁群是大豆蛋白含量 QTL 精细定位的热点区域，随后有关人员对大豆蛋白质含量 QTL 进行精细定位后发现位于 Gm20 连锁群的两个关键候选基因 Glyma20g07060 和 Glyma20g07280，预测可能与控制大豆籽粒蛋白质性状相关。

目前，大豆水溶性蛋白（WSPC）相关的遗传位点已经在除 2 号、4 号、6 号、9 号、10 号、14 号外的其他染色体上被鉴定出，并推测出可能控制大豆水溶性蛋白含量的候选基因若干个。2017 年，发现了对 WSPC 效应大且稳定的特异性基因座 GqWSPC8，并从中发现了一个与 WSPC 相关的候选基因 Glyma.13G194400。随后，对表型变异解释率较高的 qWSPC7 和 qWSPC8-1 区间内候选基因进行预测，发现其中有 7 个基因在大豆籽粒、根或根瘤中高表达，推测它们可能具有调控大豆水溶性蛋白质的功能。

大豆种子中贮藏蛋白的主要成分是大豆球蛋白和 β- 伴大豆球蛋白，它们在蛋白质营养和大豆食品加工特性中起着重要作用。有关人员对大豆贮藏蛋白亚基的遗传机理进行了探索，共检测到 67 个 QTL 和 11 个基因组热点区域，分别影响着大豆球蛋白（11S）、β-伴大豆球蛋白（7S）、大豆球蛋白与 β- 伴大豆球蛋白之和（Sgc）及大豆球蛋白与 β- 伴球蛋白的比值（Rgc）4 个性状，候选基因分析表明，*Gy1* 启动子的多态性与 11S 含量显著相关。到目前为止，已经鉴定了几个编码 11S 的基因，如 *Gy1* 到 *Gy5*（分别编码 A1aB2、A2B1a、A1bB1b、A5A4B3 和 A3B4 的球蛋白亚基）、*GY6*（假基因）和 *GY7*（具有弱表达水平），关于 11S 球蛋白，现已有 7 个大豆球蛋白基因被克隆、测序。7S 球蛋白的合成涉及大量基因家族，目前已鉴定出 15 个被命名为 *Cgy-1* 至 *Cgy-15* 的基因成员。此外，一些与 11S 和 7S 相关的 QTL 已在不同环境的不同群体中定位。

大豆蛋白质含量是由多基因控制的复杂数量性状。虽然连锁定位、关联分析及遗传多样性分析已经发现了许多控制大豆籽粒蛋白质含量的 QTL，但只有几个基因被分离和功能验证。日后可基于 CRISPR/Cas 的基因组编辑技术对基因组进行精确修饰以获得可预测和所需的性状，并成功应用于基因功能研究和作物种质资源创建。未来，改进的大豆转化和单基因或多基因"碱基编辑"的更多应用将极大地促进大豆的功能研究，最终使我们能够解码这些复杂的种子性状并识别种子蛋白质的关键基因内容。

6. 储藏蛋白合成调控

储藏蛋白基因在籽粒灌浆时期强烈表达，这种现象与这些基因启动子区含有时空特异表达的顺式作用元件有关。醇溶蛋白基因的翻译起始位点上游 –300bp 区间序列保守，亦称"双因子胚乳盒"（Bifactorial endosperm box，BE-box）。BE-box 由 1 个醇溶谷蛋白盒（Prolamine box）和 1 个邻近的类似 GCN4 盒（GCN4-like motif）组成。GCN4-box 和 Prolamine-box 在水稻 *GluA*、*GluB* 和 *GluD* 的亚家族基因均存在。近期的研究发现，两个 NAC 转录因子 OsNAC20 和 OsNAC26 通过直接激活种子储藏蛋白基因 *GluA-1*、*GluB-4*、*GluB-5*、*α-globulin* 和 *16-kD prolamin* 的表达来正调控稻米蛋白含量（Wang et al., 2020）。此外，跨膜 bZIP 转录因子 OsbZIP60 可激活种子储藏蛋白相关基因（*OsGluA2*、*Prol14* 和 *Glb1*）及蛋白加工相关基因的表达，进而正调控储藏蛋白合成（Cao et al., 2022）。

在小麦中，调控谷蛋白相关的基因在发育的种子胚乳中特异表达，并受顺式作用元件和反式作用因子的调控。目前，已鉴定到诸多保守的顺式元件，如 CCRM、GCN4-like、P-box、AACA 基序、RY 重复序列等。其中，CCRM1 是 HMW-GS 相关基因表达必不可少的顺式作用元件，CCRM2 和 CCRM3 起促进作用。bZIP、Dof、MYB 及 B3 家族等 7 类转录因子可以与相应顺式元件结合，促进或抑制相关基因表达，如 SPA、SHP、WPBF、TaPBF-D、TaGAMyb、TaNAC019 和 TaSPR 等。R2R3 MYB 转录因子 TaGAMyb 与组蛋白乙酰转移酶 TaGCN5 结合，通过乙酰化组蛋白 H3 促进 HMW-GS 的表达；TaNAC019 与 TaGAMyb 结合，进一步促进谷蛋白的积累（图 3）。

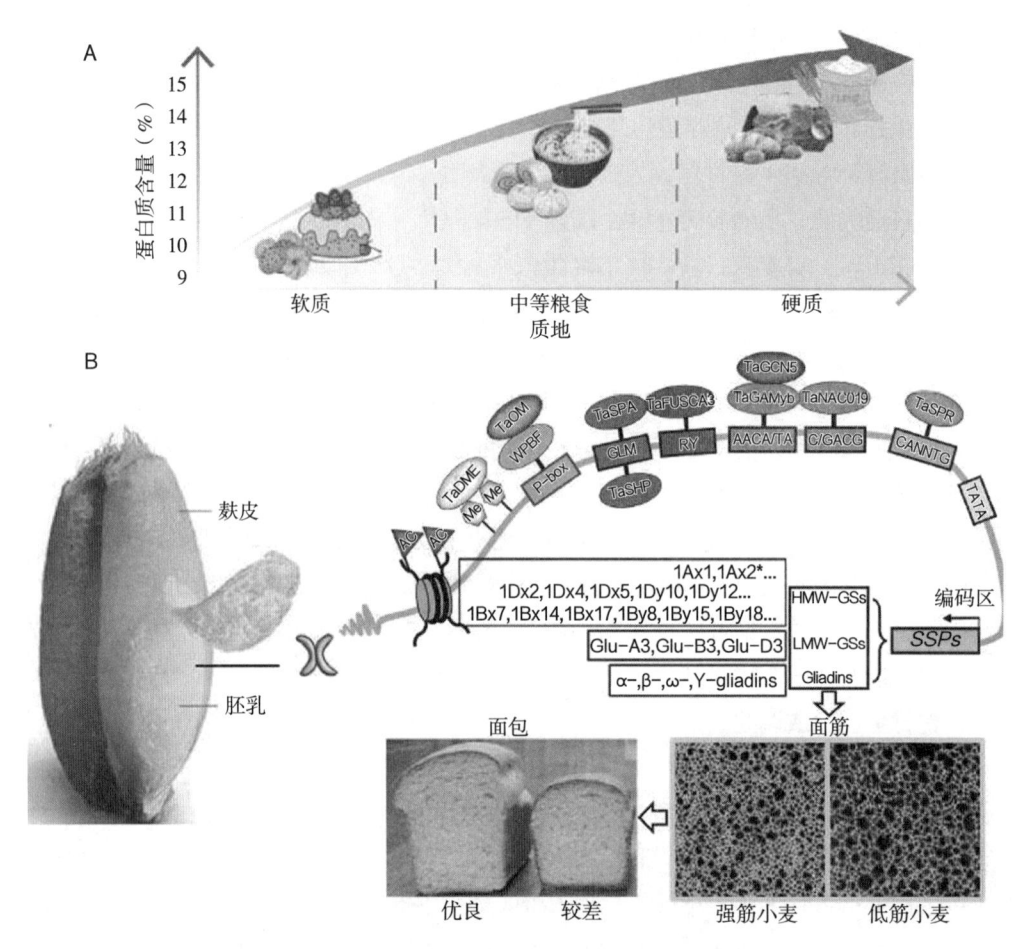

图3 小麦种子贮藏蛋白相关基因调控网络
(Xiao et al., 2022)

(三)种子油脂合成和脂肪酸组成的遗传基础及育种改良

1. 种子脂肪酸的合成途径

植物中脂肪酸的合成绝大多数在质体中,其合成的前体是丙酮酸盐,由光合作用产物在胞质中经过糖酵解产生。丙酮酸盐被转运到质体中后经丙酮酸脱氢酶多酶复合体的作用生成乙酰-CoA。乙酰-CoA在乙酰-CoA羧化酶(acetyl-CoA carboxylase,ACCase)及丙二酰辅酶A-酰基载体蛋白(acyl carrier protein,ACP)的作用下合成丙二酰-ACP(malonyl-ACP)。随后,生成的malonyl-ACP再与乙酰-CoA分别在酮脂酰-ACP合酶Ⅲ(KCSⅢ)、酮脂酰-ACP还原酶(Takemoto et al.)、羟烷基-ACP脱水酶(HAD)及烯酰-ACP还原酶(ENR)的作用下发生缩合、还原、脱水及还原反应,生成含4个碳原子的脂酰-酰基载体蛋白(acyl-ACP),完成脂肪酸从头合成的第一步。此后,每次合成的

acyl-ACP 与乙酰 -CoA 重复上述缩合、还原、脱水及还原反应，每循环反应一次碳链上的碳原子数增加 2 个。经 7 轮循环后生成 C16：0-ACP，实现脂肪酸的延伸。C16：0-ACP 可以继续在酮脂酰 -ACP 合成酶 II（ketoacyl-ACP synthase II，KASII）的催化下合成 C18：0-ACP，再经硬脂酰-酰基载体蛋白脱氢酶（SAD-ACP）的去饱和化生成 C18：1-ACP。此时，完成了脂肪酸的从头合成与延伸。

2. 种子中油脂的形成

质体中合成的脂肪酸须在酰基载体蛋白硫酯酶（FATA 和 FATB）的作用下脱去 ACP 形成 C16：0/C18：0/C18：1-CoA，然后在长链酰基合成酶（LACS）的作用下转运到内质网中进行三酰甘油（triacylglycerol，TAG）的合成。在 3-磷酸甘油酰基转移酶（GPAT）、溶血性磷脂酸酰基转移酶（LPAT）、磷脂酸磷酸酶（PAP）和二酰甘油转酰酶（DGAT）的作用下，进入内质网的脂酰 -CoA 与甘油 -3-磷酸（G-3-P）经过经典的 kennedy 途径最终生成 TAG。此外，一部分脂酰 -CoA 可在溶血磷脂酰胆碱转移酶（LPCAT）的作用下与溶血磷脂酰胆碱（LPC）反应生成磷脂酰胆碱（PC），PC 在磷脂酰胆碱-二酰甘油酰基转移酶（PDAT）的作用下与 DAG 反应生成 TAG。同时，上述两种 TAG 合成途径的中间产物可以相互转化，其中 PC 可以被磷脂酶 D（PLD）水解生成磷脂酸（PA），PA 经磷脂酸磷酸酶（PAP）的作用可生成 DAG，或者 PC 可以被磷脂酶 C（PLC）水解直接生成 DAG。而 DAG 和 PC 又可以在磷脂酰胆碱-二酰甘油胆碱磷酸转移酶（PDCT）或 CDP-胆碱-二酰甘油胆碱磷酸转移酶（CPT）的作用下相互转化。

脂肪酸的去饱和修饰通常发生在 PC 的脂肪酸酰基链上。首先，脂肪酸脱饱和酶 2（fatty acid desaturase 2，FAD2）在 PC 上的 C18：1 酰基链的 Δ12 位引入顺式双键生成含两个不饱和键的亚油酸（C18：2），随后，脂肪酸脱饱和酶 3（fatty acid desaturase 3，FAD3）在 C18：2 的酰基链 Δ15 位引入一个顺式双键生成具有 3 个不饱和键的亚麻酸（C18：3）。去饱和酶 FAD2 与 FAD3 主要定位在内质网上，对油料种子中不饱和脂肪酸含量的变化起着关键作用。合成或加工完成的 TAG 最后在磷脂单层膜及脂质体相关蛋白（oleosin、SEIPIN 等）的包裹下形成脂质体（LD，lipid droplet）被释放到细胞质中储存起来。

3. 油脂合成过程中的分子调控

大量的研究表明，种子油脂合成过程中受多个转录因子的调控，如 WRINKLED1（WRI1）、LEAFY COTYLEDON1（LEC1）、LEAFY COTYLEDON2（LEC2）、FUSCA3（FUS3）和 ABSCISIC ACID INSENSITIVE3（ABI3）等。其中，WRI1 是直接调控脂肪酸合成的关键转录因子。它可以调控糖酵解的进程及多数脂肪酸合成相关基因（*BCCP2*，*KASI*，*ENO1*，*PDH* 等）的表达，进而促进脂肪酸合成过程中底物的供应及脂肪酸合成的速度。因此，WRI1 被认为在脂肪酸合成过程中起到"push"和"pull"的双层作用，最终调控种子油脂含量。研究表明，大多数受 WRI1 调控的参与糖酵解及脂肪酸合成的相关基因的 5'-UTR 端含有 1~2 个 AW-BOX［CnTnG（n）7CG］序列，WRI1 可以与 AW-BOX 结合并激活其下游基因的表达，进而促进整个脂质合成过程的发生。在油脂合成过程中，其他转录因子通过调控 WRI1 的表达调节种子中油脂的积累，如 LEC1、LEC2，它们既是调控种子发育与成熟的重要转录因子，也对种子油脂积累起作用。LEC1、LEC2、FUS3 和 ABI3 均位于 WRI1 的上游，均可以单独调控 WRI1 的表达，促进种子油脂合成。同时，LEC1、LEC2 和 FUS3 还可以形成转录因子复合体共同调控 WRI1 的表达，如 LEC1 可以促进 LEC2 的表达，而 FUS3 则可以促进 ABI3 的表达，LEC1、LEC2 和 ABI3 可组成转录因子复合体一起调控 WRI1 的表达（Yang et al., 2022b）。此外，转录因子 FUS3 和 ABI3 还可以激活多个脂肪酸合成过程中相关基因的表达，如 FUS3 可以激活 FAD3、KASI 和 FATTY ACID ELONGATION 1（FAE1）等的表达，ABI3 可以诱导 FAD3、FATTY ACID BIOSYNTHESIS 2（FAB2）和 LIPID DROPLET PROTEIN（LDP）等的表达（Tian et al., 2020；Yang et al., 2022c）。除此之外，LEC1、LEC2、FUS3 和 ABI3 还受更上游转录因子的调控。如 BABY BOOM（BBM）可以直接结合 LEC1、LEC2 和 ABI3 的启动子区并触发它们的表达，AGAMOUS–Like15（AGL15）则可以直接作用于 LEC2、FUS3 和 ABI3。ChiP 分析结果表明 HIGH–LEVEL EXPRESSION OF SUGAR INDUCIBLE GENE 2（HSI2）/VP1/ABI3–LIKE1（VAL1）可以直接结合到 AGL15 的启动子区并抑制 AGL15 的表达（图 4）。

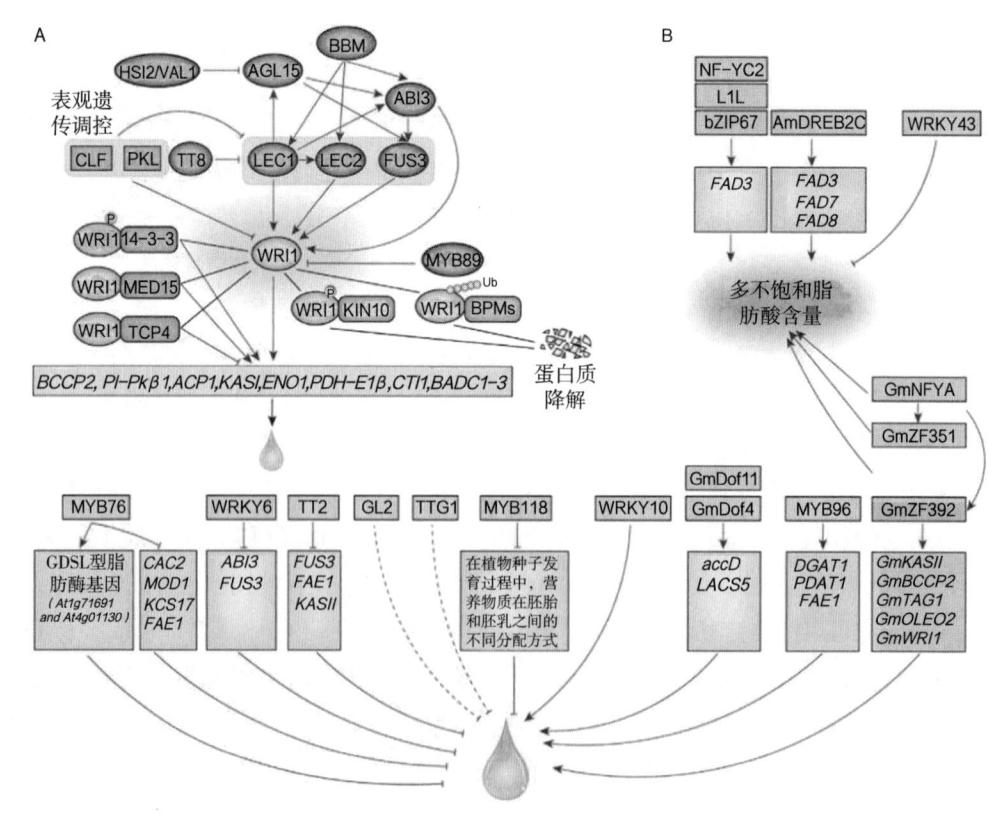

图 4 油脂代谢过程中的网络调控

（Yang et al., 2022b）

除上述目前被认为对脂质代谢起关键作用的转录因子外，还有许多转录因子也参与了油脂合成或代谢的调控，如 MYB76、MYB96、MYB118、WRKY6、WRKY0、TT2 及 GL2 等。这些转录因子的调控方式与 WRI1 不同，它们只对参与油脂代谢过程的个别或几个基因起调控作用，进而影响种子的含油量或脂肪酸组成（Yang et al., 2022b）。近期的研究表明，除转录因子外，还有更多的基因通过协调种子中碳流的平衡来实现对种子油脂积累的调控。如 ASIL1（Arabidopsis 6b-interacting protein 1-like 1）通过调控碳源的流动调节油脂合成。在油菜种子中，BnaCCRL 可以直接参与种皮木质素的合成，导致油菜种子皮壳率的改变，进而影响种子含油量（Zhang et al., 2022）。由此可见，种子油脂合成过程受多个转录因子或基因的调控，是一个复杂的生物学调控过程。

4. 种子脂肪酸组成的分子设计育种

植物种子中贮藏的油脂主要是 TAG，它由 3 分子脂肪酸与 1 分子甘油通过酯键结合而成，TAG 中的三个脂肪酸基团由不同碳链长度的饱和或不饱和脂肪酸组成，从而构成植物种子脂肪酸组分的多样性。油料作物种子含各种类型的脂肪酸，主要有棕榈酸（C16:0）、硬脂酸（C18:0）、油酸（C18:1）、亚油酸（C18:2）、亚麻酸（C18:3）及芥酸（C22:1）等。不同油料作物种子油中各脂肪酸比例千差万别。根据人体健康和营养学研究，过多摄入饱和脂肪酸（C16:0 和 C18:0）或 C22:1 会增加患心脑血管疾病的风险，而适当增加不饱和脂肪酸（C18:1、C18:2 和 C18:3）的摄入量则可以降低患心脑血管疾病的风险。针对油料作物的育种，需增加种子不饱和脂肪酸含量而减少饱和脂肪酸含量。目前，植物种子中已知的与不饱和脂肪酸合成相关的基因主要有 *SAD*、*FAD2* 和 *FAD3*，以及相关的转运蛋白。因此，育种过程中应利用分子标记筛选相关的优异等位基因对各脂肪酸比例进行改良。

不饱和脂肪酸分为单不饱和脂肪酸（MUFA）和多不饱和脂肪酸（PUFA）。C18:1 和 C22:1 是最常见的 MUFA。由于长期食用含 C22:1 的食用油对人类健康不利，目前作为食用油来源的油菜育种材料均为"双低"（低硫甙、低芥酸）品种。然而，芥酸是重要的化工燃料，在尼龙、肥皂及工业润滑剂的生产中被广泛应用。因此，作为生物能源材料育种的油菜品种一般为高芥酸品种。尽管 PUFA 对人类身体健康有益，但中国人喜以高温烹饪的饮食习惯致使高 PUFA 的食用油容易被氧化成醛、酮等有害物质。此外，高 PUFA 食用油的稳定性较差，货架期短。因此，市场上以高 C18:1 的食用油为主，提高油酸含量成为包括油菜在内的多种油料作物脂肪酸改良育种的主要目标。*FAD2* 被认为是控制油酸向亚油酸转化的关键基因，抑制油菜 *FAD2* 的表达或直接使其突变，可以提高种子油中的油酸含量。如通过 CRISPR 技术敲除 *FAD2* 的一个拷贝，导致突变体油酸含量显著增加。EMS 诱变是一种常用的创制新型育种材料的手段。科研人员对油菜进行 EMS 诱变，筛选到 4 个 *FAD2* 拷贝均失去功能的油菜突变体，其油酸含量高达 84%。利用 RNAi 技术同时沉默油菜中的 *FAD2* 和 *FAE1*，菜籽中油酸含量可提高到 85%。除油菜外，*FAD2* 也被用来改良和培育高油酸大豆、花生等油料作物（Yuan et al.，2019）。

高芥酸及其衍生物芥酸酰胺是精细化工领域广泛应用的原材料，高芥酸油菜是芥酸的主要来源。近年来，随着芥酸在工业中的需求不断加大，高芥酸油菜育种的需求也在不断发展。20世纪60年代初，通过连锁图谱定位分别在A08和C03染色体上定位到两个控制油菜籽中C22∶1合成的位点，随后的研究证实了 BnaA. FAE1 和 BnaC. FAE1 分别是位于A08和C03染色体上的两个同源基因，且具有加性效应。遗传学证据表明，两个 FAE1 基因均发生突变时，油菜籽中的芥酸含量几乎为零。此外，通过RNAi技术分别沉默编码脂肪酸延长酶复合体中的另三个酶的编码基因 KCR、HCD 和 ECR，在一定程度上可以降低芥酸的含量。当在高芥酸油菜中过表达 BnFAE1 时，种子芥酸含量从47%提高到了60%。种子中C22∶1主要靠内质网中C18∶1经过两次脂肪酸延伸获得，而C18∶1又是合成PUFA的前体物。因此，芥酸合成与PUFA合成存在底物竞争关系。高芥酸材料中抑制 FAD2 的表达，可以减少C18∶1向PUFAs的转化，同时芥酸的含量增加。在海甘蓝中抑制 FAD2 的表达，同时过表达 BnFAE1 和 LdLPAAT，可以获得芥酸含量高达73%的转基因株系。

PUFA如C18∶2和C18∶3是人体必需的脂肪酸。尤其是C18∶3，对人类健康至关重要。如果C18∶3摄入不足，则可能会引发心血管、糖尿病等疾病。常规的双低油菜种子中的C18∶3的含量在8%~12%，而亚麻籽中C18∶3的含量可达41%。FAD3 是C18∶3合成的关键酶，有关研究发现种子中C18∶3含量的变化受 FAD3 剂量的影响（Yeom et al.，2019；Ram Kumar et al.，2021）。将大豆的 FAD3 基因转入水稻种子，可以将水稻种子中的C18∶3含量提高14倍。在大豆中表达来自雷斯克勒（Physaria fendleri）的FAD3-1，可将大豆种子中C18∶3的含量提高到42%（Yeom et al.，2019）。最近的研究表明，在油菜种子中同时过表达7个外源基因后，成功合成含量较高的对动物大脑发育起重要作用的二十碳五烯酸（Isidro et al.）和二十二碳六烯酸（Jadhav et al.）。该结果成功取代了需从南极磷虾或深海鱼油中提取EPA和DHA的过程，极大地降低了EPA和DHA的市场价格。而合成EPA和DHA的前体脂肪酸则为C18∶3。由此可见，在油料作物中，脂肪酸遗传改良的目标主要是围绕高/低芥酸、高油酸、高亚油酸和高亚麻酸等进行，为人类健康和工业发展提供保障。

5. 种子油脂合成的分子设计育种

针对拟南芥的研究表明，有700多个基因参与了种子油脂的合成过程。其中，一些关键的基因或酶对种子含油量的积累起到重要作用。近年来，通过自然群体的关联分析发现油料作物种子还存在多个新的与油脂积累的优异变异或QTL位点，同时存在对油脂积累不利的位点。因此，针对油料作物种子含油量的改良既需要整合前人的关键基因的优异等位基因，还需要聚合新的对含油量起正效应的QTL位点，同时摒弃不利的QTL位点。

油脂代谢是一个复杂的调控网络，通过传统的含油量相关基因克隆与定位很难从遗传网络调控上对复杂性状的形成机理进行解析和改良。目前，对于含油量相关 QTL 定位研究主要集中在大豆、花生、油菜等油料作物，并鉴定了多个与含油量相关的 QTL 位点。2021 年，有研究者通过全基因组关联分析（genome-wide association study，GWAS）和全转录组关联分析（transcriptome-wide association study，TWAS）结合对 505 份甘蓝型油菜群体种子含油量进行了系统分析。利用 GWAS 分析定位了 27 个可信度很高的含油量 QTL 位点，并结合 TWAS 结果鉴定了 692 个与含油量相关的候选基因，还首次克隆了两个调控含油量的新基因（Tang et al.，2021）。目前，这些含新 QTL 位点的材料已被用于高油油菜品种的选育，大大加快了油菜育种进程。

大豆中含油量相关 QTL 定位进展也比较顺利。Yao 等对野生大豆 ZYD00463 和栽培大豆 WDD01514DD 的杂交群体构建连锁图，并在多个环境中鉴定了 24 个与种子含油量相关的 QTL，筛选并预测到一批与油脂代谢相关的基因。其中有一个新的 QTL 位点被发现与棕榈酸代谢有关（Yao et al.，2020）。

近年来，国内外在花生含油量 QTL 分析方面也取得了重要进展。对两个不同环境中的花生进行品质性状分析，定位到了 4 个与含油量显著相关的 QTL。利用包含 18 个连锁群、61 个标记、总图距为 504 厘米的遗传图谱对花生种子含油量和脂肪酸性状进行遗传连锁分析，分别检测到 2 个和 4 个与含油量和脂肪酸组成变化相关的 QTL。对花生油品质相关性状进行 QTL 分析，共检测到 15 个与含油量相关的 QTL 分布在 11 个连锁群上。

6. 功能性油菜分子设计育种

菜籽油中各脂肪酸配比比较适合人体健康、营养学需求，是优质的大宗食物油。同时，油菜籽榨油后的饼粕是动物饲养的优质蛋白来源。目前，市场上已成功开发了高油酸油菜品种，如华中农业大学周永明教授培育的高油酸油菜籽的油酸含量超过了 72%，比普通油菜籽的油酸含量提高了 10%。农户种植的高油酸油菜，平均每亩增收 200~300 元。华中农业大学郭亮教授课题组利用转基因技术研发的高亚麻酸菜籽油，其亚麻酸含量达 50% 以上，约是传统高亚麻酸油菜籽中亚麻酸含量的 5 倍。用该菜籽油混合喂养鱼类后，鱼肉中亚麻酸的含量显著提高且降低了鱼类发病的概率，具有广阔的市场应用前景。DHA 和 EPA 主要来源为南极磷虾及深海鱼油，其相关保健品价格高。澳大利亚联邦工业与科学研究组织（CSIRO）利用转基因技术成功在油菜籽中合成了高含量的 DHA 和 EPA，并于 2018—2021 年分别在澳大利亚、新西兰、美国及加拿大 4 个国家拿到了相关的种植批文，该油菜新品种的种植有望降低市场上 DHA 及 EPA 相关产品的价格。欧洲将油菜籽作为饲用蛋白的重要原料，并于 5~10 年前开始了高蛋白含量的油菜籽育种工作。除此之外，菜籽油还含有多种微量营养物质，如植物甾醇、类胡萝卜素、多酚及维生素 E 等伴脂类物质，适当摄取这些营养物质对人体健康和营养平衡有重要作用。2022 年云南省农业科学院联合华中农业大学成功培育了高维生素 E 油菜品种，菜籽油中维生素 E 含量高达 80~90 毫克/100 克，是目前国内维生素 E 含量最高的菜籽油。依托此项科技成果，推出了高维生素 E 菜籽油产品。目前，育种家已将提高菜籽油中的各类营养成分列为菜籽油品种改良的主要内容之一，相信不久的将来，更多的功能型菜籽油产品将在市场出现。

（四）种子微量元素和其他营养物质合成与调控研究

1. 微量元素生物合成途径

种子中至少有 10 种人体必需的微量矿物质元素，虽然其含量较低，但对人体生长发育与健康至关重要，尤其是锌（Zn）、铁（Fe）、硒（Se）等元素。

锌是人体生长发育过程中必不可少的一种微量营养元素，全球约 20% 的人面临着锌吸收不足的问题，锌缺乏会增加生长发育迟缓、感染甚至死亡的风险。作物种子中锌的积累依赖根部的吸收、木质部和韧皮部的长距离运输和花前营养器官累积锌的再转移等过程。锌在土壤中以 Zn^{2+}、$(ZnOH)^+$（土壤 pH 值较高时）及 Zn-PS（锌 - 麦根酸）的形式被根表皮细胞吸收后，依次通过外皮层和内皮层到达中柱鞘（Gupta et al., 2016）。有研究表明，根系对锌的吸收能力随根长、根系表面积，以及金属转运蛋白基因家族（ZIPs）中的 IRT-like 转运蛋白的数量增加而提高。拟南芥中 MTP3 异常的过表达造成锌在根中大量累积，而 RNA 干扰沉默 AtMTP 会显著增加地上部锌的累积。此外，锌在木质部的装载、卸载及运输也是影响锌从根系向地上部转移的关键因素。重金属腺苷三磷酸酶家族蛋白（HMA2 和 HMA4）和玉米黄色条纹样转运蛋白 YSL 分别负责木质部锌的装载和卸载。YSL 家族转运蛋白 ZmYSL2 参与 Zn-NA（锌 - 烟碱胺）的装载，过表达 *ZmYSL2* 可以提高 31.6% 玉米籽粒的锌含量（Chao et al., 2023）。此外，细胞分裂素在调控水稻对锌的吸收及转运中起重要调控作用，负责锌吸收的 OsZIP 家族转运蛋白、负责锌转运的 *OsHMA2* 和烟酰胺合成酶 *OsNAS* 的基因转录水平都受细胞分裂素的严格调控，细胞分裂素缺失突变体 *ren1-D* 中，根和茎中锌含量均显著增加，籽粒中锌含量也显著增加（Gao et al., 2019）。

铁营养缺乏是目前人类最严重的营养问题之一，它会造成缺铁性贫血病、儿童发育迟缓及记忆力衰退等。铁在植物体内的运输和锌类似，其溶解度较低，在植物体内主要以二价铁螯合物 Fe^{2+}-NA（铁 - 烟碱胺）和三价铁螯合物 Fe^{3+}-PS（铁 - 麦根酸）的形式存在。禾本科植物通常以 Fe^{3+}-PS 的形式吸收铁元素，麦根酸类物质通过麦根酸转运蛋白 1（TOM1）分泌到根际，与根际中的 Fe^{3+} 螯合。Fe^{3+}-PS 复合物通过 YS1 或 YSL 直接转运到根中（Nikolic 和 Pavlovic, 2018）。YSL 家族蛋白也可以将铁螯合物从木质部转运至韧皮部，其中水稻的 OsYSL2 负责将 Fe^{2+}-NA 运输至种子。水稻中的 OsVIT1 和 OsVIT2 负责将 Fe^{2+} 和 Zn^{2+} 转运至液泡储存，这两个蛋白在铁和锌从源器官向库器官的转运中发挥重要作用。水稻中 OsIRO 调控铁的吸收和转运，调控参与 MA 合成和分泌过程的一些基因的表达，进而在一定程度上调节种子中铁的含量（Li et al., 2022）。水稻虽然是禾本科植物，但有研究表明，水稻中同时存在两种铁吸收途径，其可能与水稻对水淹和有氧条件的适应有关。

运送 Fe^{2+}-NA 时，水稻对根际中的 Fe^{2+} 吸收主要由 OsIRT1 转运，即使水稻根部细胞膜上有其他 Fe^{2+} 转运蛋白如 OsNRAMP1 和 OsNRAMP5。NAC 蛋白家族是另一种与铁吸收相关的转录因子，野生小麦中 NAC 家族转录因子 TtNAM-B1 促进叶片凋亡，从而增加铁、锌等元素向发育中的种子运输。

硒是人体必需的重要营养物质，具有抗氧化、提高免疫力、预防癌症、延缓衰老和维持甲状腺功能等作用。植物通过根系和叶片吸收环境介质中的硒，在自然环境中，根系可以直接吸收利用硒酸盐、亚硒酸盐和少量小分子态有机硒。硒在土壤中通常以硒酸盐、亚硒酸盐或有机态的形式被植物根系吸收。在碱性土壤中，硒酸盐是硒的主要形式，在中性和酸性土壤中，亚硒酸盐是硒的主要形式。以水稻为例，水田淹水条件下水稻主要吸收亚硒酸盐，亚硒酸盐吸收方式较多，可以通过水通道被水稻根系吸收，也可以通过硅的转运子 Lsi1（OsNOP2；1）水通道蛋白转运等方式吸收。在水稻中，过量表达 *OsPT2* 能显著提高根系吸收亚硒酸盐速率、根茎叶和籽粒硒含量；相反，在水稻中敲除 *OsPT2* 会显著降低根系吸收亚硒酸盐速率、根茎叶和籽粒硒含量。因此，磷转运蛋白 OsPT2 具有吸收亚硒酸盐和提高水稻籽粒硒含量的功能。亚硒酸盐被植物吸收后可以转化为有机硒，如硒蛋氨酸（SeMet），SeMet 非特异地参与蛋白质合成。含硒蛋白在叶片衰老过程中被不同类型的蛋白酶降解，释放出 SeMet。在叶片衰老的过程中，含硒的蛋白质被蛋白酶降解，SeMet 被释放并重新转运到发育中的籽粒中。此外，硒可以进一步转化为二甲基硒化物（DMSe）并挥发，从而减少硒在水稻籽粒中的积累。在小麦籽粒中，外源硒主要增加了 LMW-GS 的含量，不影响 α+β- 麦醇溶蛋白和 γ- 麦醇溶蛋白的含量（Pu et al., 2021）。因此，挖掘与硒再利用相关的蛋白酶，有望通过调控其基因表达促进蛋白质降解，从而提高粮食硒浓度（Chu et al., 2022；Trippe&Pilon-Smits, 2021）。

2. 其他代谢产物的合成和代谢途径

谷物种子内还有其他对人体有益的许多代谢产物，如酚类化合物和维生素等。酚酸（30%）和类黄酮（60%）是主要的膳食酚类化合物，可用作抗癌剂、抗氧化剂、免疫调节剂、心脏保护剂和止痛剂等。酚类化合物的前体物质一般为糖酵解和磷酸戊糖途径的中间产物，之后经莽草酸途径和苯丙烷类代谢途径合成酚酸、黄酮及木质素等酚类物质。酚酸的生物合成主要通过苯丙烷类代谢途径，L- 苯丙氨酸经苯丙氨酸解氨酶（phenylalanineam-monia-lyase, PAL）作用脱去苯丙氨酸的氨基，转化为反式肉桂酸，在肉桂酸 -4- 羟化酶（cinnamate 4-hydroxylase, C4H）的作用下生成反式肉桂酸、对香豆酸、芥子酸和阿魏酸等。花青素是谷物中常见的类黄酮化合物，由一系列花青素合成途径结构基因编码的酶催化产生。此过程中产生的柚皮素是一种非常重要的中间产物，它可以通过不同的异构酶及糖基转移酶转化为许多不同的黄酮类化合物。酚类化合物的生物合成受多个结构基因控制，在水稻、小麦、大麦等谷物中已鉴定出其合成途径中的关键基因，如 PAL、C4H、4CL 等。一些转录因子参与调节这些结构基因。在水稻、玉米及小麦中有两类调节基因起转录激活剂的作用：①具有碱性螺旋－环－螺旋（bHLH）区的 MYC 样蛋白。②含有 DNA 结合结构域的 MYB 样蛋白。紫叶水稻中的调节蛋白包括 OSC1（MYB1）、OSB1、OSB2（bHLH1）和 OSWD40（一种 WD40 型转录因子），这些蛋白质相互作用形成 MYB-bHLH-WD40（MBW）复合物，激活叶片与籽粒种皮中花青素生物合成的基因。类似地，在紫色小麦中鉴定到的两个转录因子 TAPPM1（MYB1）和 TAPPB1（bHLH1）被表征为紫色果皮中的花青素激活剂（Jiang et al.，2018）。但这些转录因子的功能，特别是在多酚的生物合成途径中的功能，有待进一步研究。

维生素是维持动植物体健康的重要物质。已知的维生素有 20 多种，谷物籽粒中含量较多的有类胡萝卜素、维生素 B 和维生素 E 等。类胡萝卜素作为维生素 A 原和抗氧化剂中被广泛研究。维生素 A 又名视黄醇，其合成途径主要分为上游类异戊二烯合成和下游类胡萝卜素合成；上游途径主要催化底物产生新的前体物质，为下游途径积累前体物质。下游途径先将类胡萝卜素的合成前体异戊二烯焦磷酸转化为牻牛儿基牻牛儿基焦磷酸，再通过八氢番茄红素合成酶（phytoene synthase，PSY）、番茄红素脱氢酶、ξ- 胡萝卜素脱氢酶和类胡萝卜素异构酶（carotenoid isomerase，CrtISO）作用生成番茄红素，最后经 β- 番茄红素环化酶（lycopene β-cyclase，LCYB）和 ε- 番茄红素环化酶（lycopene ε-cyclase，LCYE）的作用和修饰下生成 α- 胡萝卜素、β- 胡萝卜素、ε- 胡萝卜素，这是类胡萝卜素合成的重要分支，是形成叶黄素的前体。严建斌等克隆了控制玉米维生素 A 原含量的基因 –crtRB1（β 胡萝卜素数量性状基因），成功将籽粒维生素 A 原含量提高了 37.7% 以上。

谷物主要的膳食纤维包括阿拉伯木聚糖（AX，Arabinoxylan）和 β- 葡聚糖（BG，β-Glucans）。其中 AX 具有 β-（1→4）连接的木糖残基骨架，在主链的 O-2 或 O-3 位置有大量侧链。单个 α-L- 阿拉伯呋喃糖或 α-D- 葡萄糖醛酸（及其甲基醚，4-O- 甲基 - 葡萄糖醛酸）是常见的侧链，此外，也有木吡喃糖基或半乳吡喃糖基连接到阿拉伯呋喃糖基，生成 2~3 个糖单元的短链。AX 及其侧链由属于糖基转移酶（GT）的三种完整膜酶在高尔基体中合成，该途径以 UDP-D- 吡喃木糖和 UDP-L- 呋喃阿拉伯糖为基础，需要由阿拉伯木聚糖合酶合成木聚糖主链，阿拉伯木聚糖转移酶以阿拉伯糖取代木糖残基，阿拉伯木聚糖阿魏酰转移酶以阿魏酸取代阿拉伯糖残基，最终生成单糖并组装为聚合物后通过囊泡运输至细胞壁（Butardo 和 Sreenivasulu，2016）。在水稻中，GT 61 基因家族的木聚糖阿拉伯糖转移酶（XATs）已被证明可以催化 α-（1，3）连接的阿拉伯呋喃糖向木聚糖主链添加。此外，对木聚糖主链的修饰可以调控细胞壁功能。如水稻木聚糖主链的过度乙酰化改变了次生壁模式和植物发育，水稻 GDSL 酯酶 DARX1 可以调控 AX 的侧链脱乙酰化（Zhang et al.，2019a）。虽然 AX 合成相关的基因已有报道，但相关的遗传调控机制尚不十分清楚。

BG 是一种复杂的非淀粉多糖，是通过 β-（1-3）、β-（1-4）或 β-（1-6）糖苷键连接而成的高分子葡萄糖聚合物的统称。大量研究表明，细胞壁 BG 的生物合成由 *Csl*

基因家族成员介导。*CslF* 和 *CslH* 是两个重要的 β- 葡聚糖合酶家族成员，参与 BG 的生物合成，如水稻 *CslF* 和大麦 *CslH* 在拟南芥中的异位表达导致了 BG 的合成。此外，在不同谷物中检测到较多编码 *Csl* 的转录物，这也表明 BG 的合成是一个复杂的生物学过程。

3. 生物强化种子的分子设计育种

为了解决全球生活在饥饿和贫困中的人口极度缺乏维生素 A 的问题，科学家开展了创制富含 β- 胡萝卜素的大米的研究。2000 年左右，第一代黄金大米研制成功，这代黄金大米将水仙花源八氢番茄红素合成酶（Psy）基因和欧文式菌源胡萝卜素去饱和酶（CrtI）基因导入水稻，大米中 β- 胡萝卜素的含量为 1.6 微克 / 克。2005 年，第二代黄金大米研制成功，这代黄金大米使用了从玉米中鉴定出的一种 Psy 基因和欧文式菌源 CrtI 基因，Psy 大大增加了模型植物系统中类胡萝卜素的积累，它的 β- 胡萝卜素含量提升了 23 倍，可产生 37 微克 / 克类胡萝卜素，其中 31 微克 / 克是 β- 胡萝卜素。在玉米中单独引入细菌的 GTP 环水解酶 I（GTPCHI）基因，使得其叶酸总含量增加了 4 倍；在番茄和水稻中，GTPCHI 和氨基脱氧绒毛膜合酶（ADCS）基因共表达［称为 GTPCHI/ADCS（GA）-strategy］，能使番茄果实和水稻胚乳中的叶酸大量产生，进一步引入经过人工合成的密码子优化的牛叶酸结合蛋白（FBP），获得的水稻品种具有更好的叶酸稳定性，并且叶酸水平得到了进一步提高。

近年来，在小麦和水稻的高铁锌含量的籽粒中鉴定出许多 QTL 和优良等位基因，这些 QTL 和优势等位基因可以显著提高籽粒对铁和锌的吸收和转运，通过传统育种和分子标记辅助育种结合，产生了高铁和高锌的水稻和小麦品种（Kong et al., 2022）。与传统育种相比，通过基因改造进行生物强化是一种更快速的策略。过表达 *OsIRT1* 和 *OsYSL15* 的水稻籽粒铁含量能分别增加 13% 和 30%；烟草胺合成酶 NAS 基因的过表达使得不同品种精米的铁含量提高了 2~4 倍；由 *OsSUT1* 启动子驱动的铁转运体基因 *OsYSL2* 过表达导致精米铁含量增加 4 倍。相比于水稻单一基因转化，同时引入多个基因的生物强化效果更好。Trijatmiko 等人在 IR64 品种中培育了 *OsNAS2* 和胚乳特异性表达的大豆铁蛋白基因 *SoyferH1* 的转基因水稻，与非转基因水稻相比，铁含量增加了 7.5 倍。Masuda 等人通过同时引入大豆铁蛋白基因 *SoyferH2*、大麦烟胺合成酶基因 *HvNAS1* 和水稻烟胺 - 金属转运基因 *OsYSL2* 来培育转基因水稻品系，在温室和水田中种植的转基因品系的精米铁浓度分别升高 6 倍和 4.4 倍。在小麦中，通过分子标记辅助育种，在 *NAM-B1* 的近等基因系中观察到铁含量适度增加了 18%。过表达小麦铁蛋白基因显著增加了籽粒铁含量，过表达 *TaFer1-A* 基因在小麦籽粒中铁含量提高了 50%~85%。在小麦籽粒中过表达 *OsNAS2*，使得铁含量达到了 93.1 毫克 / 克；当过表达液泡铁转运体（TaVIT）时，面粉中的铁浓度增加了一倍；在小麦中过表达 *OsNAS2*，在大田条件下，小麦籽粒中铁的含量高达 80 毫克 / 克（Beasley et al., 2019）。在植物中过量表达 Se- 甲基 SeCys 和 g- 谷氨酰甲基 SeCys，导致植物内 Se 的积累增加（Raina et al., 2021）。水稻 NRT1.1B 转运体为水稻肽转运体（PTR）家族的一员，参与硝酸盐的转运，其在水稻中的过表达导致 SeMet 在水稻籽粒中的积累增加（Zhang et al., 2019b）。

赖氨酸是保障人体健康重要的必需氨基酸之一，可提高人体免疫力，有助于结缔组织构建结构蛋白、控制钙稳态和脂肪酸代谢。赖氨酸推荐每日膳食摄入量为 40~180 毫克/（千克·天），然而，谷类作物通常含有非常少的赖氨酸。*opaque2* 和 *floury2* 突变体是典型的玉米突变体，其谷物中赖氨酸含量较高。通过标记辅助选择提高玉米赖氨酸含量，*opaque-22* 和 *opaque-16* 突变体已成功应用于育种，产生了几个赖氨酸含量丰富的优质蛋白质玉米品种（Sarika et al., 2018; Pukalenthy et al., 2020）；在拟南芥、烟草、水稻、玉米、大豆和大麦等作物中，突变赖氨酸反馈抑制敏感的天门冬氨酸激酶（AK）或二氢吡啶二羧酸合酶（DHDPS）导致赖氨酸积累；将富含赖氨酸蛋白（WBLRP）特异性表达于水稻和小麦中，可以提高籽粒赖氨酸含量；过表达马铃薯 sb401 和 SBgLR、棉花 GhLRP、拟南芥 AtMAP18 等富含赖氨酸蛋白，也可以提高作物的赖氨酸含量，且不影响农艺性状；富含赖氨酸的组蛋白 RLRH1 和 RLRH2 被改良的种子特异性谷蛋白启动子驱动，使转基因水稻籽粒的总赖氨酸含量增加 35%（Wong et al., 2015）。

4. 低麸质种子的分子设计育种

小麦储藏蛋白，特别是醇溶蛋白含有大量致敏肽段，特殊人群一旦食用就会引起一些消化系统疾病，包括乳糜泻疾病（celiac disease，CD）、小麦过敏（Wheat allergy，WA）及非乳糜泻类面筋敏感（Non-celiac gluten sensitivity，NCWS）。

乳糜泻是患者摄入含有麸质的食物后引起的慢性小肠吸收不良综合征，是中东和欧美国家人群常见的食物不耐受疾病。该疾病属于面筋蛋白敏感性肠道自身免疫相关疾病（图 5），主要发生于携带人类白细胞抗原 DQ2 或 DQ8 单倍型基因人群，其会引发肠道萎缩症状，从而导致营养不良、腹泻、疼痛和消瘦。当未消化的谷蛋白片段进入乳糜泻患者肠壁上皮细胞时，组织转谷氨酰胺酶（tTG、TG2）将多肽中的谷氨酰胺转化为谷氨酸，然后谷氨酸与人类白细胞抗原 DQ2 或 DQ8 受体和免疫系统的 T 细胞更强烈地结合，激活炎症反应，最终导致吸收性绒毛功能受损和隐窝增生。这些炎症反应允许物质通过肠壁，并在身体其他部位引起问题，如对无谷蛋白饮食有反应的疱疹样皮炎。在我国，南昌大学的一项调查显示，以面食为主食的山东乳糜泻的发病率达到 0.76%（Yuan et al., 2017）。美国食品药品监督管理局规定，无麸质食品中麸质的含量须低于 20ppm。通过消除小麦、大麦、黑麦和小黑麦等谷物摄入，用大米、玉米、小米和藜麦等无麸质谷物代替，但会导致食品的微量营养素含量较低。

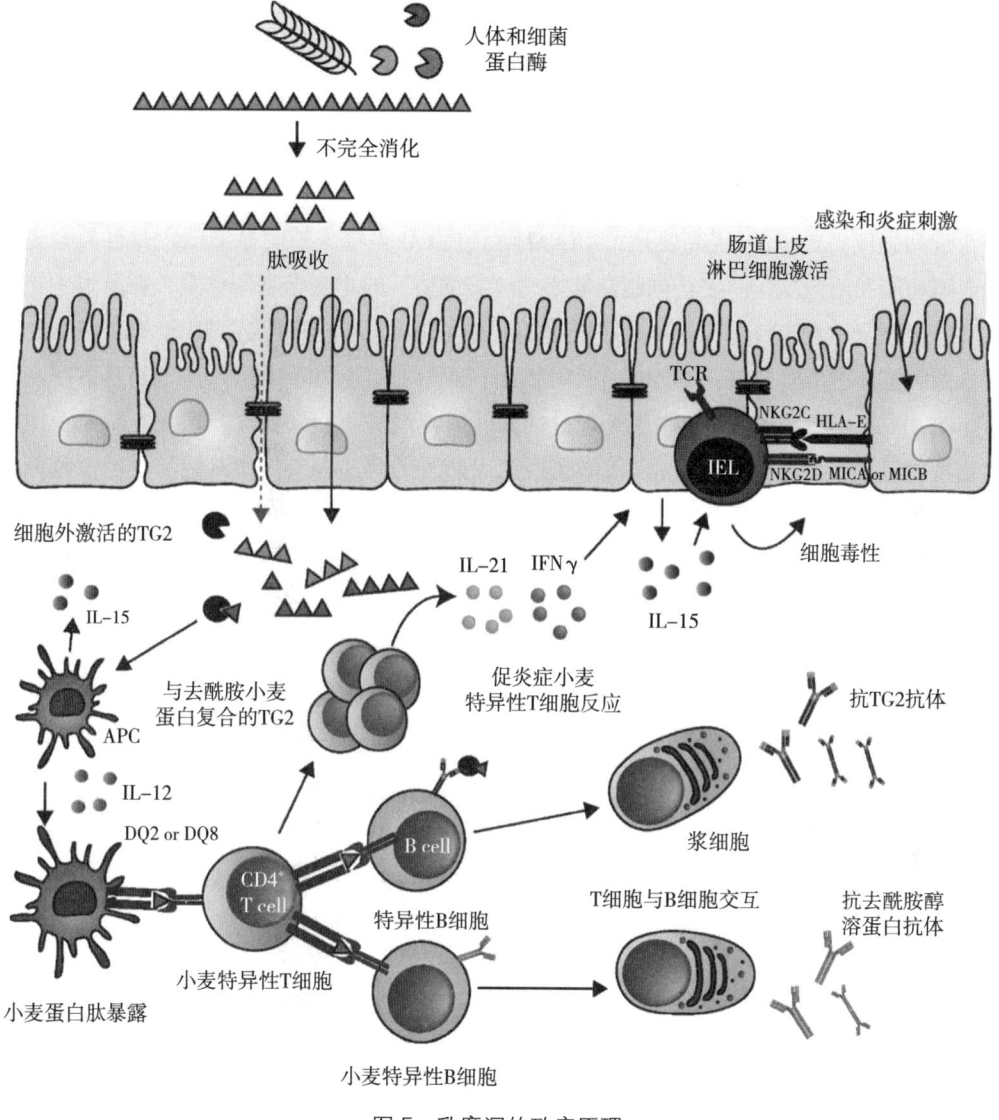

图 5 乳糜泻的致病原理
（Catassi et al., 2022）

前人研究表明，减少醇溶蛋白的积累量可以在不影响小麦加工品质的情况下减少小麦麸质敏感相关的表位，并且已经探索出几种方法来鉴定面筋蛋白积累减少的小麦基因型或创制低麸质的转基因品系。这些方法有望通过去除（或修饰）有毒面筋蛋白、增强无疾病表位面筋组分的功能来改善小麦籽粒最终加工品质和健康相关性状。一是利用 RNA 干扰（RNAi）技术来抑制转基因小麦植株中所有或特定类型醇溶蛋白的表达。Altenbach 等通过 RNAi 降低了 ω-1, 2 醇溶蛋白的表达，所得到的品系潜在免疫原性显著降低，并且最终品质参数大大提高（Altenbach et al., 2019）。有研究表明，NCWS 患者食用低醇溶蛋白小麦面粉（E82）制成的面包后，用R5抗体检测时面筋含量降低了98.1%，使得肠道菌群组成有了明显改善（García-Molina et al.，2019）。二是创制一个或多个醇溶蛋白染色体位点的小麦缺失系。Waga 等创制并检测了3个 Gli-D1、Gli-B1 或 Gli-B2 的醇溶蛋白缺失系，并发现这3个缺失系的面粉蛋白免疫反应性比野生型降低了6%~18%。研究发现，同时缺失 ω-1，2 和 ω-5 醇溶蛋白的小麦基因型可使醇溶蛋白免疫反应性降低30%，但可提高面筋含量和强度。Wang 等研究发现，Gli-D2 位点后 CD 表位水平明显降低，并且具有更好的面团功能和面包品质。三是创制能够表达"面筋酶"的小麦转基因株系，在肠道中靶向降解腹腔诱导表位。Osorio 等构建了胚乳特异性表达大麦内源性蛋白酶 B2（EP-HvB2）、黄杆菌脯氨酰内肽酶（PE-FmPep）和火球菌脯氨酰内肽酶（PE-PfuPep）的转基因小麦株系（Osorio et al.，2019）。这些预处理过的面筋解毒剂对面粉的最终品质没有影响，但能在模拟胃肠道条件下降解 33-mer 醇溶蛋白肽段所含的致病表位。转基因品系的免疫原性肽段减少72%，从而在不对小麦最终品质和整体农艺性能产生负面影响的前提下，为开发腹腔内酶疗法治疗乳糜泻提供了可能。四是通过基因编辑改变面筋基因的表达。基因编辑是一种快速发展的技术，可以将定点突变引入基因和调控区域（Knott 和 Doudna，2018）。Sánchez-León 等利用 CRISPR/Cas9 介导的基因编辑技术成功突变了小麦中的大量 α- 醇溶蛋白基因，使得面筋蛋白免疫反应性降低了85%（Sánchez-León et al.，2018）。Jouanin 等证实 CRISPR/Cas9 对 α- 醇溶蛋白基因突变有效，并进一步证明了该方法可用于小麦 γ- 醇溶蛋白基因突变（Jouanin et al.，2019）。此外，小麦 *DEMETER*（*DME*）基因可以调节不包括 HMW 亚基的其他面筋蛋白的积累，利用 CRISPR/Cas9 技术定向编辑 *DME*，同时将 *DME*- 特异性转录激活抑制子渗入小麦 *Dre2*（Derepressed for ribosomal protein S14 expression）基因。同时沉默 *DME* 和 *Dre2* 基因可在转录和翻译后两个时间点扰乱 *DME* 活性，从而最大限度地限制免疫原性面筋蛋白的积累。

5. 特殊功能性品种的分子设计育种

特殊功能性作物品种指那些在保持基本营养成分的同时，具有特殊的保健功能或药用价值的作物品种。这些品种通常富含抗氧化物质、维生素、矿物质、多酚类物质、膳食纤维等，具有抗氧化、降低血糖、降低胆固醇、预防心脑血管疾病、抗癌等保健功能。

虾青素是一种酮式类胡萝卜素，广泛存在于生物界，特别是水生动物如虾、蟹、鱼体内，同时是一种断链抗氧化剂，具有极强的抗氧化能力，可提高人体免疫力，且具有一定抗癌效果。利用 TGS II 载体系统，刘耀光院士团队实现了在水稻胚乳中从头合成虾青素的营养强化目标，通过导入八氢番茄红素合成酶基因（*sZmPSY1*）、八氢番茄红素脱氢酶基因（*sPaCrtI*）、β- 胡萝卜素酮化酶基因（*sCrBKT*）和 β- 胡萝卜素羟化酶基因（*sHpBHY*），培育出了世界首例胚乳富含虾青素的新型功能营养型水稻种质"aSTARice，虾青素米"（Zhu et al.，2018）。

花青素是自然界一类广泛存在于植物中的水溶性天然色素，食用含花青素的食物有益于人体健康，可以降低某些癌症、心血管疾病、糖尿病及其他慢性疾病的发病率。为了破解在水稻胚乳中产生花青素的育种难题，刘耀光院士团队通过 TGS II 载体系统转化了胚乳特异合成花青素的 8 个基因，其中 *ZmLc*、*ZmPl* 来源于玉米，分别编码 BHLH 型和 MYB 型转录因子，能激活花青素生物合成基因；SsCHS（编码查耳酮合酶）、SsCHI（编码查耳酮异构酶）、SsF3H（编码黄烷酮 3- 羟化酶）、SsF30H（编码类黄酮 30- 羟化酶）、SsDFR（编码二氢黄酮醇 4- 还原酶）和 SsANS（编码花青素合酶）是来源于彩叶草的整套结构基因，实现了花青素在胚乳中的特异合成，创造出首例富含花青素的水稻新种质"紫晶米"（Zhu et al., 2017）。

人类以植物为膳食叶酸的主要来源。膳食中叶酸含量不足会导致巨幼细胞性贫血、出生缺陷等疾病。在玉米中，单独引入细菌的 GTP 环水解酶 I（GTPCHI）基因可使叶酸总量增加 4 倍；在番茄和水稻中，GTPCHI 和氨基脱氧绒毛膜合酶（ADCS）基因共表达［称为 GTPCHI/ADCS（GA）-strategy］，能使番茄果实和水稻胚乳中的叶酸大量产生，进一步引入人工合成的密码子优化的牛叶酸结合蛋白（FBP），获得的水稻品种具有更好的叶酸稳定性，使得叶酸水平得到进一步提高。

叶黄素和玉米黄质是含氧类胡萝卜素，在保护视网膜抗氧化损伤和维持视觉健康方面发挥着重要作用。有研究表明，*SlLCYE* 基因的过量表达可以显著提高番茄果实中叶黄素化合物的含量（Yuan et al., 2022）。四川大学张阳团队设计了 3 个包含叶黄素/玉米黄质合成途径的 4 个内源性合成基因的组合：*SlLCYE* 和 *SlLCYB*（LE/LB）；*SlLCYB* 和 *SlHYDB*（LB/HB）；*SlLCYE*、*SlLCYB*、*SlHYDB* 和 *SlHYDE*（LE/LB/HB/HE），分别在果实特异性启动子 pE8 或 p2A11 的驱动下，在成熟的番茄果实中重建了叶黄素/玉米黄质生物合成途径，从而获得了各种类型的富含叶黄素/玉米黄质的番茄新品系。转基因番茄果实中叶黄素/玉米黄质化合物显著增加，抗氧化能力显著提高（Wu et al., 2022）。

三、我国种子营养品质研究发展策略建议

当前，我国已开启全面建成社会主义现代化强国新征程，人民生活水平不断提高，食物消费结构持续转变升级，提高人民健康水平已成为我国建成社会主义强国的重大战略部署。这一基本国情对作物品种的营养品质和加工品质都提出了新要求，即以高产稳产保证粮食供给，以优质保证营养健康和个性化需求。消费者对农产品的消费需求呈现出从"量"到"质"再到"健康"的变化趋势，目前我国主要粮食作物的生产水平较高，数量供应能力强，但品质尤其是营养与特殊功能品质与大众要求和社会需求还有较大差距。

（一）继续加强作物营养品质原创性前沿基础研究探索，深入解析种子营养相关性状遗传基础

种子重要营养物质的生物合成途径及其调控机制十分复杂，有重要育种价值的关键基

因挖掘及调控网络解析还不够充分，这大大限制了种子营养品质遗传改良的进程。未来需要对主要农作物尚未完全阐明遗传基础的重要营养物质进行梳理，明确亟待挖掘的关键遗传位点/基因，解析并建立营养品质相关基因的遗传与调控网络，明晰种子营养物质的合成机制，为未来营养品质育种奠定理论基础。

种子营养物质合成与积累的分子调控网络构建有待深入研究。随着转录组学、蛋白组学和代谢组学等的发展，目前已经对种子营养成分合成通路中主要的酶类和相关转录调控机制有了深入研究，但是对性状的调控网络还不清晰，并且对调控网络中表型与基因型的关系还不清楚。如通过遗传学、生理生化、基因组学、代谢组学和转录组学等联合分析，淀粉、蛋白、油脂合成通路及相关基础代谢酶都比较清晰，但是上述物质积累的调控网络还不明晰，调控基因的挖掘还比较少。而对于种子营养性状的精细调控必须依赖上述代谢调控网络，因此研究种子营养物质合成与积累的分子调控网络是今后的一个重要方向。

种子营养物质多性状平衡机制及协同改良有待深入研究。农作物品质性状与产量、抗性等存在拮抗的关系，"高产不优质、优质不抗逆、抗逆不高产"的问题尤为突出。从遗传调控看，淀粉性状往往与种子的外观品质关联，如垩白、粉质或皱缩种子中的淀粉含量和淀粉结构一般都会受影响；从淀粉合成看，调控直链淀粉合成的基因也对支链淀粉的结构有一定的影响，相反，调控支链淀粉合成的酶类也会影响直链淀粉的合成；油菜种子含油量与其他性状如籽粒大小、生长发育、光合及抗性等存在着一定的联系，糖、蛋白质及淀粉代谢相关基因对油脂合成存在调控关系。因此，如何有效协同调控不同营养物质的积累来精准改良种子淀粉品质性状还有待合成调控网络的进一步明晰。

种子营养品质性状与环境的关系及品质稳定性有待深入研究。作物种子营养品质与植株生长发育所处的土壤和气候等环境密不可分，温度、光照和水肥等环境因素对作物种子营养物质的积累起着决定性作用。高温和高氮肥是当前作物种子生产所面临的严峻挑战，但环境对农作物种子营养物质积累的影响机制研究还不够深入。因此，农作物种子营养品质形成的抗逆机理和环境稳定优质作物的培育也迫在眉睫，实现种子营养物质代谢与环境适应的最佳平衡是后续作物种子营养品质研究的重要内容。

（二）突破育种核心技术，推动营养品质改良育种技术的更新迭代

智能设计育种 4.0 时代已经来临，我国育种相关核心技术原始创新能力和储备不足，针对营养品质性状的新基因发掘尚未规模化，尤其是针对营养品质改良的智能育种技术体系尚未建立，如稳定的营养物质测定技术、表型组分析平台、分子辅助育种平台、高通量基因型鉴定技术、基因芯片的核心技术、基因编辑技术、合成生物学、全基因组选择等核心技术源头创新能力不足。因此，围绕作物营养品质改良急需在以下几个关键育种核心技术方面取得突破，从而加速育种改良的进程。

营养物质测定高通量表型组技术：传统的营养物质测定方法和仪器等存在检测时间

较长、分析结果不稳定、检测仪器范围有限、成本较高等不足。近年来,以高通量、智能化、动态无损测量为主要特征的表型组学技术迅猛发展。代谢组学是在基因组学、蛋白组学和转录组学基础上新发展起的系统生物学技术,以高通量、高灵敏度、高分辨率的现代仪器分析方法为手段,能够对不同组织中所有代谢物进行无偏向的测定分析,代谢组学中代谢物的种类和数量变化更易于检测,所用到的仪器、技术、方法也更为简单。未来,建立多组学技术的联合是解决营养物质测定的有效措施。

基因组定向改造技术:基因编辑指对生命遗传物质进行精确插入、删除和重组的前沿生物技术,可实现对目标基因的修复、有利基因的强化和有害基因的清除等,在动植物遗传改良、微生物改造等领域有巨大应用前景。但基因编辑技术核心专利被美国等少数几个国家垄断,我国在相关领域的原始创新存在严重不足,目前的研究多属于"改进型"和"跟跑型"。因此,急需具有完全自主知识产权的基因编辑新工具开展单碱基定点突变、大片段定点插入、多基因组编辑、多层次分子编辑、同源重组技术研究,改造作物营养物质的代谢途径。

合成生物学技术:生物合成技术是在阐明并模拟生物合成的基本规律上,达到人工设计并构建新的、具有特定生理功能的生物系统,从而创制农业生物新品种、育种新材料等。利用合成生物学技术可以合成植物非天然产物或蛋白质,定向改造作物以提高产量和丰富营养品质,并实现植物治疗产品的大规模改造。针对营养物质的代谢途径设计与重构营养物质合成的基因网络与模块,组装新生物合成途径;优化产品合成调控与外泌等相关基因及蛋白元器件,构建农产品高效合成的细胞工厂,选育新细胞工厂菌种;在种子中人工设计动植物蛋白异源高效表达体系,创建人工营养物质种子工厂。

(三)大力推进功能性作物新品种培育与产业化

功能性作物加工的农产品具有营养功能、感觉功能和调节生理活动功能,包括增强人体体质、防治疾病、恢复人体健康、调节身体节律和延缓衰老等功能。随着我国居民生活方式和饮食结构的改变,肥胖症、糖尿病、高血压、肾脏病等慢性疾病日益成为国民健康的主要威胁,发展功能性农产品是落实以人民健康为中心发展理念的需要,是农业高质量发展的重要方向,孕育着巨大的市场潜力。针对肥胖、糖尿病、高血压、肾脏病等慢病人群的需要,在选育高抗性淀粉、低谷蛋白、富 γ- 氨基丁酸的功能性作物新品种方面已取得重要进展,但是在功能性品种推广及产业化方面尚未建立健全的产业链条。

培育特色鲜明的功能性作物新品种。功能性水稻:可以着力于彩色水稻、低谷蛋白水稻、高抗性淀粉水稻、生物强化营养水稻和药物制造生物反应器水稻等的培育。未来,功能性水稻育种将从功能的单一型向复合型发展,由保健型向保健与辅助疗效相结合的类型转变。功能性小麦:未来,高抗性淀粉小麦、低致敏性小麦、低谷蛋白小麦、高麦黄酮小麦和低植酸小麦品种具有较大的应用潜力,挖掘和聚集小麦种质中的营养物质和活性功能性成分，培育"定向含有"的特殊用途或功能性小麦新品种的定向设计是未来的重点发展方向。功能性油菜：培育高油酸、高亚麻酸、高芥酸工业用油菜，富含多种微量元素的高营养油菜，通过生物强化消除隐性饥饿。

建立不同类型功能性作物新品种审定标准。2022年修订的《主要农作物品种审定标准》提出了特殊类型的水稻、小麦、玉米、大豆等新品种的审定标准，这也意味着营养导向型农业和功能作物品种迎来了前所未有的发展机遇；但是，仍需有针对性地建立和丰富不同类型功能性作物新品种审定标准。此外，大多数的功能性作物新品种培育依赖基因编辑和转基因技术，积极推动建立基因编辑和转基因安全性评价体系、基因编辑育种的法规，推动基因编辑新品种的审定与推广应用。

构建多方产业链条，推动功能性粮食作物的产业化。面向我国大健康战略背景，我国农业也将从高产农业、绿色农业发展为功能农业，继而影响农产品的市场结构和消费需求。功能性粮食作物使农产品中的营养物质从"富含"变为"定向含有"，被认为是未来高端食品的发展方向。充分利用功能性作物新品种资源、联合下游食品研发机构和开发企业，打通从功能性作物品种培育、种植、加工、食品研发、生产和营销全产业链条，全面推动功能性粮食作物的产业化发展。

参考文献

［1］ ALTENBACH S B，CHANG H C，YU X B，et al. Elimination of Omega-1, 2 Gliadins from Bread Wheat（Triticum aestivum）Flour：Effects on Immunogenic Potential and End-Use Quality［J］. Frontiers in Plant Science，2019（10）：580.

［2］ BEASLEY J T，BONNEAU J P，SÁNCHEZ-PALACIOS J T，et al. Metabolic Engineering of Bread Wheat Improves Grain Iron Concentration and Bioavailability［J］. Plant Biotechnology Journal，2019（17）：1514-1526.

［3］ BUTARDO V M，J R，SREENIVASULU N. Tailoring Grain Storage Reserves for a Healthier Rice Diet and Its Comparative Status with Other Cereals［J］. International Review of Cell and Molecular Biology，2016（323）：31-70.

［4］ CATASSI C，VERDU E F，BAI J C，et al. Coeliac Disease［J］. The Lancet，2022（399）：2413-2426.

［5］ CHEN P，SHEN Z，MING L，et al. Genetic Basis of Variation in Rice Seed Storage Protein（Albumin，Globulin，Prolamin，and Glutelin）Content Revealed by Genome-Wide Association Analysis［J］. Frontiers in Plant Science，2018（9）：612.

［6］ CHEN Z，LU Y，FENG L，et al. Genetic Dissection and Functional Differentiation of ALKa and ALKb, Two Natural Alleles of the ALK/SSIIa Gene, Responding to Low Gelatinization Temperature in Rice［J］. Rice，2020（13）：39.

［7］ DONG L，QI X，ZHU J，et al. Supersweet and Waxy：Meeting the Diverse Demands for Specialty Maize by Genome Editing［J］. Plant Biotechnology Journal，2019（17）：1853-1855.

[8] FERRERO D M L, PIATTONI C V, ASENCION DIEZ M D, et al. Phosphorylation of ADP-Glucose Pyrophosphorylase During Wheat Seeds Development [J]. Frontiers in Plant Science, 2020 (11): 1058.

[9] GAO S, XIAO Y, XU F, et al. Cytokinin-Dependent Regulatory Module Underlies the Maintenance of Zinc Nutrition in Rice [J]. New Phytologist, 2019 (224): 202-215.

[10] GARCÍA-MOLINA M D, GIMÉNEZ M J, SÁNCHEZ-LEÓN S, et al. Gluten-Free Wheat: Are We There? [J]. Nutrients, 2019 (11): 487.

[11] GUPTA N, RAM H, KUMAR B. Mechanism of Zinc Absorption in Plants: Uptake, Transport, Translocation, and Accumulation [J]. Reviews in Environmental Science and Bio/Technology, 2016 (15): 89-109.

[12] HUANG L, GU Z, CHEN Z, et al. Improving Rice Eating and Cooking Quality by Coordinated Expression of the Major Starch Synthesis-Related Genes, SSII and Wx, in Endosperm [J]. Plant Molecular Biology, 2021a (106): 419-432.

[13] HUANG L, SREENIVASULU N, LIU Q. Waxy Editing: Old Meets New [J]. Trends in Plant Science, 2020 (25): 963-966.

[14] HUANG L, TAN H, ZHANG C, et al. Starch Biosynthesis in Cereal Endosperms: An Updated Review Over the Last Decade [J]. Plant Communications, 2021b (2): 100237.

[15] IGARASHI H, ITO H, SHIMADA T, et al. A Novel Rice Dull Gene, LowAC1, Encodes an RNA Recognition Motif Protein Affecting Waxyb Pre-mRNA Splicing [J]. Plant Physiology and Biochemistry, 2021 (162): 100-109.

[16] ISIDRO J, KNOX R, CLARKE F, et al. Quantitative Genetic Analysis and Mapping of Leaf Angle in Durum Wheat. Planta, 2012 (236): 1713-1723.

[17] JADHAV A, KATAVIC V, MARILLIA E F, et al. Increased Levels of Erucic Acid in Brassica Carinata by Co-Suppression and Antisense Repression of the Endogenous FAD2 Gene [J]. Metabolic Engineering, 2005 (7): 215-220.

[18] JOUANIN A, SCHAART J G, BOYD L A, et al. Outlook for Coeliac Disease Patients: Towards Bread Wheat with Hypoimmunogenic Gluten by Gene Editing of α-and γ-Gliadin Gene Families [J]. BMC Plant Biology, 2019 (19): 333.

[19] JUKANTI A K, PAUTONG P A, LIU Q, et al. Low Glycemic Index Rice-A Desired Trait in Starchy Staples [J]. Trends in Food Science and Technology, 2020 (106): 132-149.

[20] KASHIWAGI T, MUNAKATA J. Identification and Characteristics of Quantitative Trait Locus for Grain Protein Content, TGP12, in Rice (Oryza Sativa L.) [J]. Euphytica, 2018 (214): 165.

[21] KNOTT G J, DOUDNA J A. CRISPR-Cas Guides the Future of Genetic Engineering. Science, 2018 (361): 866-869.

[22] KONG D, KHAN S A, WU H, et al. Biofortification of Iron and Zinc in Rice and Wheat [J]. Journal of Integrative Plant Biology, 2022 (64): 1157-1167.

[23] LI C, WU A, YU W, et al. Parameterizing Starch Chain-Length Distributions for Structure-Property Relations [J]. Carbohydrate Polymers, 2020 (241): 116390.

[24] LUO M, SHI Y, YANG Y, et al. Sequence Polymorphism of the Waxy Gene in Waxy Maize Accessions and Characterization of a New Waxy Allele [J]. Scientific Reports, 2020 (10): 15851.

[25] MIURA S, KOYAMA N, CROFTS N, et al. Generation and Starch Characterization of Non-Transgenic BEI and BEIIb Double Mutant Rice (Oryza Sativa) with Ultra-High Level of Resistant Starch [J]. Rice, 2021 (14): 3.

[26] NIKOLIC M, PAVLOVIC J. Chapter 3-Plant Responses to Iron Deficiency and Toxicity and Iron Use Efficiency in Plants [M] //HOSSAIN M A, KAMIYA T, BURRITT D J, et al. Plant Micronutrient Use Efficiency. Academic Press, 2018: 55-69.

［27］OSORIO C E, WEN N, MEJIAS J H, et al. Development of Wheat Genotypes Expressing a Glutamine-Specific Endoprotease from Barley and a Prolyl Endopeptidase from Flavobacterium Meningosepticum or Pyrococcus Furiosus as a Potential Remedy to Celiac Disease［J］. Functional&Integrative Genomics, 2019（19）: 123-136.

［28］PAN L X, SUN Z Z, ZHANG C Q, et al. Allelic Diversification of the Wx and ALK Loci in Indica Restorer Lines and Their Utilization in Hybrid Rice Breeding in China Over the Last 50 Years［J］. International Journal of Molecular Sciences, 2022（23）: 5941.

［29］PENG B, KONG H, LI Y, et al. OsAAP6 Functions as an Important Regulator of Grain Protein Content and Nutritional Quality in Rice［J］. Nature Communications, 2014（5）: 4847.

［30］PU Z, WEI G, LIU Z, et al. Selenium and Anthocyanins Share the Same Transcription Factors R2R3MYB and bHLH in Wheat［J］. Food Chemistry, 2021（356）: 129699.

［31］PUKALENTHY B, MANICKAM D, ADHIMOOLAM K, et al. Marker-Aided Introgression of Opaque 2（o2）Allele Improving Lysine and Tryptophan in Maize（Zea Mays L.）［J］. Physiology and Molecular Biology of Plants: An International Journal of Functional Plant Biology, 2020（26）: 1925-1930.

［32］QIN P, ZHANG G, HU B, et al. Leaf-Derived ABA Regulates Rice Seed Development via a Transporter-Mediated and Temperature-Sensitive Mechanism［J］. Science Advances, 2021（7）: eabc8873.

［33］RAINA M, SHARMA A, NAZIR M, et al. Exploring the New Dimensions of Selenium Research to Understand the Underlying Mechanism of Its Uptake, Translocation, and Accumulation［J］. Physiologia Plantarum, 2021（171）: 882-895.

［34］RAM KUMAR M, ABHISHEK K, BABURAJENDRA PRASAD V, et al. IAA Combine with Kinetin Elevates the α-Linolenic Acid in Callus Tissues of Soybean by Stimulating the Expression of FAD3 Gene［J］. Plant Gene, 2021（28）: 100336.

［35］SÁNCHEZ-LEÓN S, GIL-HUMANES J, OZUNA C V, et al. Low-Gluten, Nontransgenic Wheat Engineered with CRISPR/Cas9［J］. Plant Biotechnology Journal, 2018（16）: 902-910.

［36］SARIKA K, HOSSAIN F, MUTHUSAMY V, et al. Marker-Aided Pyramiding of Opaque2 and Novel Opaque16 Genes for Further Enrichment of Lysine and Tryptophan in Sub-Tropical Maize［J］. Plant Science: An International Journal of Experimental Plant Biology, 2018（272）: 142-152.

［37］TAKEMOTO Y, COUGHLAN S J, OKITA T W, et al. The Rice Mutant Esp2 Greatly Accumulates the Glutelin Precursor and Deletes the Protein Disulfide Isomerase［J］. Plant Physiology, 2002（128）: 1212-1222.

［38］TANG S, ZHAO H, LU S, et al. Genome-and Transcriptome-Wide Association Studies Provide Insights into the Genetic Basis of Natural Variation of Seed Oil Content in Brassica Napus［J］. Molecular Plant, 2021（14）: 470-487.

［39］TIAN R, WANG F, ZHENG Q, et al. Direct and Indirect Targets of the Arabidopsis Seed Transcription Factor ABSCISIC ACID INSENSITIVE3［J］. The Plant Journal: For Cell and Molecular Biology, 2020（103）: 1679-1694.

［40］WONG H W, LIU Q, SUN S S. Biofortification of Rice with Lysine Using Endogenous Histones［J］. Plant Molecular Biology, 2015（87）: 235-248.

［41］WU Y, YUAN Y, JIANG W, et al. Enrichment of Health-Promoting Lutein and Zeaxanthin in Tomato Fruit Through Metabolic Engineering［J］. Synthetic and Systems Biotechnology, 2022（7）: 1159-1166.

［42］XIAO J, LIU B, YAO Y, et al. Wheat Genomic Study for Genetic Improvement of Traits in China. Science China［J］. Life Sciences, 2022（65）: 1718-1775.

［43］YANG Q, DING J, FENG X, et al. Editing of the Starch Synthase IIa Gene Led to Transcriptomic and Metabolomic Changes and High Amylose Starch in Barley［J］. Carbohydrate Polymers, 2022a（285）: 119238.

［44］YANG Y, GUO M, SUN S, et al. Natural Variation of OsGluA2 Is Involved in Grain Protein Content Regulation in

Rice [J]. Nature Communications, 2019 (10): 1949.

［45］ YANG Y, KONG Q, LIM A R Q, et al. Transcriptional Regulation of Oil Biosynthesis in Seed Plants: Current Understanding, Applications, and Perspectives [J]. Plant Communications, 2022b: 100328.

［46］ YANG Z, LIU X, WANG K, et al. ABA-INSENSITIVE 3 with or Without FUSCA3 Highly Up-Regulates Lipid Droplet Proteins and Activates Oil Accumulation [J]. Journal of Experimental Botany, 2022s (73): 2077-2092.

［47］ YAO Y, YOU Q, DUAN G, et al. Quantitative Trait Loci Analysis of Seed Oil Content and Composition of Wild and Cultivated Soybean [J]. BMC Plant Biology, 2020 (20): 51.

［48］ YEOM WW, KIM H J, LEE KR, et al. Increased Production of α-Linolenic Acid in Soybean Seeds by Overexpression of Lesquerella FAD3-1 [J]. Frontiers in Plant Science, 2019 (10): 1812.

［49］ YUAN J, ZHOU C, GAO J, et al. Prevalence of Celiac Disease Autoimmunity Among Adolescents and Young Adults in China [J]. Clinical Gastroenterology and Hepatology: The Official Clinical Practice Journal of the American Gastroenterological Association, 2017 (15): 1572-1579.e1571.

［50］ YUAN M, ZHU J, GONG L, et al. Mutagenesis of FAD2 Genes in Peanut with CRISPR/Cas9 Based Gene Editing [J]. BMC Biotechnology, 2019 (19): 24.

［51］ YUAN Y, REN S, LIU X, et al. SlWRKY35 Positively Regulates Carotenoid Biosynthesis by Activating the MEP Pathway in Tomato Fruit [J]. The New Phytologist, 2022 (234): 164-178.

［52］ ZHANG C, YANG Y, CHEN S, et al. A Rare Waxy Allele Coordinately Improves Rice Eating and Cooking Quality and Grain Transparency [J]. Journal of Integrative Plant Biology, 2020 (63): 889-901.

［53］ ZHANG C, YANG Y, CHEN S, et al. A Rare Waxy Allele Coordinately Improves Rice Eating and Cooking Quality and Grain Transparency J. Integr [J]. Plant Biol, 2021 (63): 889-901.

［54］ ZHANG H, XU H, FENG M, et al. Suppression of OsMADS7 in Rice Endosperm Stabilizes Amylose Content Under High Temperature Stress [J]. Plant Biotechnology Journal, 2018 (16): 18-26.

［55］ ZHANG L, GAO C, MENTINK-VIGIER F, et al. Arabinosyl Deacetylase Modulates the Arabinoxylan Acetylation Profile and Secondary Wall Formation [J]. The Plant Cell, 2019a (31): 1113-1126.

［56］ ZHANG L, HU B, DENG K, et al. NRT1.1B Improves Selenium Concentrations in Rice Grains by Facilitating Selenomethionine Translocation [J]. Plant Biotechnology Journal, 2019b (17): 1058-1068.

［57］ ZHANG Y, ZHANG H, ZHAO H, et al. Multi-Omics Analysis Dissects the Genetic Architecture of Seed Coat Content in Brassica Napus [J]. Genome Biology, 2022 (23): 86.

［58］ ZHONG Y, QU J Z, LIU X, et al. Different Genetic Strategies to Generate High Amylose Starch Mutants by Engineering the Starch Biosynthetic Pathways [J]. Carbohydrate Polymers, 2022 (287): 119327.

［59］ ZHU Q, YU S, ZENG D, et al. Development of "Purple Endosperm Rice" by Engineering Anthocyanin Biosynthesis in the Endosperm with a High-Efficiency Transgene Stacking System [J]. Molecular Plant, 2017 (10): 918-929.

［60］ ZHU Q, ZENG D, YU S, et al. From Golden Rice to aSTARice: Bioengineering Astaxanthin Biosynthesis in Rice Endosperm [J]. Molecular Plant, 2018 (11): 1440-1448.

作者：姚垠莹　刘冬成　郭　亮　张昌泉

统稿：杨新泉　倪中福

种子生产研究

一、引言

(一) 种子生产的意义

种子是农业生产最基本的生产资料,也是农业再生产的基本保障和农业生产发展的重要条件。只有生产高质量的种子供农业生产使用,才可以保证丰产丰收。优质种子的生产取决于优良品种和先进的种子生产技术。种子生产是作物育种工作的延续,是将育种成果在实际生产中进行推广转化的重要措施。种子生产技术是连接育种与农业生产的核心技术,没有科学的种子生产技术,优良的种性将难以在生产中得到发挥。育种家培育的优良品种必须通过科学的种子生产技术进行扩繁,否则难以在生产上推广应用。优良品种要取得理想的社会经济效益,在具有良好的、符合农业生产需求的遗传特性和经济性状的同时,还必须有数量足、质量高的良种(大田用种)。种子生产就是将育种家选育出的优良品种,结合作物的繁殖方式与遗传变异特点,利用科学的种子生产技术,在保持优良种性不变、维持较长经济寿命的条件下,迅速扩繁,为农业生产提供足够数量的优质种子。

种子生产是一项极其复杂且严格的系统工程。广义的种子生产包括育种家种子繁殖,以及良种种子生产、收获、加工、包装、贮藏等环节。狭义的种子生产包括两项任务:一是加速生产新选育或新引进的优良品种种子,以替换原有的老品种,实现品种更替。二是对已经在农业生产中大规模应用的品种,有计划地利用原种生产出保持原品种特性、纯度高、满足需求的生产用种。

本章主要介绍了近几年种子生产的理论和技术研究进展,比较国内外发展状况,对未来的发展提出建议。

（二）种子和良种的概念

1. 种子的概念

种子指能够长成下一代个体的生物组织器官。从植物学概念理解，种子是有性繁殖的植物经授粉、受精，由胚珠发育而成的繁殖器官。

从农业生产的实际应用来理解，可用作播种材料的任何植物器官或其营养体的一部分，能繁殖后代的都称为种子。农业上的种子具有比较广泛的含义，为了区别植物学的种子，亦可称其为"农业种子"。农业种子一般可归纳为三大类型：①真种子，即植物学上所称的种子，它是由母株花器中的胚珠发育来的。如豆类、棉花、油菜、烟草等作物的种子。②类似种子的果实，即植物学上的果实，内含一粒或多粒种子，外部则由子房壁发育成果皮包围。如禾本科作物的小麦、黑麦、玉米、高粱和谷子的种子属颖果，荞麦、向日葵、苎麻和大麻等种子属瘦果；甜菜的种子属坚果。③营养器官，主要包括根、茎及其变态物的自然无性繁殖器官，如甘薯的块根、马铃薯的块茎、甘蔗的茎节芽、葱的鳞茎、某些花卉的叶片等。

2. 良种的概念

良种指优良品种的优质种子。一般认为，良种是经过审定定名品种的符合一定质量等级标准的种子。一个优良品种除具备高产、稳产、优质、多抗、成熟期适当、适应性广及易于种植和栽培管理等特点外，还应具备种子生产技术要求低、制种产量高、单位成本低等特性。所以优良品种必须具备的条件是多方面的，并且各方面是相互联系的，一定要全面衡量，不能片面地强调某一性状，性状间要能协调，以适应自然和栽培条件。

根据农业生产需求，优质种子应当具备高纯度、高活力和良好的健康状态。为了使生产上能获得优质的种子，国家技术监督局发布了《农作物种子检验规程》和农作物种子质量国家标准。根据种子质量的优劣将常规种子和亲本种子分为原种、大田用种。杂交种子分为一级、二级。各级原、良种均必须符合国家规定的质量标准。

（三）种子生产的种类

种子生产的种类与播种材料的生物学特性有关。根据目前栽培植物种类划分，播种材料主要有粮食作物、经济作物、瓜菜类作物、林木花卉种子种苗及中药材种子等。各类播种材料的品种选育水平不同，所采取的主要种子生产方式也不同。但是一般的种子生产种类主要分为三类：纯系品种的种子生产、杂交种的种子生产和无性繁殖材料的种子生产。

依据潘家驹分类法，可将品种分为纯系品种、杂交种品种、群体品种和无性系品种。

1. 纯系品种（又称定型品种）

纯系品种指生产上利用的遗传基础相同、基因型纯合的植物群体，是自花授粉作物多代自交的后代中通过个体选择培育的作物品种。规定纯系品种的理论亲本系数不低于0.87，即具有亲本纯合基因型的后代植株数达到或超过87%。因此，现在生产上种植的大多数水稻、小麦、大麦、大豆、花生及许多蔬菜等自花授粉植物的常规品种都是纯系品种。大多数常异花授粉植物（如棉花等）品种也属于这种类型。

2. 杂交种品种

杂交种品种又称杂交组合，指在严格筛选强优势组合和控制授粉条件下生产的各类杂交组合的 F_1 植株群体。由于其个体基因型是高度杂合的，群体又具有高度的同质性，所以杂种优势显著，有较高的生产力。由于发生基因型分离，杂交种品种的 F_2 代性状分离，导致生产性能下降，故生产上通常只种 F_1 代，一般不种 F_2 代。

过去主要在异花授粉植物中利用杂交种品种，包括品种间杂交种和自交系间杂交种。顶交种、单交种、三交种、双交种均属于自交系间杂交种的范畴，它们之间的区别在于组配时所利用的自交系数目和杂交方式的差异。综合品种又叫综交种，它是利用多个自交系或自交系间杂交种经充分自由授粉混合选育而成。这几类杂交种的整齐一致性、增产效果存在差异，适用情况也不同。

自花授粉植物和常异花授粉植物利用杂种优势的主要方式是选配两个特定的优良品种（系）获得强优势的杂交种。随着雄性不育系的选育成功，解决了大量生产杂交种子的问题，为自花授粉植物和常异花授粉植物利用杂交种品种创造了有利条件，扩大了杂种优势利用的领域。我国在水稻和甘蓝型油菜杂交种品种的选育和利用方面处于国际领先水平。在园艺植物中，白菜、洋葱、胡萝卜、三色堇等也相继育成杂交种品种。

3. 群体品种

群体品种的基本特点是遗传基础比较复杂，群体内的植株基因型是不一致的。因植物种类和组成方式不同，群体品种又可分为不同类型。

（1）异花授粉植物的自由授粉品种。

自由授粉品种在生产、繁殖过程中的品种内植株间自由传粉，也经常与邻近种植的其他品种相互传粉，所以群体包含杂交、自交和姊妹交产生的后代，个体基因型是杂合的，群体是异质的，但保持着一些本品种的主要特征特性，可以区别于其他品种。如许多黑麦、玉米、白菜、甜瓜、翠菊等异花授粉植物的地方品种都是自由授粉品种。少数果树采用实生繁殖的群体品种也属此类。

（2）自花授粉植物的杂交合成群体。

杂交合成群体是由自花授粉植物两个或两个以上纯系品种杂交后，在特定的环境条件下进行繁殖、分离，主要靠自然选择逐渐形成的一个较稳定的群体。实际上经过若干代后形成的杂交合成群体是一个多种纯合基因型的混合群体。

（3）多系品种。

多系品种是由若干个纯系品种的种子混合后繁殖的后代群体。可以通过自花授粉植物的几个近等基因系的种子混合繁殖成多系品种,由于近等基因系具有相似的遗传背景,只在个别性状上有差异,因此多系品种在大部分性状上是整齐一致的,而在个别性状上存在基因型多样性,多应用于抗病育种。例如,美国抗冠锈病的燕麦多系品种、印度抗条锈病的小麦多系品种的推广应用,都曾对减轻病害发挥过作用。多系品种也可利用几个无亲缘关系的自交系,将它们的种子按预定的比例混合繁殖。

(4)无性系品种。

无性系品种是由一个无性系经过营养器官的繁殖得到的。它们的基因型由母体决定,表现型也和母体相同。许多薯类和果树品种都属于无性系品种。如目前生产上应用的甘薯品种,桃的果用品种上海水蜜桃、白芒蟠桃,桃的观赏用品种重瓣白花寿星桃、洒金碧桃等。无性系品种通过无性繁殖保持品种内个体间的高度一致,但是它们在遗传上和杂交种品种一样,是高度杂合的。由专性无融合生殖产生的种子繁殖的后代也属无性系品种。

二、种子生产理论与技术研究进展

(一)种子生产理论研究进展

最早的与种子生产相关的理论有纯系学说、遗传平衡定律。纯系学说对种子生产的指导意义是保纯防杂。遗传平衡定律指导我们建立了品种保持的理论和技术体系。两个理论对于种子生产具有重要意义。

1. 基于遗传平衡的定系循环法——品种特性保持理论

品种特性保持是品种利用过程中的重要问题。保持品种的基因遗传平衡是品种特性保持的理论依据。山东农业大学张春庆团队从2015年开始研究建立"定系循环法"保持品种特性的分子基础,该方法基于遗传平衡理论,尽可能地保持品种原有的基因频率,达到保持原品种特征特性的目的(陆珊珊等,2018)。在程序上主要参考了陆作楣教授研究的株系循环法和自交混繁法,环节包括保种圃的建立(单株选择、株行比较、株系鉴定)和混系繁殖,重点是"定系"。由于后续的原种生产均在第一次选株的基础上进行,因此要求第一次选株量要大、选择标准要严。如果在定系循环的过程中出现个别株系不整齐的现象,可以淘汰株系(陆作楣等,1990;陆作楣等,1992)。

株系圃建立之后可以一直保持原种的质量,不需要每年大量选单株和考种。定系循环法的优点:保持了品种的特性,大大减少了工作量;群体遗传的基因频率保持相对稳定。对小麦、玉米、棉花、水稻等作物的纯度提高、发挥品种特性等具有重要作用。大大延长了品种使用寿命。

2. 全息定域选种与高活力种子生产理论

20世纪70年代,山东大学生物系张颖清教授在研究了大量的生物现象和生物学事实的基础上提出了全息胚的概念，创立了全息胚学说，并以此为中心创立了全息生物学。

全息胚学说认为，全息胚是生物体组成部分处于某个发育阶段的特化的胚胎，一个生物体由处于不同发育阶段和具有不同特化的多重全息胚组成。在生物体中，整体是发育程度最高的全息胚，细胞是发育程度最低的全息胚，真正的胚胎是全息胚的特例，而一般的全息胚是生物体上结构和功能与周围有相对明确边界的相对独立的部分，全息胚内部又有结构和功能的相对完整性。

继生物全息律后，1986年张颖清又提出了遗传势理论，并创立了全息生物学。生物体某一部位形状的遗传能力的大小称为遗传势。生物体相对独立的各部分具有不同的遗传势，遗传势的分布规律受生物全息律支配。遗传势是高活性基因组合在生物体特定部位表达的优势。这种优势是可以遗传的，从而使高活性基因组合在新个体的基因表达中处于优势状态，其所表达的性状——亲本特定部位的性状就会在新个体的总体性状中占据优势，产生倾向于亲本特定性状的定向变异。这是亲本特定部位的特定性状的强优势对后代总体性状的影响。生物体上一个全息元的一个部位相对于同一全息元的其他部位，和整体上或其他全息元对应的部位遗传特性相似程度较大，对某一性状的遗传势较强，并且遗传势强弱区域的分布规律在全息元与其他全息元、全息元与整体的分布规律相同。

生物全息律支配下的生物体具有不同遗传势的区域性，又称全息定域。在不同全息元间，相对应的全息定域具有相似的遗传势。选择就某一性状强遗传势区域的细胞、组织或种子繁殖后代，能产生倾向于亲本特定部位的特定性状或人类所期望的性状的定向变异。这一作用称为全息定域效应，已经被众多实践证实，因此成为全息定域选种的重要依据。人类对于不同作物所期望的性状处于植株的部位不同，一般分为以下3种优势类型。

顶部优势作物，期望性状处于全株的顶部且全株顶部的期望性状处于全息胚的上部，即整体和全息胚的期望性状强优势区都处在上部。选取上部强优势区域作种，可以增产，提高作物品种利用价值，防止品种退化。这类作物有水稻、高粱、谷子、蓖麻、向日葵、大葱、韭菜；果树有梨、番木瓜、荔枝、龙眼、枇杷；花卉有鸡冠花、波斯菊等。

中部优势作物，期望性状处于全株中部且全株中部的期望性状处于全息胚的中部，即整株和全息胚期望性状的强优势区都处在中部，选取中部强优势区域作种，可以增产，提高作物品种利用价值，防止品种退化。这类作物有玉米、大豆、小麦、芝麻、棉花、烟草、甘蔗、黄瓜、西瓜、冬瓜、南瓜、苟瓜、西葫芦、瓠瓜、辣椒、番茄、茄子、丝瓜、大白菜；果树有苹果、桃、杏等。无限花序的一些作物一般为中下部优势作物。

基部优势作物，期望性状处于全株基部且全株和基部的期望性状处于全息胚的基部，即整株和全息胚期望性状的强优势区都处在基部。这类优势的作物有马铃薯、甘薯、花生、萝卜、胡萝卜、球茎甘蓝，以块根和块茎入药的植物也属此类。

全息定域选种是生物全息理论在种子生产中的应用。经过多年大量研究证明，采用全息定位选种技术将是一条非常有效的发挥优良品种的增产潜力、提高种子活力的途径。

山东农业大学张春庆团队对小麦、玉米、水稻不同部位种子活力与种子的物质组成、生理机制、遗传机理等进行了大量研究，初步解析了全息定域选种的理论基础。结果表明：①蛋白质含量高是高活力种子的物质基础，籽粒蛋白质的绝对含量与种子活力极显著正相关。② CAT、POD、SOD 等保护性酶活性高、胚中 ABA/GA4 的比值较低是高活力种子的生理基础，高活力种子的保护性酶活性随着种子活力的下降而下降。玉米种子水通道蛋白 TIP3.1 和 TIP3.2 的表达水平可作为种子活力高低的萌动期间的蛋白标记。高活力小麦种子萌发过程中碳、氮等营养物质代谢旺盛，谷胱甘肽代谢通路上调，叶绿素 a-b 结合蛋白表达丰度在低活力种子中明显增强。③染色质结构重塑，抗逆性和碳、氮代谢相关基因是高活力种子的遗传表达基础，高活力种子的各种组蛋白含量降低有利于基因的表达（温大兴等，2018；王明明等，2019；孟爱菊等，2018）。这些研究结果为高活力种子的生产、调控、采收、加工提供了理论支撑。依据这些研究结果提出了高活力种子生产和精选准则：提高种子蛋白质绝对含量为开辟高活力种子生产调控路径奠定了理论基础。

山东农业大学根据对高活力种子的机理研究，验证了中高产地力水平和适宜氮肥量是提高小麦种子活力的田间条件；利用 DA-6 花后处理小麦、玉米，提高了种子蛋白质含量，进而提高了种子活力，实现了生产过程中调控种子活力的目的。制定了山东省小麦玉米高质量种子生产技术规程（DB37/T 3110–2018、DB37/T 3107–2018）。

3. 不育系研究利用

利用雄性不育系进行杂交制种已成为种子生产的重要手段，可免去人工去雄流程，节省大量的人力物力，降低制种成本，提高杂交种子的纯度。

（1）玉米不育系的研究利用。

1）玉米细胞质雄性不育基因的研究利用。

质核互作雄性不育系在20世纪70—90年代研究较多。质核互作雄性不育类型（CMS）按照细胞质基因和核基因的作用方式及引起花粉败育的方式不同，又可将其分为配子体雄性不育类型（S 型胞质）和孢子体雄性不育类型（T 型和 C 型胞质）。S 型败育发生在二核花粉期，T 型败育发生在小孢子单核中期至晚期，C 型败育发生在四分体时期至小孢子单核中期。S 型败育与线粒体异常有关，T 型和 C 型败育与绒毡层异常有关。

与玉米 T 型胞质不育有关的线粒体基因为 *T-urf13*，不育系该位点含有 *rrn26* 基因和 *atP6* 基因的部分序列，该位点靠近线粒体 DNA 的重复序列，可以编码 13KD 的线粒体多肽，缺少 *T-urf13* 基因可以使 T 型不育向可育转变（Fauron et al., 1990）。抑制 *T-urf13* 编码 13KD 蛋白质的合成只需 *Rf1* 基因，而育性恢复则同时需要 *Rf1* 和 *Rf2* 两个恢复基因。玉米 S 型胞质不育可能与 R 重复序列中的 *orf77* 基因有关，该基因产物的缺少是导致 S 型胞质不育的主要原因。玉米 C 型胞质不育系的 *atP6*、*atP9* 和 *cox1* 基因区域与正常胞质的线粒体结构存在差异，推测可能与玉米 C 型胞质不育有关。

T 型胞质不育的育性恢复受两对显性基因的共同控制，将这两对恢复基因分别命名为

$Rf1$ 和 $Rf2$，这两对恢复基因表现为显性互补作用，育性的恢复需要两个恢复基因同时存在，其中恢复基因 $Rf1$ 位于第 3 染色体短臂上，$Rf2$ 恢复基因位于 9 号染色体上。不育系的基因型有 S（$rf1rf1rf2rf2$）、S（$rf1rf1Rf2Rf2$）和 S（$Rf1Rf1rf2rf2$），相应恢复系的基因型分别为 N（$Rf1Rf1Rf2Rf2$）、S（$Rf1Rf1Rf2Rf2$）、N（$rf1rf1Rf2Rf2$）、N（$Rf1Rf1rf2rf2$），只有核基因为 $Rf1Rf1Rf2Rf2$ 恢复系才能对三种基因型的不育系有恢复作用。但在 T 胞质不育的利用过程中，由于玉米小斑病 T 小种专化侵染 T 型不育胞质，T 型胞质不育系在 20 世纪 70 年代被迫终止利用。

S 型胞质不育的恢复有一个显性基因 $Rf3$，位于 2 号染色体长臂上。S 型胞质不育类型最多，不育胞质稳定性的遗传背景复杂，特别是存在胞质育性回复突变造成的不稳定现象。

C 型胞质雄性不育由于具有复杂的遗传背景，长期以来其育性恢复遗传机理的研究结果差异很大。研究表明，C 型胞质不育的恢复受 2 对显性重叠基因 $Rf4$ 和 $Rf5$ 控制（陈伟程等，1979）；C 型胞质不育的恢复由 3 对或 3 对以上的显性互补基因 $Rf4$、$Rf5$ 和 $Rf6$ 共同控制。具有完全恢复能力的恢复基因 $Rf4$ 和 $Rf5$，表现为重叠效应，并有 1 对部分恢复基因 $Rf6$（陈绍江等，1992）。

2）玉米核不育基因的利用。

玉米核不育基因有 25 个，分别是 $ms1$~$ms28$、$Ms41$~$Ms44$，其中 $Ms41$~$Ms44$ 属显性基因，其余为隐性基因。

利用连锁的标记基因解决核不育基因的利用问题。早在 1930 年，Single 和 Jones 便提出利用玉米 6 号染色体长臂上的核不育基因 $ms1$ 和控制胚乳色泽基因 y（白色胚乳）之间的紧密连锁（不育白粒）关系来生产杂交种。通过籽粒胚乳的颜色区分不育籽粒和可育籽粒。但由于 $ms1$ 与 y 之间存在着 5% 左右的低重率，产生白粒可育籽粒影响杂交种的纯度。1992 年，李竞雄等从美国引进一个核不育材料，位于玉米 9 号染色体上的核不育基因 $ms2$，与一个三叶期黄绿苗基因（v）紧密连锁（交换值为 1%），黄绿苗基因（v）在 3~4 叶期表现为黄绿苗而后自动转绿，基于同样的原理，先将 $ms2$ 与 v 重组在一起，然后在苗期去掉绿苗，留下的黄绿苗即雄性不育株。

Panerson 在 1973 年首次提出利用双杂合系解决核不育基因的利用。双杂合体指核不育基因（ms 和 Ms）的杂合和重复—缺失染色体与正常染色体之间的杂合。利用雌、雄配子对重复—缺失染色体敏感程度的差异来达到不育性的目的，这种方法虽然解决了核不育系不育性保持的问题，但由重复—缺失染色体带来的不平衡效应，使保持系生长势弱，难以充分发挥杂种优势。此外，转育过程复杂，技术条件要求高，难以广泛应用。

生物技术的应用使核不育基因有了广泛的应用前景。自 20 世纪 90 年代起，国外利用生物技术研究开发利用核不育基因。21 世纪初，美国先锋公司成功开发了 SPT 技术（见"生物技术在种子生产中的应用"部分），使得核不育基因的应用进入一个新的时期。

（2）水稻不育基因研究利用。

1）细胞质雄性不育基因研究。

生产上利用的水稻细胞质雄性不育类型根据细胞质来源的不同主要分为野败型（WA）、包台型（BT）、红莲型（HL），且分别有相应的恢复基因（Bentolila et al., 2002）。此外，杂交稻生产中还有矮败型（DA）、冈型（G）、D型、K型、马协型和印尼水田谷型等不育系，但应用不多。

1970年，我国在海南发现了野败型不育系（WA），属于孢子体不育类型。2013年，罗荡平等鉴定出水稻野败型细胞质雄性不育的不育基因，命名为WA352。不育基因WA352位于线粒体基因*rpl5*和假基因*rpsl4*的下游。该ORF编码一个具有352个氨基酸的跨膜蛋白，证明*orf352*是水稻野败型细胞质雄性不育基因。野败不育系的育性恢复受两个基因控制，分别位于7号染色体和10号染色体上。较强的恢复基因（*Rf-WA1*）位于7号染色体上，较弱的恢复基因（*Rf-WA2*）位于10号染色体上（Luo et al., 2013；Tang et al., 2014；Tan et al., 2015）。

水稻红莲型不育（CMS-HL）的细胞质来源于海南红芒野生稻，属于配子体不育。研究发现CMS-HL不育基因与线粒体*atp6*基因相关，开放阅读框为*orfH-179*。水稻红莲型雄性不育性受定位于水稻10号染色体2个恢复基因*Rf5*和*Rf6*控制（Huang et al., 2015）。

水稻包台型不育（CMS-BT）为配子体不育，水稻CMS-BT的不育基因是*B-atp6*和*orf79*，它的表达是组成型的。王中华和邹艳娇定位到CMS-BT的两个分别以不同模式恢复水稻花粉育性的基因*Rf1a*和*Rf1b*（Wang et al., 2006）。

2）光温敏不育基因。

根据光温敏核不育系育性转换对光温条件的要求，可以将不育系划分为光敏、温敏和光温互作3种类型，光照为主导因素时为光敏型或光温互作型，温度为主导因素时则为温敏型。

光温敏核不育系的不育基因资源来源单一。目前，光温敏雄性不育系的不育基因主要来自农垦58S、安农S-1和株1S及其衍生系，利用光温敏雄性不育系克隆的不育基因主要包括光敏核不育基因*pms1*和*pms3*、温敏核不育基因*tms5*和*p/tms12-1*等。*pms1*和*pms3*位点共同控制光敏核不育系农垦58S的不育表型，两者的功能有重叠效应；*pms3*和*p/tms12-1*为同一个基因，但两者在粳稻（农垦58S）和籼稻（培矮64S）遗传背景下会表现出不同的光温反应特性，即在粳稻遗传背景下育性由光照长短主导，在籼稻遗传背景下育性由温度高低主导。安农S-1、株1S及HD9802S等温敏核不育系的不育基因为*tms5*。由于温敏核不育基因的遗传简单，不育特性相对稳定。两系法杂交水稻生产中温敏核不育系占绝对主导地位。但在实际生产中，长光不育临界低温低、光敏温度范围宽的光敏不育系的应用生态适应性更广。

光温敏核不育系育性转换的光温反应特性复杂，对不育系不育临界温度的遗传研究进展缓慢。对培矮64S衍生的近等基因系的育性感温性的遗传研究表明，在23.5℃处理下不同株系临界不育温度差异显著，利用全基因组测序发现有2个位点与花粉不育有关，分别初步定位在7号染色体和9号染色体上。在23.5℃处理下低临界温度对高临界温度为显性，不育临界温度的遗传符合两对主效基因和微效基因共同作用的混合遗传模型。

4. 十字花科芸薹属自交不亲和机理研究

十字花科芸薹属自交不亲和系在杂交种子生产中具有重要利用价值。芸薹属自交不亲和（SI）是由一个高度多态的遗传位点（S位点）控制的。它通常包含3个高度多态型的基因（NidhiSehgal，2018），即柱头表达的S位点受体激酶（SRK）、花粉表达的S位点富含半胱氨酸蛋白（SCR或S位点蛋白11）和S位点糖蛋白。研究表明，SRK和SCR是自交不亲和反应特异性的决定因素，SRK是SCR的受体，SRK在自交不亲和反应中区分"自花"花粉和"异花"花粉。SRK（eSRK）的胞外结构域对"自花"花粉携带的SCR高度特异性识别，激活SRK激酶，从而触发抑制"自花"花粉的信号级联。

当自花授粉时，来自同一单倍型的花粉配体（SCR/SP11）和受体（SRK）作用诱导S受体激酶自体磷酸化。自磷酸化SRK在柱头乳头细胞中引发信号转导级联，导致花粉排异，抑制花粉管进入柱头表皮细胞壁诱导SI反应。相反，当异花授粉时，花粉配体（SCR）既不能结合也不能激活SRK激酶域，还不能触发花粉排斥信号级联，从而导致花粉管发育并渗透到柱头乳突细胞中。

尽管对配体和受体均有鉴定，但SRK信号转导的下游机制尚不清楚。在未授粉的柱头上有两种硫氧还蛋白h，THL1和THL2被认为是维持SRK处于非活性状态的互作体。此外，MLPK（M-位点蛋白激酶）也被确认为SRK的另一个互作蛋白。这种SRK-MLPK复合物诱导柱头乳突细胞信号转导，引起自身花粉排斥（Gao et al., 2016）。因此，MLPK是SI反应的正调节因子。SI反应的另一个正调节因子是ARC1，其对SRK有较高的特异性。当ARC1与SRK相互作用时，SRK-MLPK复合物通过SRK的激酶结构域诱导ARC1磷酸化。这种磷酸化的ARC1与Exo70A1相互作用，Exo70A1是外囊复合体的组分（Samuel et al., 2009）。这种磷酸化途径会阻止或降低亲和性柱头分泌因子对花粉管渗透的抑制作用。已报道的"乙醛化酶1（GLO1）"是另一个被ARC1介导的SI信号通路反应下调的亲和因子。GLO1是授粉所需的柱头中的一种亲和蛋白，其抑制导致配合力降低，从而引起SI反应。此外，如甘蓝型油菜自交不亲和柱头所报道的那样，GLO1的过度表达会导致自交不亲和性的部分破坏。自花授粉时，柱头上有不亲和的花粉，配体-受体相互作用导致柱头乳突细胞质Ca^{2+}浓度增加。因此，柱头乳头细胞利用这种细胞质钙内流向不亲和的花粉发出信号，抑制柱头表面的花粉水合、萌发和花粉管的生长。然而，柱头乳突细胞内的胞质Ca^{2+}内流是如何触发对不亲和花粉的信号转导，进而导致自交花粉的排斥发生自交不亲和反应的机制，仍未可知（Nidhi et al., 2018）。

近年来，研究者注意到活性氧可能参与花粉和柱头的相互作用。McInnis 等人首次展示包括拟南芥在内的一系列物种的柱头积累了大量的 ROS/H_2O_2（McInnis et al.，2006）。拟南芥、甘蓝等植物的柱头在花期时 ROS 的含量高于蕾期，推测 ROS 可能在花粉 – 柱头相互作用的过程中发挥作用（Zafra et al.，2016）。也有报道表明，随着柱头的成熟，甘蓝柱头中积累的类黄酮逐步减少而活性氧逐步增多，这可能与成熟柱头才具有的识别并拒绝自花花粉的特性紧密相关（Lan et al.，2017）。

（二）种子生产技术研究现状及新技术

1. 常规种子生产技术的发展

长期以来，我国良种繁育技术主要采取以"提纯复壮"为理论基础的"三圃法"和"两圃法"。"提纯复壮"技术是我国 20 世纪 50 年代初从苏联引进的良种繁育技术。在一般自花授粉作物异交率低、个体纯合度高时，该技术原种"提纯"较有把握，但异花授粉作物和常异花授粉作物一旦发生混杂，通过三圃法、两圃法很难"提纯"到原来的遗传基础。这种方法的不足之处是每轮选择从不同来源的单株开始，株行圃和株系圃投工多、淘汰率高，原种的生产数量受到限制，还会因人为的选择偏差造成品种严重变样。1991 年，在"稻麦良种繁育技术研究""八五"农业重大攻关项目计划支持下，南京农业大学和江苏省内 12 家单位协作攻关，于 1996 年 1 月取得了稻麦"株系循环法"原种生产技术科技成果。该技术具有多快好省的优点，但未得到广泛应用。

棉花是常异花授粉作物，从 20 世纪 60 年代到 20 世纪 80 年代，"三圃制"的理论和技术一直指导着棉花种子生产，棉花品种退化是种子生产上普遍存在的问题。1984 年，南京农业大学陆作楣教授提出棉花"自交混繁法"原种生产技术，即棉花种子基地的田间布局采用同心分层隔离法，在保种圃四周设立基础种子田，最外层为原种田，原种田四周为隔离区或良种生产田。自交混繁法的推广应用迅速控制了棉花品种"多、乱、杂"的局面，作为一项原种生产技术，对规范棉花种子生产起到了很好的作用。

2018 年，山东农业大学研究的定系循环法以遗传平衡理论为指导，突出了"定系"保持品种审定时群体的基因频率，对于品种特性保持、延长品种使用寿命起到了很好的作用，程序见图 6。

2. 杂交种生产技术的发展

杂交制种技术可以划分为三代：第一代为人工去雄为主的杂交制种技术。第二代为利用天然不育系和自交不亲和系进行杂交制种，包括利用不育系、保持系和恢复系生产杂交种的三系法；以光温敏不育系为母本生产杂交种的两系法；利用自交不亲和系杂交制种。第三代为 SPT 技术，利用分子技术创造的一系两用（既生产保持系又生产不育系）。

三系法生产杂交种。中国是世界上第一个在生产上利用水稻杂种优势的国家，从 1964 年开始杂交水稻研究，1973 年实现了"三系"配套，1974 年选育出强优组合，1975

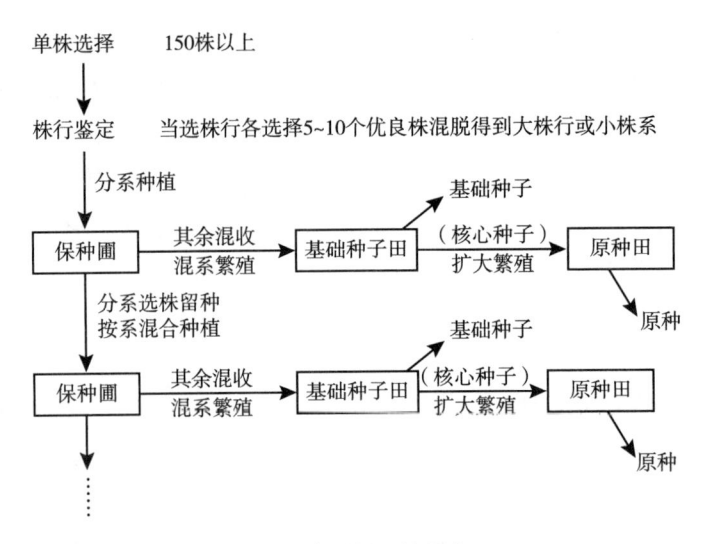

```
        单株选择      150株以上
           ↓
        株行鉴定      当选株行各选择5~10个优良株混脱得到大株行或小株系
           ↓
         分系种植
                              基础种子
    ┌─────┐  其余混收   ┌─────┐ （核心种子）┌─────┐
    │保种圃│ ────────→ │基础种子田│ ────────→ │原种田│
    └─────┘  混系繁殖   └─────┘  扩大繁殖  └─────┘
       │                                      ↓
       │ 分系选株留种                        原种
       │ 按系混合种植
       ↓                          基础种子
    ┌─────┐  其余混收   ┌─────┐ （核心种子）┌─────┐
    │保种圃│ ────────→ │基础种子田│ ────────→ │原种田│
    └─────┘  混系繁殖   └─────┘  扩大繁殖  └─────┘
       ↓                                      ↓
       ┆                                    原种
```

图 6 定系循环法程序

年研制出一整套亲本与杂种制种技术，1976年开始在生产上大面积推广。20世纪80年代，水稻杂交种子生产技术在保证父母本花期相遇的播差及激素调控技术、安全花期确定、父母本配置等方面取得进展，尤其是花期调控剂"九二〇"和取代三圃法的"三系七圃法"等新技术的研究与应用，使得三系原种产量和质量迈上了一个新台阶。水稻三系法生产杂交种大体经历了四个阶段：第一个阶段，从1973年三系配套到1980年，是野败细胞质不育系利用阶段和来源于国际水稻研究所的国际稻恢复基因利用阶段。第二个阶段，1980—1990年，是以明恢63恢复系第二代恢复系及其所配组合为代表的阶段。第三个阶段，从20世纪90年代到1996年超级稻育种项目开始，是利用籼粳稻杂交改良恢复系的阶段。同时，配合力高、异交习性好的不育系选育也取得进展。第四个阶段，超级稻育种项目开始至今，超级稻选育阶段，是以理想株型为目标的籼粳亚种间强杂种优势结合的选育，以及新胞质源种类不育系选育利用。

利用雄性不育系和恢复系制种也是提高玉米杂种种子纯度、降低种子成本的重要手段。20世纪60年代初，我国已经在玉米杂交种种子生产中配套应用了T型不育系和恢复系，1966年玉米小斑病T小种在我国大流行后，T型不育系停止使用。

两系法生产杂交种。1973年有一项研究从常规晚粳品种农垦58中发现光敏感核不育系农垦58S，两系杂交水稻的育种和种子生产技术得到深入研究（石明松等，1973）。典型光敏核不育系的育性受光照时间和温度高低共同控制，在光敏温度范围内温度高低与临界光长间存在一定负向互作关系，而典型温敏核不育系的育性只受温度高低控制，存在明显的育性转换临界温度点。根据光温敏核不育系育性转换对光温条件的要求可以将不育系划分为光敏、温敏和光温互作3种类型，光照为主导因素时为光敏型或光温互作型，温度为主导因素时则为温敏型。在袁隆平院士的主持下，1995年两系法杂交水稻研究成功并投入应用。两系杂交稻的优点是不需保持系,原种与杂交种生产程序简化,种子生产成本降低,特别是不育系繁殖的产量大大高于三系不育系,但是光温敏不育系的育性受光温条件影响,不如三系不育系稳定。1995年有研究提出了水稻光温敏不育系稳定的4个标准:①导致不育的起点温度要低(23~23.5℃)。②光敏温度范围要宽(23~29℃)。③临界光长短(13小时)。④长日对低温和短日对高温的补偿作用强。这样的不育系风险小,制种、繁殖安全,比较理想(李成荃等,1995)。

1992年,有研究报道从小麦常规育种材料中选育出C49S、C86S为代表的温光敏雄性不育材料,从此开始了"两系法"生产小麦杂交种的技术研究(谭昌华等,1992)。该技术体系也将成为今后最有发展前景的小麦杂种优势利用途径之一。

利用自交不亲和系生产杂交种。油菜、白菜、甘蓝等十字花科作物繁育杂交种种子生产,主要利用自交不亲和系、雄性不育两用系和雄性不育系3种方法。自交不亲和系(或自交系)原种生产需采用剥蕾人工授粉,每隔2~3代需进行一次系内自交不亲和性的测定。利用自交不亲和系生产杂交种,由于自交不亲和两个亲本相互授粉,两个亲本均可收获杂交种。自交不亲和系的选育是该技术利用的关键。

人工去雄生产杂交种。采用人工辅助去雄生产杂交种的作物有玉米,锦葵科的棉花,茄科的辣椒、番茄、茄子,葫芦科的黄瓜、西瓜、甜瓜等杂种优势较强的作物,人工去雄操作相对容易,杂交种的生产可采用人工去雄方式。瓜类作物除采用人工杂交生产杂交种外,还采用雌性系和化学杀雄方法,以减少人工去雄的工作量。目前,玉米杂交种生产技术主要采取人工去雄的方法。20世纪90年代,为保证制种纯度,辽宁省提出并推广了带叶摸苞去雄技术。摸苞去雄一次可拔去雄穗50%左右,省工省时,有效地提高了种子纯度。

第三代杂交制种技术将在生物技术在种子生产中的应用部分介绍。

3. 无性繁殖生产技术的发展

脱毒技术在马铃薯、甘薯及部分花卉种苗生产中取得巨大进步。20世纪70年代,随着国际马铃薯茎尖脱毒理论与技术的完善,我国马铃薯各主产省区相继开展了脱毒种薯生产的研究。1985年,由宫国璞主持的"马铃薯脱毒繁育体系"研究课题通过鉴定验收。马铃薯脱毒种薯生产技术经过30年的改进,现在已经形成了成熟的脱毒种薯生产体系,即用脱毒苗生产微型薯(原原种)→再扩繁成原种→原种扩繁成良种种薯(用于生产)。这一体系依据良种种薯(苗)扩繁的次数不同又可分为三年三级体系和四年四级体系。

自20世纪50年代以来,甘薯生产一直采用三圃制生产种薯(苗),从1988年开始,徐州甘薯研究中心、山东省农科院等通过茎尖分生组织培养法进行甘薯脱毒种薯的生产。自1995年起,"脱毒甘薯、马铃薯推广"被列入山东省良种产业化工程,并被列为山东省农业十大新技术之一。1996年,"甘薯脱毒技术"被列入"九五"国家科技成果重点推广项目。2000年,农业部制订了《脱毒甘薯种薯(苗)病毒检测技术规程》。

（三）生物技术在种子生产中的应用

第三代杂交制种技术是生物技术在种子生产中的应用标志。第一个商业化的 SPT（Seed Production Technology）是比利时开发的 SeedLink™ 系统。研究人员利用转基因技术开发一个 MS3 的事件（MS_3+barnase+bar/MS_3），其中包括核糖核酸酶基因和被称为 bar 的草铵膦耐受基因（Newhouse et al., 1996）。在此事件中，核糖核酸酶仅在花药细胞表达，破坏花药绒毡层细胞从而防止花粉的形成发育。bar 基因赋予植物耐受除草剂草铵膦或 Liberty™ 的能力。早期利用除草剂处理的玉米植株可以除掉雄性可育和除草剂敏感个体（约占群体的 50%）。Liberty™ 应用后存留的个体是一个一致的雄性不育和耐草铵膦的群体，当用父本授粉就会产生杂交种子，当用可育株授粉自交产生的下一代 50%不育/耐受草铵膦植株和 50%可育/草铵膦敏感植株。该系统需要母本行多播种种子，除草剂应用后约 50%的植株将被除掉（图 7）。

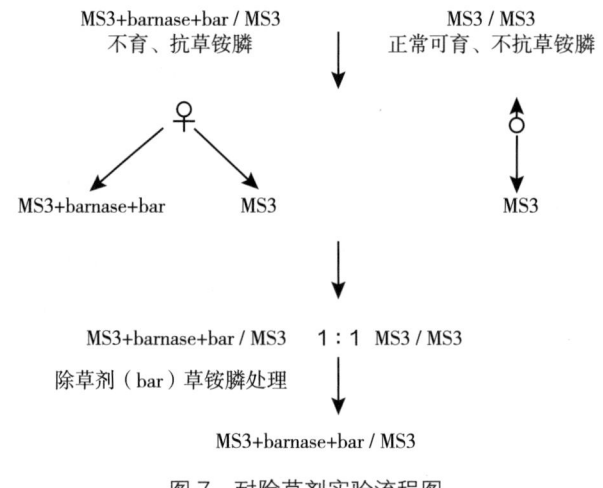

图 7　耐除草剂实验流程图

这项技术的关键是除草剂的应用浓度和时间以消除可育母本同时避免母本混杂到父本行为宜。在大量自交系背景下，不育已被证明是由复杂的多位点控制的。由于对除草剂敏感的母本分布不均，经常会导致一片密度大、一片密度小（Newhouse et al., 1996）。

另一个 SPT 技术系统命名为先锋结构不育（PCS），涉及雄性不育基因和化学诱导启动子。研究人员首先分离雄性不育基因 ms45 和其天然的启动子（Albertson et al., 1993），然后用化学诱导启动子取代原来的启动子，做了两件事：第一，用化学诱导启动子替换天然的启动子"关闭"雄性可育基因（化学诱导 Promoter+雄性可育基因）。第二，通过化学药剂的刺激启动可育基因。

两种不同的化学诱导遗传系统：一种是源于玉米的一种内源性的麦草畏（dicamba）

的化学诱导系统；另一种是源于欧洲玉米螟（Ostrinia nubilalis）蜕皮的外源化学诱导系统（Albertson et al., 2000）。

2006年，美国杜邦先锋推出了一种新型SPT制种技术。该技术综合利用了转基因技术、花粉败育技术和荧光蛋白色选技术，向隐性不育系ms45/ms45转入SPT插件［*Ms45* + *zm-aa1* + *DsRed*（*Alt1*）］，使得SPT两用系基因型处于杂合状态（ms45/ms45：*SPT*/-），产生两种花粉（ms45和ms45：SPT）。插件中，来自玉米的可育基因*Ms45*和花药特异启动子用于恢复ms45/ms45育性；来自玉米的α-淀粉酶基因和花粉特异启动子用于降解花粉粒中的淀粉，使具有转基因插件的花粉败育，无插件的花粉（*ms45*）可育；来自红珊瑚的*DsRed*（*Alt1*）基因用于表达荧光蛋白，使具有转基因插件的种子具有荧光红颜色，以利于色选（图8）。

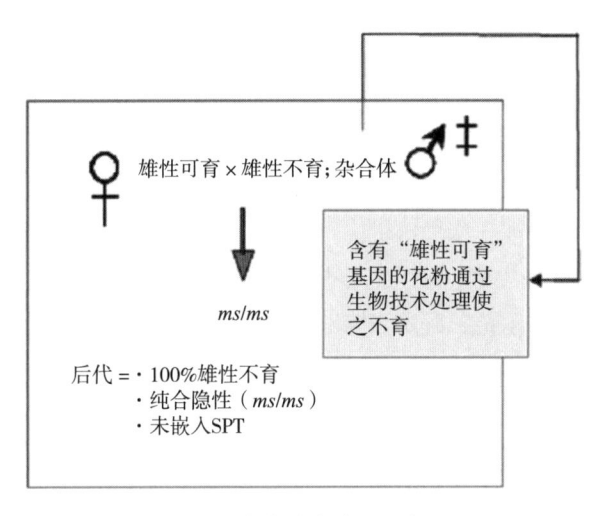

图8 雄性育性实验图解

该转基因株系自交后产生50%的不育系种子（非荧光种子）和50%的保持系种子（荧光种子），然后通过荧光色选技术分离这两种具有恢复基因和没有恢复基因的种子，从而实现一系两用的目的：非光种子可以作为不育系，用于玉米杂交育种和杂交制种；荧光种子自交产生保持系后代和正常颜色不育系种子。该技术是生物技术在种子生产技术中成功利用的标志。该技术需要具备的4个条件：一是核不育突变体。二是育性恢复基因。三是花粉失活基因。四是种子标记基因。

2017年7月，北京科技大学化学与生物工程学院万向元教授团队利用*ZmMs7*基因及其突变体（*ms7ms7*）成功创建了玉米多控不育技术体系，其技术原理类似先锋的SPT技术。通过构建含有5个功能元件的插件（1个育性恢复基因*ZmMs7*、2个花粉自我降解基因*ZmAA*和*Dam*、1个红色荧光基因*DsRed2*或*mCherry*及1个抗除草剂基因*Bar*）的表达载体，转入玉米后实现了育性恢复、花粉失活和种子标记。该技术获得了国家发明专利（ZL 201510301333.2）。

除此之外，2016年海南波莲水稻基因科技有限公司利用水稻 *CY81A6* 基因突变体 CY81A6-m1 创制了水稻 SPT 技术体系。北京大学现代农业研究院的邓兴旺团队也在研究小麦的 SPT 技术。

（四）种子生产机械装备研究进展

1. 玉米制种去雄机械

去雄是玉米杂交制种的重要环节，去雄需要耗费大量的人力、物力。在欧美国家，制种玉米去雄机械在 20 世纪 50 年代开始研究第二代，20 世纪 80 年代已经广泛应用。机械去雄可以有效地降低劳动强度、提高去雄效率、降低成本。主要的企业有法国 Bourgoin 公司、美国 Hagie 公司、美国 Modern Flow 公司、美国 Big John 公司、美国 Oxbo 公司等。新疆生产建设兵团农四师和黑龙江省宁安农场分别于 2006 年和 2007 年从法国引进 Bourgoin 公司的 4WD 2204 TURBO 型自走跨越式玉米抽雄机。2012 年，新疆昌农种业有限责任公司引进 2 台美国海吉制造公司生产的"海吉 204"玉米去雄机。2013 年，武威黄羊河农场引进美国海吉公司的 SP204 玉米去雄机。

我国对制种玉米机械去雄的研究起步较晚，从 2012 年公益性行业专项立项"杂交制种技术与关键设备研制与示范"开始研究玉米制种去雄机械。由北京金色农华种业科技有限公司李绍明负责，金色农华的顾建成具体实施。2015 年研制成功橡胶轮拔式抽雄机的样机。

2016 年，中国农业机械化科学研究院成功研制 3QXZ-6 型制种玉米去雄机。2017 年，新疆农垦科学院机械装备研究所设计了 39XZ-8 型自走跨越式玉米去雄机，可以满足不同父本和母本行比种植，不同行距不同高度的制种去雄作业。

从 2015 年开始，甘肃省有关部门和单位着手研制制种玉米去雄机。2020 年酒泉奥凯种子机械股份有限公司研发出适宜河西走廊制种玉米主产区的轻量化 3CX-8A 小型自走式制种玉米去雄机，可适用于小地块制种玉米去雄作业。

目前，机型效率、去雄质量基本满足要求，需要进行制种去雄机械的配套技术研究，进一步提高去雄质量。

2. 水稻"赶粉"机械——无人直升机

杂交水稻种子生产中"赶粉"是杂交水稻种子生产提高产量的重要环节，是水稻制种全程机械化进程的瓶颈。2012 年 4 月，深圳高科新农首次利用无人直升机在海南三亚进行杂交水稻制种辅助授粉。袁隆平院士表示："过去我们都是人工赶粉，用竹竿打，用绳子拉，杂交水稻技术传到美国后，美国人没有采用人工，而是采用有人驾驶直升机授粉，今天我们使用无人直升机辅助授粉，效果很不错，比美国人更进一步。"

传统人工"赶粉"时,父母本行比为 2∶12,由于父本只有两行,从栽插、授粉、收割只能人工。用无人直升机授粉,父母本的行比提高到 6∶50 或 6∶60,实现了父本的机插机收,提高了母本的种植比例。农机与农艺的完美结合实现了杂交水稻制种全程机械化,它是中国农用航空史的里程碑。

无人直升机授粉中机型、飞行高度、飞行速度、花粉密度等对赶粉的效果都有一定影响。试验表明,大疆 T16、T20 植保无人机型的飞行速度为 3~4 米/秒,飞行高度为距穗子 1.5~2 米,能保证授粉效果。

三、国内外研究进展比较

(一)国内外种子生产技术比较

1. 我国第三代杂交种子生产技术研究滞后,推广应用不足

我国杂交种子生产技术在第一代技术和第二代技术方面与国外发达国家差异不大,在水稻的三系法、两系法杂交种子生产技术方面领先于国外。1973 年实现了水稻"三系"配套,1976 年开始在生产上大面积推广。1995 年,两系法杂交水稻研究成功并投入应用,但在第三代杂交种子生产技术方面,我们落后于发达国家。2006 年,美国杜邦先锋公司推出了一种新型 SPT 制种技术。2017 年 7 月,北京科技大学化学与生物工程学院万向元教授团队创建了玉米多控不育技术体系,其技术原理类似先锋的 SPT 技术。

近几年,我国利用生物技术创制不育系的研究进步较快。2020 年 7 月,谢传晓团队利用 CRISPR/Cas9 的新系统简化了杂交育种的流程,仅需一步就可以创制不育系和保持系,同时解决了不育基因导入和不育株筛选的问题(Qi et al.,2020)。

2021 年 6 月 2 日,冯献忠团队利用 CRISPR/Cas9 技术可在短时间内创制稳定的大豆细胞核雄性不育突变体,为大豆杂交育种系统提供新的不育系材料。绒毡层细胞可以调节孢子发生和花粉壁发育(Chen et al., 2021),*ABORTED MICROSPORES*(*AMS*)基因是一种影响拟南芥绒毡层发育的 bHLH 转录因子。

2020 年 1 月,李传友团队和李常保团队合作提出了一种利用基因编辑技术在番茄骨干自交系背景下快速创制雄性不育系和保持系,并有效应用于杂交种子生产的策略(Du et al., 2020)。首先,为了创制雄性不育系,作者选取其中的一个基因 *SlSTR1* 作为靶标基因,对 *SlSTR1* 进行定向敲除,最终筛选出了 TB0993 背景的雄性不育系。其次,将正常功能的 *SlSTR1* 基因和控制花青素合成的 *SlANT1* 基因连锁在一起,共同转回前期筛选到的雄性不育系中,最终得到了育性恢复的紫色保持系。最后,以雄性不育系为母本,以保持系为父本进行杂交,其子代会分离出一半非转基因的雄性不育系和一半转基因的保持系,通过幼苗的颜色可以非常方便地区分出雄性不育系(非紫色),从而实现杂交制种。

利用生物技术创制不育系的基本思路：一是利用生物技术创造核不育突变体。二是利用育性恢复基因创制不育/可育杂合个体。三是利用花粉失活基因，使携带转基因插件的个体花粉败育。四是利用植物或种子标记基因后代选择区分不育与携带转基因插件的个体。

2. 一系法杂交种生产技术已取得初步成功，尚需进一步研究

一系法杂交种生产技术是以无融合生殖为基础的杂种优势固定技术。2017年1月，全球农业科技巨头企业先正达（Syngenta）公司在 Nature 杂志上报道了一个名为 MATRILINEAL（MTL）的玉米花粉特异性磷脂酶基因，该基因能诱导玉米单倍体的产生。MTL 基因（参与受精）还可以诱导杂交水稻单倍体种子的形成。

2018年12月12日，Nature 在线刊发了美国加州大学戴维斯分校 Venkatesan Sundaresan 研究组的一篇论文，该研究发现 AP2/ERF 家族转录因子 BABY BOOM1（BBM1）可以诱导水稻产生孤雌生殖，并利用有丝分裂替代减数分裂建立水稻无融合生殖体系，实现了水稻种子无性繁殖（Imtiyaz et al., 2019）。该基因孤雌生殖率高达26%。

我国于2019年成功研究出一系法杂交种。中国农业科学院中国水稻研究所水稻生物学国家重点实验室王克剑团队通过失活3个关键减数分裂基因 REC8、PAIR1 和 OSD，将减数分裂过程转变为类似有丝分裂的过程，从而建立了产生克隆配子的 MiMe 策略（Wang et al., 2019）。结合 BBM1 或编辑 MTL 基因实现了一系法杂交种生产，但生产效率低。

（二）我国种子生产理论与技术研究存在的问题

目前，中国种业迅速发展，已成为市场规模仅次于美国的全球第二大种业市场，但种子生产科学研究投入不足、技术水平较低，同种业市场发展尚不匹配，仍然存在一些问题，主要体现在以下三方面。

1. 国家缺少专门的种子生产研究平台，科研投入严重不足

根据《优势农产品区域布局规划》和种子产业发展对技术支撑的实际需要，结合种子科学技术研究优势，考虑农作物种类、生产基地分布及生态类型的差异，以全面提升中国种子产业科学技术与管理能力为目标，初步构建起我国不同作物、不同区域的种子生产技术支撑研究中心，重点解决影响玉米、水稻、棉花、小麦、十字花科蔬菜种子、茄果类蔬菜、瓜类蔬菜品种保持、种子纯度、活力和健康的关键问题，为高质量种子生产提供技术支持，切实提高我国种子竞争力。第三代杂交制种技术研究与应用与国外差距较大。

2. 人才队伍不能满足产业需求

师资队伍建设是决定能否保持和发展学科特色与优势的核心与关键，在人才队伍建设方面还存在如下问题。

（1）种子科学与技术研究薄弱，限制了种子科学技术教育水平和对产业的支持。

国内种子产业所需的种子科学与技术发展从依靠引进、消化吸收到与国际并进的水平，但与发达国家相比还有一些差距。自2003年开设种子本科专业至今已有40多所学校开设了农作物种子专业，但时间相对较短，具有研究生培养资格的学校较少，具有博士生培养资格的学校更少。目前，种子专业的专有师资队伍在全国有近200人，但多数师资来源于遗传育种，对种子生物学、种子加工贮藏、种子检验的知识了解较少，种子科学技术方面的创新研究严重不足。薄弱的种子科学技术研究限制了种子科学与技术人才培养水平的提高。

（2）种子科学与工程教育起步晚、基础薄弱，不能满足种子产业快速发展的要求。

在种子学本科设立前，只有山东农业大学（1985年）等极少数学校长期设立种子专科专业。2003年，中国农业大学开设了种子本科专业，随后山东农业大学及其他院校相继开设种子本科专业。由于种子科学与工程专业是一个发展仅10年的新专业，无论从师资还是从办学条件看都处于一个非常困难的时期，需要持续有效的建设和支持。

（3）部分种业从业人员专业知识不足。

我国种业从业人员中，除种子企业人员外，还有广大县级、乡镇级经销商参与到种子流通、储存、销售中。但是县乡两级经销商整体上专业知识水平有限，且多是非种子专业出身，种子科学与技术知识了解较少，对流通种子的保管、储藏等不够专业。

3. 企业规模小，生产技术的研发投入几乎为零

我国种子企业数量多规模小，市场集中度不高。多数企业只是"温饱和生存"状态，而真正有科研力量的不多。根据2022年的统计数据可知，目前我国持证种子企业有8700多家，但注册资金超过3000万元的种子公司仅有200多家，有科研能力的只有100多家。多数企业规模小，无力进行科研投资。有一定科研能力的企业，由于科研投资周期长、资金回报率低及人才短缺等，科研投资积极性不高，依赖国家投资的企业较多。利用生物技术解决生产技术研究和应用的门槛较高也限制了种子生产技术的研发。2022年，中央一号文件提出"推动国内种业加快企业并购和产业整合，引导种子企业与科研单位联合抓紧培育有核心竞争力的大型种子企业"。鼓励中国种业开展整合重组，壮大实力和规模，提升企业竞争力。

四、发展趋势及展望

（一）我国种子生产技术的发展战略需求

1. 加强种子生产基础理论和技术研究创新，增强种业发展后劲

理论和技术研究是种业振兴的根本。2023年，习近平总书记在主持政治局第三次集体学习时强调："加强基础研究，是实现高水平科技自立自强的迫切要求，是建设世界科技强国的必由之路。"未来5年，我国种子科学研究需在高质量种子分子遗传机理方面寻求突破，重点从以下几方面开展工作。

（1）研究高活力种子形成的分子机理和调控机制，为高活力种子生产提供理论支撑。包括生态条件（种子生产区划）、肥水等栽培措施、种子生长着生部位影响种子活力的分子机理等，重视表观遗传学在该领域可能发挥的重要作用。

（2）研究高活力种子的生产、调控技术。在种子生产环节，通过肥水等栽培措施及生长调节物质的施用，提高适期收获种子的初始活力水平；研究通过化控技术满足机械化制种要求；研究通过化学处理降低种子收获时含水量的技术措施，提高种子活力并降低制种成本。

（3）研究品种保持和保纯技术。我国种子企业重品种选育、轻种子生产的现象严重。一个品种审定后，由于生产技术的不正确造成品种优良性状丢失，而丧失利用价值，对于企业和社会都是很大的损失。研究品种特性的保持技术和保纯技术，延长品种的寿命，是种子生产的重要研究任务。

（4）研究健康种子的生产、加工处理技术，保障种子健康，发挥品种的增产效率，是绿色种子生产的又一重要任务。

2. 重视第三代种子生产技术研究与应用，降低种子生产成本，提高种业竞争力

第三代种子生产技术是以分子技术为基础创制的一系两用或一系法杂交种子生产技术，是降低制种成本、提高种子质量的重要技术。我国在该领域与国际上领先的国家存在较大差距。仅玉米具有专利，但未推广应用，水稻、小麦、棉花等作物还没有成熟的技术。国家应重视该领域的技术研究和应用，集中研究力量、加大投入，力争在短时间内赶上发达国家。

3. 加快种子生产机械化和相关配套技术研究

我国已经进入老龄化阶段，农村劳动力逐步短缺，机械化制种技术是应对劳动力短缺、降低制种成本、提高种业竞争力的重要途径。在玉米制种方面，进一步熟化玉米制种去雄机械，实现大、中、小型配套，适应我国不同地块制种需求。研究完善机械化制种相关配套技术研究：种子播前处理（母本种子一致性处理、父本种子延迟出苗处理及差异化出苗处理）、无人播种技术、机械去雄栽培技术、种子成熟调控技术、脱水技术等，满足制种机械化籽粒收获要求。针对水稻等需要辅助授粉的作物，研究无人机赶粉技术、化控技术等。

（二）推动种子生产组织形式的战略调整，提高企业的造血能力

我国种子行业集中度低，种子企业小而散、多而乱，产业集中度低，产业竞争能力弱，企业市场占有率较低。提升种子质量是提高我国种子企业的集中度、提高市场竞争力的重要途径。国家应从政策和财政两方面加大对企业的支持，鼓励产、学、研的兼并与长期合作；鼓励育繁推一体化企业对其他企业的兼并整合。提高企业的造血能力，鼓励企业增加科研投入，完善和壮大种子生产的"两条腿"科研投入机制。

提升种子质量是提高我国种子企业的集中度、提高市场竞争力的重要途径。国家应从政策和财政两方面加大对作物种子优势制种区域的规划和农田基础设施建设，为集中化、规模化开展种子生产创造基础设施条件。鼓励育繁推一体化种子企业同优势制种区域地方政府合作，共同开展制种技术人员培训、制种基地建设等工作，培育、扶持当地专业制种企业发展，增强制种技术水平，提高制种的集中化、规模化程度。

参考文献

[1] 王建华，张春庆. 种子生产学[M]. 北京：高等教育出版社，2006.
[2] 陆姗姗，吴承来，李岩，等. 玉米自交系性状保持和纯化的分子依据[J]. 作物，2018（1）：41-48.
[3] 陆姗姗，吴承来，李岩，等. 玉米自交系微小遗传差异对产量优势的贡献[J]. 玉米科学，2017，25（1）：6-14.
[4] 陆作楣，承泓良，焦达仁. 棉花"自交混繁法"原种生产技术研究[J]. 南京农业大学学报，1990（4）：14-20.
[5] 陆作楣，陶瑾. 稻麦良种繁育新技术—株系循环法[J]. 种子世界，1992（10）：18-19.
[6] 吴锁伟，万向元. 利用生物技术创建主要作物雄性不育杂交育种和制种的技术体系[J]. 中国生物工程，2018，38（1）：78-87.
[7] 郑兴飞，董华林，郭英，等. 两系法杂交水稻的育种成就与展望[J]. 作物研究，2021，35（5）：509-513.
[8] 杨大兵，夏明元，戚华雄. 水稻光温敏核不育系的育种研究现状与发展策略[J]. 湖北农业科学，2022，61（20）：5-8.
[9] 谢小玲. 中外种子企业商业成长模式比较研究——以孟山都为例[D]. 杭州：浙江大学，2014.
[10] 刘洋，李亚雄，卢勇涛，等. 几种国外制种玉米去雄机[J]. 新疆农机化，2010（4）：14.
[11] 邹卓然，王锦江，赵庆南，等. 制种玉米机械化去雄技术与装备研究现状[J]. 农业工程，2020，10（7）：19-24.
[12] 刘洋，李亚雄，毛罕平，等. 自走跨越式玉米去雄机的设计与试验[J]. 农机化研究，2017（7）：112-116.
[13] 王思瑶，潘晓玲，刘敏，等. 不育系培矮64S衍生的近等基因系的育性感温性及基因初定位研究[J]. 生命科学研究，2021，25（6）：479-487.
[14] 杨大兵，夏明元，戚华雄. 水稻光温敏核不育系的育种研究现状与发展策略[J]. 湖北农业科学，2022，61（20）：5-8.
[15] 王业文，吴升华，王保军，等. 我国三系杂交水稻育种发展的几个阶段及目前存在问题[J]. 陕西农业科学，2010（3）：92-95.
[16] 李成荃. 三系和两系杂交水稻育种进展[J]. 作物，1998（3）：3-6.
[17] 周正平，占小登，沈希宏，等. 我国水稻育种发展现状、展望及对策[J]. 中国稻米，2019（25）：1-4.
[18] 杨琳. 大白菜自交不亲和及远缘杂交柱头不亲和的特点研究[D]. 泰安：山东农业大学，2019.
[19] 代贵金，王彦荣，华泽田，等. 水稻雄性不育遗传及分子生物学研究进展[J]. 辽宁农业科学，2008（3）：47-50.

[20] 冯静. 水稻野败型细胞质雄性不育蛋白 WA352 的结构与功能研究［D］. 武汉：华中农业大学，2014.
[21] 史开兵，黄小明，陆作楣. 5种主要籼稻不育系细胞质的胞质效应研究［J］. 杂交水稻，2005，20（3）：64-67.
[22] 谢建坤，陈庆隆，万勇. 水稻细胞质雄性不育育性恢复遗传机理研究进展［J］. 江西农业学报，2003，15（2）：30-38.
[23] WEN D X, XU H C, HE M R, et al. Proteomic Analysis of Wheat Seeds Produced under Different Nitrogen Levels before and after Germination［J］. Food Chemistry，2021（340）：127937.
[24] WEN D X, HOU H C, MENG A J, et al. Rapid Evaluation of Seed Vigor by the Absolute Content of Protein in Seed Within the Same Crop［J］. Scientific Reports，2018（8）：5569.
[25] WANG M M, QU H B, ZHANG H D, et al. Hormone and RNA-seq Analyses Reveal the Mechanisms Underlying Differences in Seed Vigour at Different Maize Ear Positions［J］. Plant Molecular Biology，2019（99）：461-476.
[26] MENG A J, LI Y, ZHAO L M, et al. The Within-panicle Flowering Sequence of Hybrid Rice Affects Seed Vigour［J］. Australian Journal of Crop Science，2018，12（8）：1342-1350.
[27] KELLIHER T, STARR D, RICHBOURG L, et al. MATRILINEAL, a Sperm-specific Phospholipase, Triggers Maize Haploid Induction［J］. NATURE，2017（542）：105-123.
[28] WANG K J. Fixation of Hybrid Vigor in Rice：Synthetic Apomixis Generated by Genome Editing［J］.aBIOTECH，2020，1（1）：15-20.
[29] WANG C, LIU Q, SHEN Y. Clonal Seeds from Hybrid Rice by Simultaneous Genome Engineering of Meiosis and Fertilization Genes［J］. Nature Biotechnology，2019，37（3）：283-286.
[30] SYLVIE J, NICOLE F, OLIVIER C, et al. Turning Meiosis into Mitosis［J］. PLoS Biology，2009，7（6）：e1000118.
[31] DELPHINE M, SYLVIE J, MAUD R, et al. Turning Rice Meiosis into Mitosis［J］. Cell Research，2016（26）：1242-1254.
[32] MARIMUTHU MOHAN P A, SYLVIE J, MARUTHACHALAM R, et al. Synthetic Clonal Reproduction Through Seeds［J］. Science，2011，331（6019）：876.
[33] QI X T, ZHANG C S, ZHU J J, et al. Genome Editing Enables Next-Generation Hybrid Seed Production Technology［J］. Molecular Pant，2020，13（9）：262-1269.
[34] CHEN X, YANG S X, ZHANG Y H, et al. Generation of Male-sterile Soybean Lines with the CRISPR/Cas9 System［J］. Crop Journal，2021，9（6）：1270-1277.
[35] DU M M, ZHOU K, LIU Y Y, et al. A Biotechnology-based Male-sterility System for Hybrid Seed Production in Tomato［J］. The Plant Journal：for Cell and Molecular Biology，2020，102（5）：1090-1100.
[36] IMTIYAZ K, DEBRA S, YANG B, et al. A Male-expressed Rice Embryogenic Trigger Redirected for Asexual Propagation Through Seeds［J］. Nature，2019，565（7737）：91-3，95A-95L.

作者：张春庆

统稿：杨新泉　倪中福

种子加工贮藏研究

一、引言

高质量的种子是农业增产的关键。种子从播种到成熟被收获，整个阶段是在田间度过的；从收获到再次播种，也就是等待下次播种，这段时间是在室内度过的，而室内阶段往往比田间阶段更长（如水稻），如果是供歉收年份用的备荒种或品种资源，要求的贮藏时间更长。因此，种子贮藏工作显得十分重要。众所周知，生产上的良种指优良品种的优质种子，而优质的种子必须是纯净一致、饱满完整、健康无病虫、活力强的，要做到这些，就要在种子室内阶段下功夫，也就是要在种子加工与贮藏上努力。减少贮藏期间种子的数量损失及生活力和活力损失与田间增产粮食具有同等重要的意义。

良好的贮藏条件和科学的加工与贮藏管理方法可以延长种子的寿命、提高种子的播种品质、保持种子的活力，为作物的增产打下良好的基础。反之，如果种子贮藏工作没做好，轻则使种子生活力、活力下降，发芽力低到不能种用，重则整仓种子发热霉烂生虫，不能转商，也不能供人畜食用，给生产上播种带来困难，在经济上遭受重大损失，给农业生产带来巨大损失。特别是杂交种子，其价格较高，若贮藏不当，损失更大。种子加工精选具有的好处是千粒重、净度、发芽率提高；用种量减少；提高了工效，降低了劳动强度；节约粮食和农业成本；增产效果显著。种子安全贮藏的意义在于：保持种子的优良种性；节约种子、粮食，减少保管费用，种子数量不发生意外的减少；为扩种、备荒提供种子；为育种工作者提供种质，以创造新物种；为种子经营提供物质保障。

二、种子加工

（一）我国种子加工发展历程

种子加工是种子产业链中的重要一环，是提高种子质量的重要手段。中华人民共和国成立前，我国种子加工手段十分落后，精选种子的工具主要是农户使用的风车、筛子、簸箕等。中华人民共和国成立后，随着种子事业的发展，种子加工机械从无到有、从单机到配套、从国外引进到国内自主制造，取得了较快的发展。回顾我国种子加工机械化的前进历程，大致可分为下面几个阶段。

1. 起步阶段

20世纪50年代初期，我国从苏联引进了少量种子加工清选设备，并投放东北、新疆等大型机械化农场使用。随后又从匈牙利等国引进了若干台清选机。1957年，河南开封联合收割机厂试制了我国第一台0.8型种子清选机，一直生产到20世纪60年代中期；1959年，沈阳农具厂试制了一种3.0型复式清选机。这两种机型都没有实现批量生产，推广数少。1965年还从日本引进过5台谷物脱粒机。直到1975年，我国种子加工机械数量仍很少，更没有成型的专业生产企业。

1975年，全国种子工作会议提出了要发展种子加工机械。1976年，国家投资将原河北省石家庄市良棉轧花厂改造建成国内第一家种子机械专业生产企业——石家庄市种子机械厂。1977年，黑龙江省宝清县八五二农场建立了种子清选机厂。与此同时，农业机械部和农业部组织专家研究选型，并于1976—1977年从德国皮特库斯公司引进了K541型复式种子清选机，从瑞士布勒公司引进MTLB-100型重力（比重）清选机，将它们作为样机进行测绘、仿制，生产出两种国产的种子加工单机，分别命名为5XF-1.3A型风筛清选机和5XZ-1.0型重力（比重）清选机。在此期间，国内其他科研单位也开发研制了一批单机，如5X-0.7型清选机及其他类型的烘干机、小型脱粒机、小型轧花机等。另外，很多种子经营者积极购置机械，进行加工精选，这些都标志着我国种子加工机械化工作的起步。

2. "四化一供"阶段

1978年，国务院批转农林部《关于加强种子工作的报告》，要求各部门要密切配合，尽快实现种子加工机械化。此后，各级政府和种子部门都把种子加工机械化摆上了重要议事日程，加大投资力度，成立种子加工机械专门机构，组织示范推广。从此，我国种子加工机械的生产和推广工作得到了较快发展。

机械制造部门按照国务院的要求，努力仿制、试制、生产各种种子加工机械，短时间内，生产企业发展到近30家，产品有20多种类型200多个型号规格，年生产能力超过5000台，单机生产率达0.5~0.7吨/时。但这时生产和使用的主要是单机，成套设备较少。

1979—1980年，河北、山西、内蒙古、吉林、黑龙江、山东、江苏、河南等省（自治区）自筹外汇，进口各种不同类型的种子加工成套设备。如河北省正定市从瑞士布勒公司引进精选加工成套设备，山西省忻州市从美国克力伯公司引进种子干燥、精选加工成套设备，内蒙古自治区通辽市从美国玉米州公司引进玉米果穗干燥、精选加工成套设备，吉林省怀德镇（公主岭市）从美国玉米州公司引进玉米果穗烘干部分、从瑞士布勒公司引进玉米种子精选加工成套设备，吉林省吉林市从日本山本制作所引进水稻种子干燥、精选加工成套设备，黑龙江省绥化市从美国玉米州公司引进玉米果穗干燥、精选加工成套设备，山东省聊城市从美国拉莫斯公司引进棉籽轧花、从美国西方石油设备公司引进棉籽泡沫酸脱绒设备，河南省偃师区从丹麦西伯利亚公司引进籽粒烘干、精选加工成套设备。

积极引进国外成套设备的同时，1980年利用建设第二批"四化一供"试点县的资金，由黑龙江省农副产品加工机械化研究所在黑龙江省呼兰区利用已经推广使用的两种单机连线组建成一条简易种子加工流水线，这是我国种子加工成套设备的雏形。

为抓好种子精选机的质量，1978年，农业机械部生产局和农业部种子局联合召开了制造和使用单位参加的种子精选机质量汇报座谈会，认真地研究提高种子加工机械质量的措施，经过几年的努力，国产种子加工单机质量有了很大的提高。原甘肃省酒泉种子机械厂生产的5XF—1.3A型复式种子精选机于1985年获国家优质产品银质奖，还有部分产品出口到国外。

到1981年，全国各地已拥有各种不同类型种子精选机5000多台，种子烘干机260多台，烘干室、烘干房、烘干炕1400多个，同时引进了10套现代化种子加工设备。精选的作物也从麦类、稻谷、玉米扩大到高粱、谷子、豆类、麻类和绿肥。使用的范围也由试点县发展到全国各省（直辖市、自治区）各级种子公司（站）。1978年精选种子不到5万吨，1979年增加到20万吨，1980年达到60万吨。

"六五"期间，种子加工机械化投资渠道有所拓宽，除种子专项投资外，还有商品粮基地等方面的资金扶持，因此加快了发展进程。在加工机械装备方面，一是国内多个科研、生产部门测绘、仿制和自主研制，如农业部农业工程研究设计院在研学了从奥地利海德公司引进的设备后，结合我国的实际情况，设计生产了每小时喂入量为5吨小麦种子的加工成套设备。上海向明机械厂开发出每小时喂入量为1吨小麦种子的种子加工成套设备。为解决多年来东北地区种子收获时常遇低温早霜、种子脱水困难、极易受冻而丧失发芽率的问题，在研学了美国和法国相关设备后，由农业部种子局委托黑龙江省农副产品加工机械化研究所利用原有仓库设计建造了玉米果穗烘干室等。二是继续引进国外的新技术、先进的成套加工设备。1983年，利用联合国开发署提供的资金，我国从美国西方石油设备公司引进棉籽稀硫酸脱绒设备，安装在重点产棉县湖北省仙桃市，其后农业部农业工程研究设计院与湖北省机电研究院研学了这方面的技术资料，开发研制了国产棉籽泡沫酸脱绒设备。

为抓好引进成套设备的使用、管理，提高作业效率和质量，1982年，全国种子总站召开了第一次种子加工厂工作会议，会议要求在建的厂要加快建设速度，争取早日投产；已建成的加工厂要学好操作技能，建成规章制度，保证正常运转，同时要加强技术培训，总结经验，做好宣传，起到示范指导作用。为进一步推动种子加工机械化发展，1986年在湖北省武汉市召开了第二次全国种子加工精选工作会议。会上统计，经过"六五"期间的建设，截至1985年年底，全国拥有种子精选机9514台，累计加工各类种子465万吨，并评出6个省市级、17个地县级种子机械加工先进单位，70名先进个人和优秀机手。

"七五"和"八五"期间投资渠道进一步拓宽，除了种子方面的专项投资，世界银行贷款、商品粮基地、优质棉基地、农业综合开发等项目资金都有购置种子加工机械的内容，另外，地方政府和种子公司（站）为提高商品种子的竞争力，也积极建立种子加工厂，因此种子加工机械化得到了更快的发展。

针对我国研制、生产种子加工机械时间短、经验不足、国产设备质量普遍较差的情况，1987年，全国种子总站编写了《组建种子加工厂管理办法（试行）》和《种子加工成套设备（精选加工部门）验收规定（试行）》，并印发全国各地执行，对促进国产种子加工成套设备质量提高起了一定作用，为以后制定种子加工成套设备行业标准奠定了基础。为了进一步交流总结发展种子加工机械化的经验，召开了第三次全国种子精选工作会议，从会议上反映的情况看，"七五"期间种子加工机械化的发展发生了新变化：由单机向机组和成套设备发展，由小型向中型发展，由粮食作物向棉花、蔬菜等多种作物发展，由单纯的加工精选向拌药、包衣、丸粒化、包装发展。特别是国产化率大幅上升，质量显著提高。会上统计，到1989年，全国有种子精选机8480台，因刚淘汰了一大批质量较差的旧机械，故总量有所下降，但成套设备发展到223套，整个加工机械质量有了很大提高。根据"七五"期间的经验，会上议定了"八五"期间的发展思路：以优质服务为宗旨，以提高种子质量和商品化水平为重点，加强管理、提高效率，积极开发新的加工项目，充分发挥现有设备的作用；统筹规划、合理布局、分类指导、择优选型，积极发展种子机械加工事业，稳步实现加工机械化、包装商品化。

由于"七五""八五"期间投入力度加大，加上各级领导和种子部门对种子加工精选工作更加重视，农民对种子质量要求更高，因此，这10年（1986—1995年）种子加工机械化发展速度较前10年快得多。1995年，种子加工单机9000多台、成套设备612套（比1989年增加389套）；种子加工精选能力达330万吨，种子加工精选量240万吨，较"六五"期间都有较大幅度增长。

3. 种子工程阶段

1996年开始实施种子工程。种子工程是以加工包装和标牌统供为突破口的"抓中间、带两头"的战略，因此"九五"期间，针对加工机械化工作，各级政府和种子部门无论是重视程度、工作力度，还是投资金额都是前所未有的。到1999年，农业部级组织建设了215个大中型种子加工中心、种子包装材料厂和种子机械厂，其中种子加工成套设备在2000年达到767套，比1995年增加了155套，增长了25%。

为了保证种子精选任务的完成，1999年全国农业技术推广服务中心在江西南昌市召开第四次全国种子加工工作会议，会议总结交流了种子精选加工推广工作的情况和经验；汇报了种子加工项目建设情况；着重研究了种子机械生产厂建设中存在的问题和解决措施，有效地指导了种子加工中心和种子机械生产企业在建项目的实施。

截至"九五"种子工程结束，全国种子加工能力达490万吨，比1995年增加了160万吨，增长了48%；种子加工精选质量350万吨，比1995年增加了150万吨，增长了75%；种子包衣量150万吨，比1995年增加了110万吨，增长了2.75倍；水稻、小麦、玉米、棉花四大作物的标牌统供量360万吨，比1995年增加了170万吨，增长了89.4%。因此"九五"种子工程是加工机械化大发展时期。

通过"九五"种子工程的实施，2000年后种子企业对加工更加重视，特别是2000年《中华人民共和国种子法》的实施，将企业拥有种子加工机械作为申领许可证的必要条件之一，同时种子企业根据自身的发展需要，新建了一批种子加工包装中心，种子市场对种子加工工作提出了更高要求。种子加工机械化扎实稳步地向前推进。

2002—2007年，我国登海种业、敦煌种业等种子企业与先锋、先正达等世界玉米种子加工巨头强强联合，在国内建设了多家玉米种子"育繁推"合资企业。这些企业的生产模式很快引领了我国玉米种子产业，尤其是在种子加工模式方面最为突出。

2007—2015年，国内玉米种子加工业通过不断合作创新，逐步形成了一套成熟统一的玉米种子加工工艺流程。在玉米种子工厂化加工过程中，玉米果穗收获环节和加工设备的加工效果是有效保证种子加工质量的关键因素，为了能够生产出质量合格的种子，给种子加工企业创造利润，在玉米种子加工过程中，应从果穗收获和种子加工两个环节考虑，降低对玉米种子的破碎，发挥种子加工设备最佳加工性能。

4. 种业振兴阶段

为深入贯彻落实《国务院关于加快推进现代农作物种业发展的意见》（国发〔2011〕8号）和《国务院办公厅关于深化种业体制改革提高创新能力的意见》（国办发〔2013〕109号），依据《国家中长期科学与技术发展规划纲要（2006—2020年）》《国家粮食安全中长期规划纲要（2008—2020年）》和国务院印发的《关于深化中央财政科技计划（专项、基金等）管理改革方案的通知》（国发〔2014〕64号），启动实施水稻、玉米、小麦、大豆、棉花、油菜、蔬菜七大农作物育种试点专项。

专项按照"加强基础研究、突破前沿技术、创制重大品种、引领现代种业"的总体思路，以七大农作物为对象，重点部署五大任务，即优异种质资源鉴定与利用、主要农作物基因组学研究、育种技术与材料创新、重大品种选育、良种繁育与种子加工。根据重点研发计划的统一部署，2016年在优异种质资源鉴定与利用、基因组学研究、育种技术与材料创新3个领域启动了21个项目；2017年围绕重大品种选育和良种繁育2个领域启动了20个项目。这些项目的组织实施取得了初步成效。在此基础上，2018年启动了包括重大品种选育领域的7个项目和良种繁育与种子加工领域的3个项目。良种繁育与种子加工主要开展"主要农作物良种繁育关键技术研究与示范""主要农作物种子活力及其保持技术研究与应用""主要农作物种子加工与商品质量控制技术研究与应用"。特别是"主要农作物种子加工与商品质量控制技术研究与应用"，开展了水稻、小麦、玉米、大豆、油菜、棉花、蔬菜等主要农作物种子精选、加工、处理等过程中低损伤加工技术研究；研究种子精选、贮存、种子处理等环节关键技术并制定标准化规程；研究主要农作物种子易传播病害检测及防控消毒技术，建立种子健康标准化控制体系；研制改进种子精选、漂洗、包衣、丸粒化、包装等环节绿色、节能、智能配套设备，针对我国主要农作物种子加工研究建立新工艺技术体系及智能控制系统；研制从种子收获、干燥到播种前的全过程的种子质量检测技术体系。取得针对水稻、小麦、玉米、大豆、油菜、棉花、蔬菜等农作物种子加工低损伤新技术、新方法8项以上，形成主要农作物种子精选、加工分级、种子处理等技术规程15项以上，研制新型种子加工配套设备5~7台（套）。生产加工高效包衣玉米种子流通量达到4000万千克、水稻种子流通量达到1000万千克，小麦种子流通量达到3000万千克，大豆、油菜、棉花、蔬菜种子流通量分别达到100万千克。

2020年12月中央经济工作会议指出，要解决好种子和耕地问题。保障粮食安全，关键在于落实藏粮于地、藏粮于技战略。2021年7月9日，中央全面深化改革委员会第二十次会议审议通过《种业振兴行动方案》，强调保障种源自主可控比过去任何时候都要紧迫；必须把种源安全提升到关系国家安全的战略高度，集中力量破难题、补短板、强优势、控风险，实现种业科技自立自强、种源自主可控。2021年8月，国家发改委、农业农村部联合印发的《"十四五"现代种业提升工程建设规划》指出，种业处于农业整个产业链的源头，是建设现代农业的标志性、先导性工程，是国家战略性、基础性核心产业。《中华人民共和国种子法》于2021年12月24日第四次修订，自2022年3月1日起实施，为中国种业振兴保驾护航。2022年4月10日，习近平总书记在海南省三亚市崖州湾种子实验室考察调研时强调，种子是我国粮食安全的关键。只有用自己的手攥紧中国种子，才能端稳中国饭碗，才能实现粮食安全。这标志着我国种业开始进入现代种业发展阶段和全面快速发展时期。

为响应国家种业振兴计划，除央企强势进入种业成为国内主要种企实际控制人外，多个省（直辖市、自治区）纷纷筹备、组建省级种业集团，提高本地区种业竞争力，区域性种业大集团应运而生。种业兼并重组加快，逐步形成"国进民退"的种业格局。与此同时，种子加工技术与加工机械也得到了较快的发展。

（二）我国种子加工机械化现状与存在的问题

种子加工主要包括种子干燥、清选、包衣、包装等环节，从种子加工机械看，普遍存在以下问题。

（1）种子干燥设备。

我国较少研究热风温度、干燥时间等因素对种子活力的影响，从而导致机型单一、烘干工艺落后，没有适合种子干燥的专用机型或特定工艺。对不同类型种子的干燥缺少相应的实验数据，实际操作中存在盲目性；干燥机械化水平、自动化程度低。干燥过程中易产生破碎粒、"爆腰"粒，影响种子质量；干燥机热风炉故障率高，机器可靠性差，运行中噪声、灰尘大，环境污染严重。

（2）种子清选设备。

当前的种子加工厂均使用通用设备，很难根据种子的特点选择合适的清选设备。有些设备稳定性较差，精选的效果不稳定，不同程度地拖延了种子加工的时间。清选设备主要包括风筛式清选机、窝眼筒清选机、重力式清选机等，这些大多是国外样机的仿制产品，由于制造工艺、使用材质、加工精度等存在差异，使用性能大大降低。由于不同种子的表面特征、理化特性等相差较大、专用机型缺乏、参数调节性差，同时易受电压波动等外界因素影响，清选效果时好时坏。运行稳定性差，较少考虑加工操作实际，工人完成清机、参数调节等工作时不便。

（3）种子包衣设备。

从当前的种子包衣机械设备来看，种子与药液很难均匀接触，种子表面的药液无法均匀覆盖，并且黏着剂毒性较大，会对种子加工的工作人员的身体造成危害。种子进行包衣后，种子的含水量增加，所以，加工人员需要把含水量较高的种子进行烘干再贮藏，这大大增加了种子加工人员的工作量。设备设计不够完善，做工粗糙，造粒过程中种子与内壁会发生碰撞，造成种子种皮破损、种子破碎，直接影响种子出苗质量。包衣过程中容易出现漏粉、粘锅的现象，容易污染环境，缺少对操作人员的保护措施。

（4）种子包装设备。

种子小包装包括计量、制袋、充填、封袋等一系列流程。目前大部分包装工作仍是人工完成，国内尚缺少真正意义上的全自动种子包装机。国产半自动包装机多为通用型设备，广泛应用于食品、化工等行业。由于种子特殊的理化性质，采用此类机械进行种子计量难以保证称量精度。

（三）我国种子加工机械行业与国外的差距与需求

我国种子加工机械行业经过半个多世纪的发展，虽然取得了长足进步，但与国外先进水平相比仍存在较大差距，主要体现在以下几个方面。

（1）设备多为中小型，缺乏大型设备。

我国种子产业发展处于初期阶段，种子企业规模较小，大型设备应用少。随着我国种子产业的发展，大型设备的需求量日益增加，种子清选加工装备大型化将成为必然趋势。但由于大型设备的研发和生产周期长、成本高、耗费大，国内对大型设备的投入少，所以市场上仍多为中小型设备，无法满足国内对大型设备数量日益增长的需求。因此，生产应用中的大型、超大型设备仍多为进口设备。

（2）设备多为通用机型，专用机型较少。

我国种子类型和品种繁多，品种间特性差异大，要实现不同种子的高效清选，需针对特定类型和品种开发与之对应的设备。但现有设备多为通用型，存在适应性差、作业质量不佳等问题，难以满足多品种高质量清选作业要求。相较于国外，我国在种子清选专用设备方面的研究仍较少。

在蔬菜种子的加工中，国产机械由于加工能力不适应蔬菜种子特征特性要求，尤其是种子生产量的要求，基本上不能用于蔬菜种子加工，仅有部分包衣机械可用于蔬菜种子生产，蔬菜种子加工机械基本上为进口产品。在牧草种子加工机械方面，我国的技术水平与国外差距更大，外国进口草种一统中国牧草种子市场的重要原因就是国产牧草种子的生产加工水平低，不能适应市场需求。

（3）设备自主创新不足，技术含量不高。

国内种子清选设备加工企业大多规模小、自主创新意识不强、研发投入少、创新能力弱，清选设备多仿制国外相关机型，缺乏数据和技术积累，设备整体性能还无法满足种子高质量清选要求。同时，在加工工艺、材料选用、制造水平等方面与国外先进水平仍存在差距。

（4）设备形式单一，标准化和系列化程度低。

目前，市场上种子加工机械生产厂家多，产品纷繁杂乱，各加工机械零部件生产厂家相互独立，即使是同种型号的种子加工机械，其零部件也不可互换。国内设备核心作业部件结构形式相对单一，产品标准化、系列化程度低，无法根据不同的作业需求选用适合的核心部件，从而满足清选要求，设备的适应性和作业质量尚无法达到国外先进水平。

（5）设备的可操控性较差，使用操作不方便。

与国外先进设备大量采用液压、传感、计算机、远程操作等先进技术相比，国内清选设备的调节控制仍多为传统的机械式，使得设备的使用不方便，参数调节不够精确快捷，操作与维护过程存在一定安全风险，自动控制方面还有待提升。

（6）种子加工机械技术工艺落后。

目前，我国的种子加工机械相比于发达国家，设备质量还有一定差距，整个生产加工中采用的技术工艺相对落后，与现代化的计算机辅助控制、生产、检测等环节没有建立良性的衔接平台，没有形成有针对性的参差分级和结合实际国情的工序工艺。在零件加工方面，国外大多采用电脑自动辅助制造（CAM），而我国种子加工自动化程度低，对于复杂形状的钣金件和机械加工零件的生产还没有专用的胎具、模具和刀具。在干燥技术方面，国内干燥工艺和测控水平还是种子烘干质量的瓶颈，各类种子的强化传热传质机理与综合干燥技术及水分在线自动检测研究不够深入，对产品设计的系列化、通用化、标准化认识不深刻，对不同类种子干燥缺少相应的实验数据，实际操作中带有很大的盲目性。在加工设备生产环境方面，我国的种子加工机械生产厂家大多只考虑加工机械的基本性能，在主机振动、能耗、防尘、降低噪声等方面很少进行研究，导致机械使用寿命缩短，经济成本增加。

（7）基础研究不深入，照搬理论框架。

要想研发适合的种子加工机械，一定要先研究种子的特性，如物理特征、化学性质等。但是，很少有厂家对种子的不同参数进行探究，更不用说根据厂家的具体需求进行研究了。国产种子机械在原理上可行，但应用到实际操作中经常会出现小故障。这就是因为技术人员在研发种子加工机械时照搬理论框架，没有从使用者的角度进行考虑，如操作是否简便，机械是否容易维护等。只有结合种子的特性，从使用者的角度出发，不断地吸纳使用者反馈的意见，才能找出一条适合我国国情的种子加工机械之路。

（8）种子加工人员整体素质有待提高。

种子企业加工技术人员是加工机械的具体操作者，当前种子系统的加工人员队伍一般是由1~2名正式职工和多名临时工组成的，学习过种子加工机械的专业人员较少，有种子加工从业资格证的专业人员就更不多了。由于种子机械加工是一项环节多、技术性很强的工作，种子加工人员如果整体素质不高，缺乏机械原理基础知识和操作技能，就难以胜任种子加工机械操作、保养及故障排除等工作。

三、种子贮藏

（一）我国种子贮藏加工发展历程

1. 古代种子贮藏的萌芽阶段

我国古代，从游牧狩猎转为定居即建立原始农业，人们要从事野生植物的迁地栽培和周期性耕种，随着作物的人工栽培，自然会遇到采种、保存和播种工作中的许多问题。浙江余姚河姆渡遗址发现大量农业工具、"杆栏式"仓房和大量炭化稻粒，距今已有近7000年。这是中国已发现最早的仓房遗迹。在我国西安出土的5000多年前半坡村遗址中发现了贮粮地窖，其盛有许多炭化粟粒，这是中国迄今发现最早的地下贮粮设施。

我国是一个农业古国，又是世界上最大的植物起源中心，我们的祖先通过长期的辛勤劳动，在播种、收获、保藏、处理种子方面积累了丰富的经验和知识。早在2400多年前的《周礼》古书中就有关于种子的论述。汉代的《氾胜之书》与北魏的《齐民要术》是根据我国当时黄河中游农业生产写成的实践综述。内容涉及农、林、牧、副等方面。其中关于作物采种、留种技术及保藏种子的方法都是十分宝贵的记载。在《氾胜之书》中记有豆类与麦类的采种经验。例如，"麦种候熟可获，择穗大疆者，斩、束、立场中之高燥处，曝使极燥"。《齐民要术》中对于防虫则有采用日晒后趁热入仓的记载，即"窖麦法，必须日曝令干，及热埋之"。这个方法经过20世纪50年代全国科研与粮食保管单位共同验证，它不仅能防治虫害，而且有利于保持种用和食用品质，对于保管小麦作物尤为适宜，至今仍在应用。

总结农业生产、记载有关种子贮藏和加工技术的书籍我国历代都有，比较著名的有唐代的《四时纂要》、元代的《农桑衣食撮要》、明代的《农政全书》等。可见我国农业技术的发展过程，许多是很值得我们用科学方法去总结和应用的。

2. 近代种子贮藏的发展

种子贮藏学是种子学的一个分支。1869年，科学家Nobbe首次发表了种子科技方面的巨著《种子学手册》，因此被推崇为种子学的创始人。此后，许多杰出的科学家对种子科学做出了引人注目的贡献，在贮藏方面如De Vries揭示了后熟与温度的关系（De Vries et al., 1891），Haberlandt等对种子寿命进行了长期研究（Haberlandt et al., 1874）。在国外，关于种子贮藏的书刊在19世纪30—40年代问世，1832年法国Aug. Pyr.de Candolle在他的《蔬菜生理学》中列了"种子保存"一章。他指出，如果将种子贮藏在隔热、防潮和避免氧气影响的条件下，种子的生命就能延长。19世纪30年代，有三四本用法文和德文写的有关种子贮藏的书。1840—1875年，每十年出版的著作较19世纪30年代少，但一般增加了内容深度。约从1875年起，相关报道数量激增。1890—1910年，发表的论文大量增加，且用英文写的越来越多。

3. 20世纪种子贮藏的快速发展

20世纪是种子科学迅猛发展并推动世界各国种子工作及农业生产前进的重要时期。20世纪中叶后，涉及种子贮藏方面的著作不少，如苏联科学家柯兹米娜（Н. П. Козьмина）的《种子学》、什马尔科（В. С. Щмалько）的《种子贮藏原理》、鲁契金（В. Н. Ручкин）的《农产品贮藏与加工原理》、叶常丰等的《种子学》和《种子贮藏与检验》，美国朱斯梯士（O. L. Justice）和巴士（L. N. Bass）合著的《种子贮藏原理与实践》等，这些著作对我国种子科学尤其贮藏加工的普及和发展起了积极作用。1980年，国际种子检验协会（ISTA）设立了种子贮藏委员会，下分7个工作组：气调贮藏、运输中生活力的保持、老化的生理学、长期贮藏对种子遗传完整性和行为的影响、顽拗型种子的贮藏、种源地对种子寿命的影响、贮藏真菌对种子寿命的影响。1974年成立了国际植物遗传资源委员会（IBPGR），其使命是鼓励、支持和开展各种活动，以加强世界各国对植物遗传资源的保存和利用工作，并在中国设有办事处。1994年，IBPGR改组为国际植物遗传资源研究所（IPGRI）。如今，IPGRI又改称为Bioversity International。目前，全世界已有1750座低温库，保存了约 740 万份作物种质资源，以种子形式保存的约占总资源量的 90%。低温种子库是种质资源保存的主要途径。这些国际机构与组织对推动世界各国种子科技和种子贮藏工作发展起到了重要作用。

近年来，在各国科学家的共同努力下，种子贮藏加工科学的发展进入了新阶段，在种子生命活动及劣变过程中的亚细胞结构变化和分子生物学、种子活力的测定、种子寿命的预测、顽拗型种子的贮藏、种子的超干贮藏、种子的超低温贮藏、核心种质的构建和保存等方面的研究均达到了一定的深度。

中华人民共和国成立前，我国的种子产业未从粮食部门独立出来，种子贮藏加工方面可以说摸索到了一些经验。中华人民共和国成立后，农业生产迅速发展，种子相关工作和相应的学科才受到重视而逐步加强。从 20 世纪 50 年代开始，大力贯彻推行"自选、自繁、自留、自用，辅之以必要的调剂"（简称"四自一辅"）的种子工作方针，各地纷纷建立种子仓库，但以民房改建的简易仓较多，条件较差。1978 年，根据国家加强种子工作的精神，各地先后建立了各级种子公司，并在以往"四自一辅"方针的基础上，总结过去长期实践经验，提出了种子工作"四化一供"，即"种子生产专门化、种子加工机械化、种子质量标准化、品种布局区域化，并以县为单位组织统一供种"。这期间种子仓库建造量大增，质量也有所提高，而且不少地方还建立了低温库和种子加工厂，使得种子贮藏的年限得到延长，种子加工水平得到了提高。1995 年，我国提出创建种子工程。种子工程具体包括种质资源收集和利用、新品种选育和引进、品种适应性区域试验、新品种审定和管理、原种繁殖、良种生产、种子加工精选、种子包衣、种子挂牌包装、种子贮藏保管、种子收购销售、种子调拨运输、种子检疫、种子检验和种子管理 15 项内容。我国还制定了一系列种子的规程和法规。1989 年，国务院颁布了《中华人民共和国种子管理条例》，1991 年提出了《中华人民共和国种子管理条例农作物种子实施细则》。2000 年 7 月 8 日，第九届全国人民代表大会常务委员会通过了《中华人民共和国种子法》，自同年 12 月 1 日起施行，国务院发布的《中华人民共和国种子管理条例》同时废止。《中华人民共和国种子法》提出"国家建立种子贮备制度，主要用于发生灾害时的生产需要，保障农业生产安全。对贮备的种子应当定期检验和更新"。同时将"具有能够正确识别所经营的种子、检验种子质量、掌握种子贮藏、保管技术的人员"和"具有与经营种子的种类、数量相适应的营业场所及加工、包装、贮藏保管设施和检验种子质量的仪器设备"作为申请领取种子经营许可证的单位和个人应当具备的条件。《中华人民共和国种子法》还明确规定"销售的种子应当加工、分级、包装"。从而在法律上对种子贮藏加工提出了更高的要求。

目前，据不完全统计，我国已建成国家种质保存长期库和长期异地复份保存库各 1 座、中期库 39 座。截至 2018 年，长期保存的资源总量达 49.5 万份（其中有 200 多种作物），位居世界第一。

（二）种子贮藏研究现状

有较多的高校和科研院所进行了不同类型种子的贮藏研究，包括种子贮藏的湿度条件、温度条件的研究，种子包装的研究，种子贮藏后活力提升的研究，仓库害虫防治的研究，等等。还有一些单位开展了种子的超低温和超干水分的研究。对于一些经济价值较高的顽拗种子和中药材种子也有研究。

1. 种子贮藏及机理研究

有研究通过调查杂交水稻及其三系种子的贮藏特性和生理生化变化提出，普通种子仓库贮藏水稻种子的安全含水量应控制在 11.5% 以下，低温仓库（15℃）的安全含水量应控制在 13% 以下（胡晋等，1988）。另一项研究探讨了杂交水稻及其三系种子耐藏性的差异，比较了籼型与粳型杂交稻的贮藏条件，针对所研究的材料，认为籼型种子以恢复系 IR26 的耐藏性最好，贮藏后的活力水平最高，汕优 6 号和珍汕 97A 贮后的活力水平相近且最低，耐藏性最差（胡晋等，1989）。粳型种子中恢复系 77302-1 和虎优 1 号的耐藏性最好，贮藏后的活力水平相近且最高，农虎 26B 贮藏后的活力最低，耐藏性最差。试验探讨了不同种子耐藏性存在差异的原因，认为种子原始活力和种子覆盖物的保护性差异（裂壳率和柱头夹持率）是造成耐藏性不同的主要原因，细胞质基因对种子的耐藏性也有一定的影响。

王景升于 20 世纪 90 年代对玉米种子贮藏技术条件进行了研究。试验表明，贮藏温度是影响玉米种子安全贮藏的重要条件，因此库房建设应选好隔热材料。骆尚海研究认为，普通库越年贮藏杂交稻种，如果在一定范围内控制种子含水量和仓内相对湿度对种子发芽率影响较小，因此应选用隔热、防水、防潮性好的仓库（骆尚海等，1993）。还有一项研究认为，对种子影响最大的是种子水分和贮藏期间的库温（王治虎等，1996）。降低种子含水量，同时库房内保持较低的相对湿度。只要做好仓库的密闭工作，并定期更换干燥剂，就可达到延长种子使用年限的目的。有研究认为，我国北方谷子的贮藏条件以低温密闭最好（张存信等，1999）。我国虽然对确定种子贮藏需要的环境条件进行了一些研究，但对于种子贮藏库房环境条件（温湿度）如何满足种子贮藏的要求研究甚少。

种子贮藏环境的降湿比降温相对容易，造价也低（吴贻升，1996）。低湿环境还能抑制微生物的生长繁殖，适合贮藏大量生产用种子。罗布麻种子在低湿、密闭限氧的条件下贮存，种子寿命可得到有效延长（胡瑞林等，1996）。有研究认为，菜豆种子适于贮藏在低温低湿且低水分的条件下（吴晓珍等，1998）。另一项研究认为，最佳含水量指种子贮藏在该含水量下可最大限度地延长寿命（张云兰等，2001）。许多作物种子都可进行超干贮藏，但不同类型种子耐干程度差异较大，小粒种子的耐干性强于大粒种子，禾谷类作物种子的耐干性强于豆类种子。徐刚标首次对银杏种子进行了相关的贮藏研究，为超低温技术在树木种子保存上的应用提供了理论和方法依据（徐刚标等，2001）。掌握"三温三湿"变化规律,即大气、仓内和种堆温度、湿度,对种子的安全贮藏有重要意义(胡晋,2001)。研究表明,在准低温条件下稻谷贮藏10个月,种子发芽率从90%左右降到80%左右;在低温条件下稻谷贮藏13个月,种子发芽率从90%左右降至80%左右(陈淑清等,1987)。还有研究发现,贮藏温度会直接影响种子贮藏的最适含水量(杨清岭等,2006)。一些热带水果的种子,如黄皮、荔枝、龙眼、杧果等种子的含水量多在40%以上,并且不耐脱水(王晓峰等,2001)。另一些研究发现,杂交水稻种子在缺氧条件下贮藏会加深对种子的毒害作用(刘国华等,2000)。

有研究选用"Y两优689"杂交水稻种子为材料,将11.0%、13.0%和14.5%含水量的种子用纸袋和密封袋包装后于室温和5℃下贮藏12个月,测定贮藏后种子活力、生活力、酶活性、赤霉素(GA$_3$)和脱落酸(ABA)含量及其代谢基因表达量变化,发现不同含水量种子采用不同包装于5℃贮藏12个月的种子活力、生活力显著高于室温贮藏。室温下贮藏,11.0%含水量种子的活力和生活力显著高于13.0%含水量种子,13.0%含水量种子显著高于14.5%含水量种子,但均显著低于贮藏前的种子;13.0%和14.5%含水量种子纸袋包装贮藏的活力和生活力显著高于密封袋,而11.0%含水量种子密封袋包装贮藏种子的活力和生活力显著高于纸袋。5℃下,不同含水量种子采用不同包装方式贮藏后发芽率仍保持在80.0%以上,最高可达94.0%,保持较高的活力和生活力。种子贮藏后α-淀粉酶、过氧化物酶(POD)、过氧化氢酶(CAT)、抗坏血酸过氧化物酶(APX)和超氧化歧化酶(SOD)活性变化与种子活力变化基本一致,种子活力越低,α-淀粉酶、POD、CAT、APX和SOD活性越低,能反映出种子质量高低。贮藏后种子活力越低的种子ABA含量越高,而GA$_3$含量越低,ABA和GA$_3$的比值越高,种子发芽能力越弱(林程等,2017)。进一步对GA$_3$和ABA合成和代谢基因的研究发现,杂交水稻种子贮藏12个月后,种子活力越高,ABA合成基因*OsABAox2*和分解基因*OsNCED2*相对表达量越低,相应地,其ABA含量也较低,而GA$_3$合成基因*OsGA20ox1*相对表达量较高,分解基因*OsGA2ox5*表达量相对较低,GA$_3$含量较高。因此,高活力种子在萌发过程中有较多的GA$_3$积累,ABA含量较少,促进了种子萌发。油菜种子随贮藏年限增加发芽率下降。冷藏(0~4℃)的开放授粉种子贮藏10年,发芽率由98.18%下降至90.46%,下降不显著。常温贮藏的开放授粉种子发芽率下降呈先慢后快的趋势。发芽率第2年下降0.24%,不显著;第3年下降11.66%,下降显著;贮藏4~7年年降速率分别为4~5年19.27%、5~6年31.38%和6~7年91.6%,均达极显著水平;6年后仅为4.01%(陈新军等,2010)。

一项研究以烟草品种K326和水稻品种中花11为材料,利用转录组、小RNA、降解组、蛋白质组学等研究了种子自然老化和人工老化劣变机理,并对组学研究中发现的水稻种子劣变基因*OsARF18*和*OsMBD707*进行了基因功能研究,认为①种子的自然老化与人工老化分子机理不同,烟草自然老化种子在转录水平主要体现在转录翻译功能、能量代谢、植物激素等途径相关功能基因的广泛变化,而人工加速老化则更具体地体现在DNA

损伤修复、呼吸链、抗氧化物酶活性及转录因子活性等的变化（An et al., 2022）。水稻自然老化种子在转录水平显著体现在种子发芽途径基因的变化，而人工老化则是热响应途径基因的变化。人工加速老化不能代替自然老化研究种子劣变分子机理。②敲除 *OsARF18* 基因促进种子长、宽、厚及千粒重增大，但在相同条件下种子更不耐存放，种子劣变速率较快，敲除 *OsMBD707* 基因使种子千粒重，籽粒长、宽、厚均显著减小，但可以减缓种子劣变，在相同条件下种子可以存放更长时间，*OsARF18* 和 *OsMBD707* 的基因表达量分别与种子劣变速率呈负相关和正相关。以上两个基因的表达影响细胞膜、抗氧化物酶活性、防御反应蛋白水平，以及赤霉素、茉莉酸、顺式玉米素、反式玉米素等激素的合成。研究结果揭示了种子老化的机理，为培育抗种子老化的作物品种提供了基因资源。

2. 种子库房建设

20世纪70年代中期前，我国在种质资源保存方面的设施仍比较落后，主要的保存方法有3种：一是普通、简易的方法，如用酒坛、陶缸底层加生石灰，上面加盖密封保存；或者使用干燥器，以硅胶、氯化钙、生石灰、五氧化二磷等为干燥剂保存。二是在干燥寒冷地区建立自然种质库，如西宁的自然库等，利用当地的自然条件进行种质贮藏。但由于库房温度、湿度没有加以控制，所以难以长期保持种子活力，延长种子的贮存寿命。三是通过建立种质保存圃，南方每隔1~2年、北方每隔2~3年更新种植1次，从而达到对种质资源的保存。

在种子库房建设方面，我国种子库的主要结构形式有房式仓、拱形仓、土圆仓、地下仓和机械化圆筒仓等。1978年以来，在中国农业科学院和广西等地建立了高标准的品种资源库。20世纪90年代，尤其进入21世纪以来，许多省、地、市种业部门和一些大型种子企业相继兴建了新型恒温恒湿种子仓库，用于贮藏原种、自交系、杂交种等价值较高的种子。我国虽然在20世纪80年代就开始钢结构组合式种子库房建设，温控、通风、除湿、电脑、电子设备等也开始应用，但由于建设成本和维护成本较高，目前，我国应用最广泛的种子库房形式仍然是起源于苏联的房式仓库。

3. 种子超干贮藏

种子超干贮藏（Ultradry seed storage）又称超低含水量贮存（Ultra-low moisture seed storage），指将种子水分降至5%以下，密封后在室温条件下或稍微降温的条件下贮存种子的一种方法。主要用于种质资源保存和育种材料的保存。根据贮藏温度与种子本身含水量之间存在某种程度上的互补关系，即降低种子含水量，提高贮藏温度的条件下，可以达到与较高含水量、较低温度下贮藏同样的效果。采用低水分种子贮藏对于贫困国家避免种质资源流失是一种耗资低、有成效的方法。种子超干贮藏技术在20世纪80年代后在我国成为研究热点。

我国多个科研单位，包括中国科学院植物所、北京植物园、浙江大学、中山大学、山东农业大学等均进行了种子超干贮藏的研究。研究表明，超干及老化后种子的脱氢酶、超氧化物歧化酶（SOD）、过氧化物酶（POD）等酶系统保持完好，细胞膜系统完整性良好，细胞超微结构及功能也保持完好（程红焱等，1991），这进一步证明了种子超干贮藏的可行性。也有研究对水稻种子进行超干贮藏，发现不同类型的种子耐干燥能力不同（支巨振等，1991）。经过研究，超干处理对几种芸薹属植物种子生理生化、细胞超微结构的效应，以及用氧化钙将番茄和辣椒种子脱水至含水量为3.77%和3.86%后，未发现对种子生活力和活力有明显影响（程红焱等，1991；胡晋等，1994）。一项研究针对5种种子材料，比较了硅胶室温干燥、真空冷冻干燥机干燥、低温低湿干燥（相对湿度30%，12℃）及电热鼓风干燥箱加温干燥（45℃）4种干燥方法对种子超干贮藏的影响，认为只有加温干燥会对种子产生损伤（郑晓鹰等，2001）。通过比较硅胶常温干燥和较高温度加温干燥两种方法对玉米超干处理的影响，发现较高温度加温干燥的玉米种子生活力和活力较差，当水分低于5.97%时，种子发芽率迅速降为零（胡伟民等，2002）。一项研究比较了冰冻干燥和硅胶干燥方法对种子超干处理的影响，认为硅胶干燥更佳（孔祥辉等，1998）。针对红麻种子的超干贮藏研究表明，超干贮藏和低温下适当低水分贮藏均可使红麻种子保持较高生活力和活力（张文明等，2002）。胡伟民等针对玉米、西瓜的超干种子进行了7年常温密闭贮藏效果的研究（胡伟民等，2002）。许美玲等进行了超干燥保存的烟草种子活力变化规律的研究（许美玲等，2003）。孙爱清等报道超干贮藏（含水量为2.8%）有利于棉花种子活力的长期保持，但发芽前需要破除种皮（孙爱清等，2004）。萌发前回水渗调处理可使棉花超干种子的发芽率、活力显著提高。目前，研究认为种子含油量的高低与其脱水速度及耐干性能成正相关，这是由种子胶体化学特性决定的。

  浙江大学种子实验室的研究表明，①水稻和大豆种子均不宜进行超干贮藏，超低水分对大白菜种子无明显不良影响，在水分降到0%~6%时，种子的生活力和活力均达很高水平。干燥速率对种子生活力和活力有一定影响。②油菜、萝卜、黑芝麻、白芝麻在常温下超低水分贮藏6~11个月，种子生活力和活力无显著变化。油菜种子水分低至0.2%，萝卜种子水分低至0.3%，黑芝麻、白芝麻水分低至0.6%，均未发现干燥损伤和吸胀损伤。③黄瓜、西瓜、南瓜、冬瓜种子在氧化钙中失水速度最快，氯化钙次之，硅胶最慢，以不同失水速度降至超低水分的种子，其生活力和活力无明显差异。经常温和高温贮藏后，超干种子贮藏安全水分范围黄瓜为1.02%~4.08%、西瓜为1.25%~4.26%、南瓜为2.46%~5.69%、冬瓜为1.79%~4.07%。水分在该范围内的种子能保持较高的生活力和活力。水分低于上述范围，种子出现干燥损伤，水分超过上述范围，耐藏性降低。在上述适宜的超低水分范围内的种子，细胞膜的完整性好，电导率低；酶系统完善，脱氢酶和异柠檬酸裂解酶活性高。扫描电镜下观察种皮横断面发现，种皮厚度不是影响种子寿命的主要因素，耐藏性好坏与种皮致密性相关（种皮致密性和致密层的厚度）。西瓜种子种皮中有排列紧密而规则的表皮栅状组织和致密厚实的皮下组织，在4种种子中耐藏性最好。④含水量为3.77%的番茄种子与含水量为6.92%、10.68%的种子比，含水量为3.86%的辣椒种子与含水量为 6.53%、9.82% 的种子比，发芽势、发芽率、发芽指数均无显著差异。从室温贮藏 6 个月的结果看，超低水分种子的细胞膜完整性最好，电导率低，外渗物少。呼吸强度、脱氢酶活性较高（胡晋等，1994）。⑤弗洛朗研究了芝麻不同品种间超干种子耐藏性的差异。对 17 个芝麻品种超干种子经高温（50℃）老化处理 14 天后生活力和活力指数的变化进行了分析。结果表明，超干芝麻种子在 32℃条件下贮藏 56 天后，种子仍能保持较高的生活力和活力。种子耐藏性的强弱有如下趋势：褐芝麻＞黑芝麻＞白芝麻＞黄芝麻（弗洛朗等，2001）。⑥采用硅胶干燥的方法对"皖杂一号"和"丰收 2 号"西瓜品种的种子进行超干贮藏试验，几种不同干燥水平处理的种子在室温条件下历经了 23 年的密闭贮藏，种子含水量分别降至 2.32% 和 2.23% 时，发芽率分别为 96% 和 91%。种子发芽率的高低与其含水量呈显著负相关；过氧化物酶（POD）活性、干种子种胚蔗糖含量与发芽率的变化呈正相关，而超氧化物歧化酶（SOD）活性与发芽率的变化呈负相关。比较"皖杂一号"超干贮藏 9 年、15 年、20 年和 23 年后种子发芽率的变化发现，当种子含水量 ≥ 5.22%，随着贮藏时间的延长，种子发芽率下降较快；种子含水量在 1.65%~4.12%，种子发芽率下降缓慢，经 20~23 年密闭贮藏后仍保持着较高的发芽率。这表明，二倍体西瓜种子在超干条件下贮藏可以长期保持良好的生活力（何序晨等，2017）。

此前由于对种子吸胀损伤的认识不足，人们误将超干种子直接浸水萌发的不良效果归于种子的干燥损伤。根据种子"渗控"和"修补"的原理，采用 PEG 引发处理、回干处理和逐级吸湿平衡水分的措施能有效防止超干种子的吸胀损伤，获得高活力的种苗。

4. 种子超低温贮藏

种子超低温贮藏指以液态氮（温度为 –196℃）为冷源，将种子等生物材料置于超低温下（一般为 –196℃），使其新陈代谢活动处于基本停止的状态，从而达到长期保持种子寿命的贮藏方法。在 –196℃低温下，原生质、细胞、组织、器官或种子代谢过程基本停止并处于"生机暂停"状态，大大减少或停止了种子与代谢有关的劣变，从而为"无限期"保存创造了条件。利用低温冷冻技术保存植物材料的研究，自 20 世纪 70 年代以来有了较大的进展，利用液氮可以安全地保存许多作物的种子、花粉、分生组织、芽、愈伤组织和细胞等（胡晋等，1996）。这种保存方式不需要机械空调设备及其他管理，冷源是液氮，容器是液氮罐，设备简单，保存费用只相当于种质库保存费用的 1/4。入液氮保存的种子不需要特别干燥，一般收获后进行常规干燥的种子即可，也能省去种子的活力监测和繁殖更新，是一种省事、省工、省费用的种子低温保存新技术。适用于长期保存珍贵稀有种质。浙江大学胡晋等从 1987 年开始对顽拗型种子进行超低温保存的研究，茶籽经 118 天保存，最适含水量为 13.83%，发芽率为 93.3%，且均成苗。经国际联机检索国内外尚无类似报道，系超低温保存顽拗型种子成功的首例。采用铝箔/薄膜复合袋密封包装，将不同含水量（3.19%~11.65%）的西瓜种子直接快速投入液氮，分别经 15 天和 35 天保存后，用 39℃温水解冻，其仍能保持生活力和活力。液氮保存后，"新澄一号"西瓜种子的细胞膜完整性、脱氢酶活性、异柠檬酸裂解酶活性和呼吸强度与室温对照种子无显著差异，而"浙密二号"4种含水量种子的细胞膜修复能力和完整性均极显著好于室温对照种子，脱氢酶活性和呼吸强度也比室温对照种子高。试验还表明，4种含水量种子的液氮贮存效果无显著差异。研究认为，西瓜种子可以在超低温下保存（胡晋等，1996）。通过测定油松种子超低温贮藏后的电导率、脱氢酶活性、发芽率和发芽指数，对油松种子长期超低温贮藏的可行性进行了研究，结果表明：超低温可以应用于油松种子的贮藏；冷冻方式和解冻方式是影响油松种子超低温贮藏的重要因素；防冻保护剂可有效减少种子在超低温贮藏时受到的损伤，二甲基亚砜的保护作用较为明显。试验的最佳处理组合为10%二甲基亚砜+快速冷冻+慢速解冻。通过对七叶树种子离体胚超低温保存后种子生活力、相对电导率和脱氢酶活性的测定分析，初步确定其长期保存的可行性。结果表明：含水率是影响七叶树种子离体胚超低温保存的重要因素，超低温保存时应对种子进行适度脱水。超低温保存后，七叶树离体胚生活力最高为93%，其处理组合中57.3%含水率+缓速冷冻+快速解冻+10%二甲基亚砜+10%蔗糖+20%聚乙二醇为最佳处理方案（任淑娟等，2010）。

种子超低温贮藏的关键技术：①寻找适合液氮保存的种子含水量。只有在适合的含水量范围内，种子才能在液氮内存活。②冷冻和解冻技术。不同种子的冷冻和解冻特性有差异，需分别探讨，以掌握合适的降温和升温速度。③包装材料的选择。包装材料有牛皮纸袋，铝箔复合袋等。有的包装材料能使种子与液氮隔绝，如种子与液氮直接接触，有些种子会发生爆裂，从而影响种子的寿命。④添加冷冻保护剂。常用的冷冻保护剂有二甲基亚砜（DMSO）、甘油、PEG、脯氨酸等，使用冷冻保护剂的量应是足够到有冷冻保护作用，但又不超过渗透能力和中毒的界限。但大多数作物种子不需要冷冻保护剂。⑤解冻后促使种子发芽的方法。经液氮贮存后促使种子发芽的方法是一个容易被研究者忽视的问题，液氮保存顽拗型种子难以成功，可能与保存后的促使种子发芽的方法不当有关，致使还有生活力的种子在发芽过程中受损伤或死亡。如茶籽在超低温保存后，最适发芽方法是在5%水分沙床中于5±1℃预吸处理15天，然后移到25℃发芽。预处理后的种子，细胞膜修复能力增强，渗漏物减少，发芽率提高（Hu et al.，1994）。液氮超低温保存的技术还需进一步完善，该项技术的创建和完善为植物遗传资源保存特别是种子种质保存开辟了新途径。

种子贮藏是种子学的一个分支。我国的种子学课程体系是1953年在浙江农学院创设的，作为种子研究生的一门重点课程，1955年又作为该校农学专业本科生的必修课程，该课程是叶常丰教授率先开设的，1959年他主编出版了《种子学原理及种子检验》，1961年主编出版了国内首部种子学学科教材《种子学》。颜启传的《种子学》，胡晋的《种子贮藏加工》，胡晋、谷铁城的《种子贮藏原理与技术》等，对推动我国种子科学与加工贮藏的普及起到了积极作用。在种子贮藏方面，不断引入先进的科学技术，如环流熏蒸技术、计算机的远程调控等。在贮藏材料方面，除了以前用种子贮藏，还开展了用植物器官、愈伤组织进行保存的技术方法等研究。

（三）种子贮藏研究存在的问题

1. 对种子贮藏研究的重视程度不够

减少贮藏期间种子的数量损失，以及生活力、活力损失，与田间增产粮食具有同等重要的意义。种子贮藏期间由于仓虫的取食和危害，种子的质量损失为 5%~25%，只要做好种子贮藏工作，可以减少这部分的损失，相当于田间增产，而要实现田间 5%~10% 的增产，实属不易。而这一点很多人却没有意识到，对种子贮藏研究的重视程度不够。

2. 对各种不同类型种子开展系统性的贮藏研究不够

不同种子的贮藏特性往往区别很大，需要有针对性地开展系统研究，而目前对于种子贮藏的研究基本上都是各做各的，没有在国家层面上组织进行大规模的系统研究。这对于有效减少种子贮藏期间的数量损失，保持种子的生活力和活力都是不利的。

3. 种子贮藏期间的活力降低和劣变机理研究不够深入

当前虽然有一些关于种子活力降低和劣变机理的研究，但是研究不够深入，特别是在分子水平层面的研究不多，不同组学的协同研究也不多。

（四）种子处理研究现状与问题

高质量种子在优质高产农作物生产中发挥了重要作用。种子是遗传因素及各种技术的载体，在种子的价格构成中，遗传因素即品种占种子价格构成的 60%，而收获后的种子处理技术占 40%（胡晋等，2012）。在种子处理中，种子分级和物理处理占其总价格的 7%、种子引发占其总价格的 10%、种子消毒占 3%、化学处理占 7%、种子丸化包衣占 13%。由此可见，种子处理技术对种子价格有着显著的影响，且以种子引发和包衣影响占比最大，对种子的增值起到重要作用。

种子增值指在种子收获后及播种前进行的一系列改进种子表现并提高种子价值的种子处理技术。通过改进种子活力和（或）种子生理状态促进种子播种、发芽和幼苗生长。

1. 种子防伪

种子防伪（seed anti-counterfeiting）是一种新开发的种子增值技术类型，采用特殊技术直接对种子本身进行标记（tagging），采用特殊的或配套的检测技术可以检测到这种标记，以此达到辨别种子真伪和追踪种子来源的目的，避免假冒种子带来的危害。种子是一种特殊的商品，有时候肉眼很难分辨其真假和优劣。目前，在全球种子贸易中，假冒种子占 5%~8%，这严重损害了种子企业及农民的利益。

国外曾有报道，用一种复合物作为标记处理种子以提供唯一的指纹图谱，用手持接收器检测标记物存在与否，可以鉴定种子来源，但是此技术成本较高，无法在实际生产上应用。浙江大学种子科学中心在国内外首次应用染色剂标记种子后，能够在特殊波长激发光下观察到种子和幼苗叶脉中的不同荧光（肉眼不可见），此技术可作为种子的一种有效防伪方法，具有成本低廉、对种子发芽及幼苗生长无不良影响的优点，是目前国内外能够在生产上应用的种子防伪技术（Guan et al., 2011；Guan et al., 2013）。当前又开发了多重防伪技术，胡晋等已获得该技术的多项国家发明专利授权。

2. 种子冷热强化

种子冷热强化（thermal hardening）是相对于种子干湿强化（hardening）提出的，种子冷热强化（淬热）（胡晋等，2012）指对种子进行交替的冷热处理，如热－冷－热、冷－热－冷、热－冷或冷－热处理。籼稻种子进行热－冷－热处理后，热处理为40℃，冷处理为-19℃，种子的平均发芽时间和电导率降低，而发芽指数、发芽势、幼苗根长和根干鲜重增加。而粳稻以冷－热－冷的处理效果较好（Farooq et al., 2005）。

3. 种子引发

（1）种子引发的概念。

种子引发（seed priming）最早由Heydecke等提出（Heydecke et al., 1973）。种子引发指控制种子缓慢吸收水分至一定水平，使其停留在吸胀的第二阶段，让种子进行预发芽的生理生化代谢和修复作用，促进细胞膜、细胞器、DNA的修复和酶的活化，处于准备发芽的代谢状态，但要防止胚根的伸出。胚根伸出前，种子有忍耐干燥的能力，引发后的干燥不会带来损伤，因此，引发后的种子可以通过干燥降低水分，引发种子干燥后可以贮藏或播种。

大量研究表明，经引发的种子活力增强、抗逆性强、耐低温、出苗快而齐、成苗率高。现在美国有的种子公司已有芸薹属、胡萝卜、芹菜、黄瓜、茄子、莴苣、洋葱、辣椒、番茄和西瓜等引发种子的销售。

（2）种子引发的机理。

种子引发是基于吸胀与水势的关系，水势越低，种子吸水停留在第二阶段的时间越长。当利用渗透溶质［聚乙二醇（polyethylene glycol，PEG）或盐］（渗透引发）使吸胀介质的水势降到足够低，或提供给种子的水分总量被限制（基质引发或水引发），胚根伸出被阻止，而发芽代谢可以在吸水第二阶段继续。吸胀的第二阶段可以通过减小水势被延长。过度的引发会损伤胚根尖、使随后的幼苗生长变差。经引发的种子，在有足够的水分时，能快速吸胀，缩短吸水第二阶段的时间（图9），较快地从吸水转向胚根伸出和生长。这就减少了从播种到出苗的时间，促进了出苗的整齐度。这些优点使得种子引发技术普遍用于高价值的蔬菜和花卉种子上，不管是移栽还是直播作物，快速和一致的发芽有助于作物的田间管理。引发也能提高逆境条件如低温或盐逆境下种子发芽的能力。

种子引发过程中发生各种生理生化变化。

RNA合成：根据 ^{3}H-尿嘧啶核苷结合进RNA的时间进程判断RNA的合成。用25%PEG6000引发莴苣种子两星期后，发芽速率与RNA合成速率存在平行关系。引发后种子在约6小时开始发芽，而此时RNA合成达到高峰。未处理种子的RNA合成模式与引发种子相似，但总的合成活动明显低于引发种子。

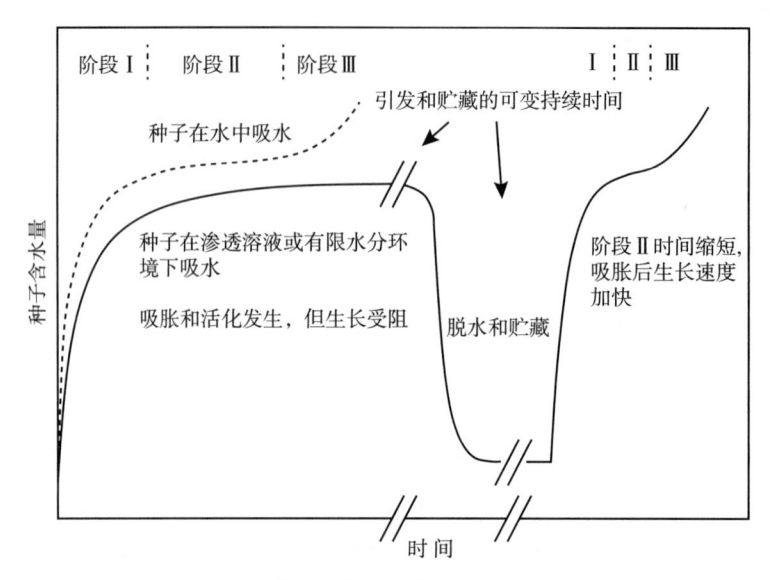

图 9　种子引发加快发芽的过程示意

蛋白质合成：根据 ^{14}C- 亮氨酸结合进三氯乙酸沉淀部分，判断蛋白质的合成。在 15℃以 25%PEG6000 引发莴苣种子两星期，蛋白质合成增加，蛋白质合成的速率和数量均受到引发的影响。这与观察到的引发不但加速发芽还提高种子和幼苗的活力现象一致。电泳后蛋白质谱带的变化也表明，引发不仅影响蛋白质的合成，而且影响蛋白质的质量。

酶合成和激活：引发后种子的碱性磷酸酯酶活性无变化，酸性磷酸酯酶活性增加到未引发种子的 160%。引发后种子酯酶的活性增加到未引发种子的 382%。种子引发时，过氧化氢酶是活力恢复过程的关键酶，起重要作用（Kibinza et al., 2011）。

同工酶变化：未处理的干种子含有几种预存的酸性磷酸酯酶同工酶，而引发引起酸性磷酸酯酶新的同工酶的出现，这似乎涉及同工酶从头开始的合成。

脱落酸（ABA）水平的变化：脱落酸被认为与种子的发芽和休眠有关。未引发的种子含有相对高的 ABA 水平，而引发后的种子中游离 ABA 或结合态 ABA 均为零。

诱导细胞膜的修复：一项研究报道了引发诱导法国菜豆细胞膜的修复（Pandey et al., 1988）。经 PEG 引发后的种子，由于膜相得到完善修复，在低温逆境下，细胞吸胀均匀，细胞器发育良好，ATPase 在质膜上分布均匀，膜的结构与功能发育正常（郑光华等，1988）。

种子引发对发芽的促进效应在分子水平上得到证实。

目前，利用分子生物学和功能基因组学方法对引发提高种子活力的分子机理有了深入的研究。引发促进了细胞核 DNA 的合成。番茄引发种子胚根尖端细胞核 DNA 含量明显高于未引发种子,并且在胚根尖端部分位于 G2 期(间期中合成后期)的细胞比未引发种子多。研究表明,种子引发能诱导相关基因的表达,如苜蓿种子中抗氧化基因 *MtAPX* 和 *MtSOD* 的表达(Macovei et al., 2010),番茄种子中 GA 合成基因 *GA20ox1*、*GA3ox1* 和 *GA3ox2*(Nakamune et al., 2012)等的表达。一项研究通过紫花苜蓿种子萌发与引发处理过程中的蛋白质组学表明,79 个差异蛋白与种子萌发相关,这些蛋白主要参与蛋白质代谢过程、细胞结构组成、细胞代谢及防御过程等;63 个蛋白与种子引发处理有关,其中 14 个蛋白在种子萌发与引发处理中同时表达。研究认为,种子引发不能简单地视为种子预发芽过程,还涉及其他机制的改善,如提高种子防御能力、提高种子萌发的耐胁迫能力等(Yacoubi et al., 2011)。

种子引发的效应之一是防止种子休眠,其广泛的商业应用是防止如莴苣这样的作物种子在高温下产生热休眠。莴苣种子在低温条件下发芽迅速,但是大部分商用品种的种子在高温下(32~35℃)吸胀会进入热休眠,因此,对作物的生产影响很大。低温引发处理主要涉及一些关键基因表达量的变化,这些关键基因编码脱落酸、赤霉素及乙烯生物合成相关的酶类。而脱落酸、赤霉素及乙烯涉及调控种子休眠和发芽。种子低温下吸胀时,与脱落酸生物合成有关的基因表达量下降(如莴苣中的 *LsNCED4*),而与赤霉素和乙烯生物合成有关的基因表达量增加(如 *LsGA3ox1* 和 *LsACS1*)。当莴苣种子在高温下吸胀引起热休眠时,这些基因表达量的变化刚好相反,种子保持较高的 *LsNCED4* mRNA 水平,而 *LsGA3ox1* 和 *LsACS1* 则无表达。当低温引发时(−1.25MPa PEG8000、9℃),种子中 *LsNCED4* 的 mRNA 下降,而 *LsGA3ox1* 和 *LsACS1* 的 mRNA 水平上升,即使将引发回干的种子随即在高温下吸胀,这一趋势也不会逆转(Schwember et al., 2010)。因此,引发能使种子解除因高温诱导的种子内部高脱落酸含量、低赤霉素和低乙烯含量而引起的抑制作用,使种子避免热胁迫的影响而完成发芽。另有报道,通过 RNA 干涉技术沉默 ABA 合成关键基因 *NCED*,可促进莴苣种子发芽。

一项研究认为,种子引发提高种子萌发耐逆性可能与种子引发诱导的预代谢印记到种子中有关,从而在种子中存在"胁迫记忆"或"引发记忆"而提高耐逆性(Chen et al., 2013)。这可能与种子引发的表观遗传机制有关,DNA 甲基化引起的基因表达的变化,以及组蛋白修饰均与植物逆境记忆的建立有关。随着组学技术越来越广泛地应用于种子活力分子机理研究,有助于我们更深层次地了解种子活力调控机理。

(3)种子引发效应。

在低温或高温下快速发芽;提高发芽和出苗的一致性;增加产量;提高在逆境下出苗;提高幼苗干重、鲜重和苗高;克服远红光的抑制作用;提早成熟;PEG 作为抗菌剂的载体,提高抗病能力;减少热休眠效应;防止幼苗猝倒病;提高陈种子、未成熟种子的活力;避免吸胀损伤、吸胀冷害等的发生。

（4）种子引发方法。

目前常用的种子引发方法有渗调引发（osmo-priming）、滚筒引发（drum priming）、固体基质引发（solid matrix priming，SMP）和生物引发（bio-priming）。

浙江大学胡晋开发出以沙为固体引发基质引发，并获得国家发明专利（胡晋等，2002）。沙引发水稻、西瓜、紫花苜蓿等种子效果明显。沙引发提高了紫花苜蓿种子的活力和抗盐胁迫能力，促进了盐逆境下种子的萌发和幼苗生长（解秀娟等，2003）。直播水稻种子经沙引发后，发芽率、发芽势、发芽指数、活力指数、苗高、根长、根数量、根干重显著提高。田间试验显示成苗率和产量显著增加（Hu et al.，2005）。沙引发还能明显提高直播水稻种子的抗低温逆境能力（Zhang et al.，2006）。在高浓度盐逆境（1.0%NaCl）下，沙引发可以显著提高糯玉米种子的发芽势，缩短平均发芽时间，增加幼苗苗高、根长、鲜重、干重等，从而提高糯玉米的耐盐性（Zhang et al.，2007；李洁等，2016）。

随着种子引发研究的不断深入，很多引发试剂被开发应用，新的引发效果不断被发现，引发技术也不断被更新。如采用0.25%、0.5%和0.75%壳聚糖溶液引发玉米黄C和Mo17种子，3种浓度引发处理均可以增加两个自交系低温胁迫前、5℃低温胁迫3天后、恢复生长3天后3个时期的苗高和根长，同时增加苗干重和根干重，但以0.5%壳聚糖溶液引发60~64小时效果最好（Guan et al.，2009）。Spd和Spm引发能提高玉米种子吸胀期间的耐冷性，提高低温胁迫下种子的发芽能力。不同成熟度的超甜玉米种子经0.5 mM Spd和0.5 mM Spm引发后，提高了种子发芽能力和幼苗质量（曹栋栋等，2018）。用水杨酸（SA）引发不同程度地提高了低温吸胀胁迫下玉米种胚的腐胺（Put）、Spd和Spm含量，降低了种胚的MDA含量，同时提高了种子发芽率，并缩短了平均发芽时间（郑昀晔等，2008）。茉莉酸甲酯引发通过调控水稻种子代谢缓解干旱胁迫。与未引发处理相比，2.5 mM茉莉酸甲酯（MeJA）引发提高了水稻种子发芽率和活力，促进了幼苗的生长，提高了干旱条件下的光合作用指标如净光合作用（Pn）、气孔导度（Gs）等（Sheteiwy et al.，2018）。

锌铁螯合物引发显著提高了Y两优689陈种子活力和生活力（林程，2021）。与未引发相比，种子发芽率从77.9%提高至87.4%，发芽指数从11.48提高至16.99。锌铁螯合物引发促进了α-淀粉酶、过氧化物酶、过氧化氢酶、赤霉素和脱落酸（ABA）合成代谢相关基因的表达，显著提高了α-淀粉酶、POD、CAT、APX活性，蔗糖、葡萄糖、GA含量，以及GA/ABA比率，显著降低了ABA和丙二醛（MDA）含量。蛋白质组学分析表明，锌铁螯合物引发调控种子萌发的差异蛋白主要与核糖体构成，RNA转运，蛋白质加工，蛋白质泛素化水解，吞噬体，过氧化酶体，氨基酸、核苷酸、脂类、蔗糖和淀粉代谢，线粒体电子传递相关。锌铁螯合物引发促进核糖体蛋白、水通道蛋白、丝氨酸羧肽酶、α，β-淀粉酶、蔗糖合酶、β-1,3-葡聚糖酶、苯丙氨酸解氨酶、精氨酸脱羧酶、脂氧合酶、异柠檬酸裂解酶、POD、CAT等的上调及其编码基因的表达。由此表明，锌铁螯合物引发可以提高杂交水稻陈种子的活力和生活力。

种子引发的效果在种、品种，甚至种子批次间存在差异。正因如此，处理条件难以有一个确定的标准，这一点对种子引发在商业大规模应用上带来了一定难度。目前这一领域的研究方兴未艾，受到各国科学家的关注和重视。种子引发的研究可为种子包衣（seed coating）、丸化（pelleting）、液播（fluid drilling）等新工艺、新技术提供材料、方法和理论依据。

4. 智能型和功能型种子丸化

随着种子技术的不断进步，国内外已经开始进行功能性丸粒化种子的研制。浙江大学研制出了抗寒和抗旱型丸化种子，其中抗旱型种衣剂所用的自制保水剂吸水倍率可达到4000倍，远超过传统吸水剂的吸水倍率（一般在600倍以下），可大大提高干旱逆境下种子的发芽率和幼苗成长能力，基于该技术开发了双重抗旱型种衣剂，并获得国家发明专利（胡晋等，2013）。同时，胡晋等还开发出"智能"温控抗寒型丸化种子（Cui et al., 2012）。普通丸化种子的抗寒有效成分从种子播种就开始释放，有时种子还未遇到低温逆境，有效成分已经流失殆尽，失去抗低温逆境的效果。而"智能"温控抗寒型丸化种子，只有在外界温度低于将对种子发芽和幼苗成长产生危害的临界温度值时才响应式快速释放抗寒剂，以提高种子的抗低温能力。在此，临界低温值作为释放抗寒剂的"开关"，且"开关"温度可以根据不同作物需求人为控制。

种子收获至播种前的一系列种子增值处理是形成种子最终出售价格的一部分，可以提高种子质量、提高播种效率、促进发芽整齐度，使幼苗健壮，产量增加。随着科学技术的发展，新的种子增值技术将会不断被开发出来，对增值处理的基础理论研究也在逐步深入，这将使种子的增值效果更佳，更好地服务农业生产。

5. 智能防伪型种子丸化

浙江大学种子科学中心将种子防伪与智能丸化技术结合，提出了智能防伪型种子丸化技术（Gao et al., 2020）。将水杨酸（SA）和罗丹明B（RB）装载入P（NIPAm-co-BMA）凝胶（PRBSA）作为玉米种子包衣材料，在温度低于临界溶解温度（LCST）时，PRBSA为水溶性亲水材料，SA和RB会快速释放；在温度高于LCST时，PRBSA形成不溶性和疏水性聚合物，SA和RB释放速率明显变小。在低温逆境下，与基础种衣剂包衣对比，PRBSA包衣显著提高了种子发芽率17.8%、活力指数53.1%，幼苗高度和干重显著提高，同时具有相对低的MDA和电导率。在546纳米的激发绿光下，通过荧光显微镜观察，PRBSA包衣的种子表面呈现鲜红色（肉眼不可见）。

四、种子贮藏加工国内外发展状况比较

我国的种子加工技术于20世纪70年代通过借鉴和研学国外先进设备起步，经过近40年的发展，相关技术和产业已经取得长足进步。我国种子市场容量目前已经位居世界

第二，且种子粗加工能力达到20亿吨。但就技术水平、产业化能力而言，我国的种子加工技术与世界一流水平尚有很大的差距，体现在精加工能力方面，20亿吨的产能中，精加工的数量不到30%，种子加工业发展滞后于种子产业发展。因此，要提高我国种子加工技术水平，就必须掌握国外种子加工行业的动态，以缩短与先进国家种子加工技术的差距。

全球种子加工设备制造企业按区域特点可划分为3个板块，即以德国PETKUS公司、丹麦CIMBRIA公司、丹麦Westrup公司和奥地利HEID公司为代表的欧洲板块；以美国OLIVER公司、CARTER DAY公司和Gustafson公司等为代表的美洲板块；以中国的奥凯种子机械有限公司、绿炬种子机械厂、日本三本等为代表的亚洲板块。

（一）国外种子加工产业现状

大部分农业发达国家生产使用种子加工设备已有100多年的历史，商品种子精选加工率达100%。这些种子加工设备制造企业凭借其先进的技术和知名的品牌几乎占领了世界的主要市场。可以说，它们在种子加工技术和设备方面的发展趋势代表了世界先进水平。

德国PETKUS公司主要经营谷物种子加工机械、谷物烘干设备、环保设备及工程项目规划、设计等，其产品50%以上出口。该公司风筛清选机筛片的设计具有独到之处，其各种机型所用的筛片均由外形尺寸相同的小块筛片组装而成，不仅可以保证筛片平整、通用性好、清筛效果好，而且备用筛片存放也十分方便。筛片上方专门的刮料机构可使筛上物料厚度均匀，有利于提高筛片的清选效率。螺旋输送机的螺旋片为一次拉伸成型，螺旋片规则、光滑，可有效减少对种子的损伤。

丹麦CIMBRIA公司在烘干技术的开发上成效显著，该公司广泛采用计算机辅助设计技术，且各种机床普遍使用数控技术。为使加工件各项误差降至最低，在板材加工设备上引进了德国的激光监测切割系统。其生产的塔式烘干机，由于具有特殊的内部结构使其较其他机型的烘干温度高，且籽粒干燥更均匀，具有良好的热效率。丹麦CIMBRIA的子公司Heid公司生产的GA系列比重式清选机有多项专利，许多专业种子设备生产商也选择其作为成套设备的配套主机，不仅噪声低，而且清选效果好。意大利BALLARINI公司专业生产种子加工设备，该公司主导产品为各种类型的金属储仓，在意大利乃至欧洲都有一定的影响力。美国CARTER DAY公司专业生产风筛清选机、窝眼分选机、圆筒分级机和盘式窝眼分选机，其机械零件（标准件及电器元件除外）均由自己生产，由电脑控制，不仅质量高，而且整个设备的可靠性、通用性、互换性均能得到保证。美国的Oliver公司专一生产比重清选机，但在世界种子加工市场长盛不衰，20世纪90年代推出了改进的比重清选机系列新产品。法国的Ceres公司主要开发生产种子包衣机系列产品，目前根据农业生产水平和种子商品化要求，研制生产了多层包衣与制丸机等多种机型。美国Gustafson公司也专业生产种子包衣机。这些生产种子加工设备的公司在种子的干燥、风选、比重清选、新型包衣机械、包装机械及种子质量配套检测设备上具有很强的实力,在世界种子加工业中占有重要地位。

从种子处理技术来看,1926 年美国的 Thornton 和 Ganulee 首先提出种子包衣问题,20 世纪 30 年代,英国 Germains 公司在禾谷类作物上成功研制出种衣剂,1941 年,美国的缅因州为了便于小粒蔬菜种子和花卉种子的机械播种,利用包衣种子进行机械播种。20 世纪 60 年代,随着欧洲育苗业的兴起,种植者要求种子单粒化、高质量,一粒一苗,这样便于控制株行距,从而促进了种子包衣迅速商业化。1976 年,美国进行了小麦包衣种子田间试验,获得了良好的效果。到 20 世纪 80 年代,发达国家种子包衣技术基本成熟,种衣剂也由最早的农药型、药肥型发展为目前的生物型和特异型。由于农药型种衣剂会污染土壤和造成中毒,一些国家已经明令禁止此类种衣剂的使用,美国正在研究高效低毒型包衣剂、生物型包衣剂等。种衣剂是一个大的、必然的发展趋势。在包衣机械方面,随着包衣工艺的精细要求与技术的整体进步,断续给料、药杯联动供液的初代种子包衣机已逐渐减少,新结构型的种子包衣机正成为主流产品,它可以连续供料,改进种子与药剂的抛洒、喷雾与拌合机构,提高包衣质量和自动化水平。

先进国家种子加工企业的优点如下。

(1)种子加工设备生产企业数量少、规模大、专业化程度高,其研发机构附属于企业。

(2)种子加工设备尤其是成套装备普遍采用了计算机、仪表、液压、传感、变频等先进技术,改善了产品的性能,提高了产品的可靠性。

(3)种子加工设备的自动化、智能化水平高,不仅能十分方便地满足不同作物种子加工的要求,而且降低了制造成本。

(4)产品设计体现出人性化,注意安全、环保和方便操作与维修的要求。

(5)为了减少占地,种子加工成套设备多采用立体布局。

(6)种子加工技术及装备的发展总是受种子产业化、商品化水平及经营规模的影响。由于国外大型种子公司较多,因此大型、超大型种子加工设备也比较多。

(7)由于种子的多样性及用户的不同要求,种子加工设备不同于其他农业装备,其非标件较多,不宜采用大批量连续生产方式,宜采用柔性制造工艺进行个性化生产。因此,根据用户的特殊要求,采用 CAD、CAM、CAPP、网络制造技术和自动加工中心等快捷方式设计生产个性化的种子加工设备是一个趋势。

(二)国内种子加工产业现状

我国的种子加工技术研究起步于 20 世纪 60 年代,种子加工行业经历了从引进、仿制到消化的艰难历程,发展较为缓慢。目前,我国已经研制出一批适合我国国情的种子精选机械、烘干机械和种子加工成套设备,在全国出现了众多种子加工机械设备生产厂商。

酒泉奥凯种子机械有限公司是国内最早研制、生产种子加工机械的专业化公司，研发生产种子清选、烘干、包衣、仓储等多种种子加工机械，如各种类型的奥凯牌种子风选机、比重清选机、窝眼筒清选机、蔬菜花卉种子清选机及各种类型的种子包衣机等，为种子生产企业销售建设生产线近600条。

石家庄市绿炬种子机械厂是农业部投资改建的国内第一家只从事种业机械研究、开发和生产经营的企业。石家庄市种子机械厂开发生产的绿炬牌ZPG系列种子配套加工机组既可安装在厂房内固定作业，也可移动到场院上流动作业；既可单机作业，也可组合连线实现多功能种子加工流水作业。石家庄三立谷物筛分设备厂也生产各式种子加工机械。

巨大的种子加工市场使其他行业部分企业也开始转产研制生产种子加工机械，如上海二纺机股份有限公司开始生产重力式分选机、窝眼滚筒清选机等种子精选机械。据不完全统计，我国目前已能生产风筛式清选机36种、重力式清选机32种、窝眼筒清选机17种、圆筒筛分级机10种、螺旋清选机3种、风选机2种、复式清选机9种。除芒机7种、种子脱粒机12种、包衣机22种、丸粒化设备3种、加工机组10种、种子烘干设备24种、棉花种子加工成套设备7种，小型试验设备和其他加工机具11种。

我国在种子处理包衣技术方面起步很早，但良种包衣处理技术的研究与应用起步较晚。1976年，轻工业部甜菜糖业研究所对甜菜种子包衣进行了研究。1980年，毛达如教授等进行了夏玉米包裹肥衣试验，取得了显著的增产效果。1981年，中国农业科学院土肥所研制成功适用于我国牧草种子的种子包衣技术。从20世纪80年代开始，中国农业大学在国内率先进行种衣剂系列产品配方、制造工艺及应用效果研究，到2023年，已研制成功了中国不同地区、防治不同作物病虫害的种衣剂系列产品31个型号。从20世纪80年代后期开始，国产种衣剂进入田间试验示范阶段，重点作物是玉米、棉花、小麦等。20世纪90年代进入推广应用阶段，1990年，国家科学技术委员会将种衣剂列入"八五国家科技成果重点推广项目"。随着种衣剂示范推广应用的发展，种衣剂的需求量不断增加，其工业化生产随之提上议事日程。1993年，国家经济贸易委员会将种衣剂列入产学研高科技产业化项目，农业部明确提出了衡量各地种子工程实施进展的标准是种子精选率、包衣率和标牌统供率。近年来，我国工厂化药剂处理的种子中，包衣种子约占90%，且在今后的推广应用中仍将占据重要地位，目前种子包衣面积已达17%，种衣剂进行良种包衣已由点到面、由试验示范到推广应用，并逐步展开。种衣剂包衣是最科学、最经济、最有效的种子处理方法，是提高种子科技含量的有效措施。但是我国目前的主要种衣剂类型还是农药肥或药肥复合型。

加快研制开发适合我国种子生产特点，提高产品市场竞争力的种子加工设备及加工水平是现阶段亟待解决的问题，具有国际先进水平的种子加工机械与技术必将得到市场的极大欢迎。如由农业部南京农业机械化研究所研制，上海二纺机股份有限公司开发的"先进适用种子精选分级技术"，冲破了我国种子加工机械在低水平上重复仿制国外产品的格局，在种子加工的技术性能方面已接近或达到国际一流水平，由辽宁省种子管理站应用，辽宁省农业机械化研究所研制的"介电式种子清选技术"，利用种子自身各种电的特性的差异，将种子按活力分级清选，从技术上实现了种子的精细分级；在种子干燥技术中，针对我国小型谷物干燥机数量少和水稻种子干燥的特点，福州三发干燥设备有限公司、中国农业机械化科学研究院和辽宁省铁岭精工集团股份有限公司联合研制开发了"作物籽粒产地干燥技术——5HSG 系列低温循环式谷物干燥机"，该机械在技术上处于国内领先水平，达到了国外 20 世纪 90 年代同类产品的水平，满足了我国不同水稻区不同经营规模的水稻干燥要求。在种子处理包衣技术方面，开发研制了环保种子处理技术，如中国农业科学院油料作物所的"油菜种子包衣与丸衣化技术"，用发酵工程产物作为种子包衣；黑龙江省农科院种子处理技术研究中心的"超微粉种子处理技术"既适合大批量处理种子，又可用于小批量种子的包衣处理，适合各类种子企业应用。在提高种子活力等内在品质质量的技术方面，天津市溢通实业发展公司研制的"电场处理种子技术"，通过物理方法激发种子酶活性，提高种子发芽率，该技术曾获得"第五届亚太地区国际博览会"银质奖和"第三届爱因斯坦世界发明博览会"国际特别荣誉金奖。浙江大学种子科学中心研发了智能温控种衣剂和种子防伪种衣剂。这些技术的推广应用将加快我国种子加工业的发展。随着中国农业与国际接轨步伐的加快，从种子市场竞争和发展趋势来看，种子加工业将迎来快速发展时期。我国种子加工设备、工艺的研制要立足中国国情，要充分发挥人力资源优势，利用地理优势，在现有配套技术中要进一步挖掘潜力，提高现有技术水平，完善现有工艺，同时注重开发研制适合小规模种子生产的小型机组。对于蔬菜、牧草等种类繁多，大小、质量、外形、化学性质、物理性质差异巨大的种子，要重点开发研制小型化、特色化、易操作化、易维修且价格低廉的种子加工机械。在我国种子产业快速发展的推动下，种子加工业必将在短时期内得到较大发展。

五、种子贮藏加工未来发展趋势

种子贮藏加工的发展将朝以下几个方向发展。

1. 向全自动化、智能化及信息远程控制化方向发展

随着种业全球化进程的加快，种子商品化程度越来越高，种子公司对大型种子加工设备及种子加工机械技术要求越来越高。为了同国际、国内种子产品质量标准有效接轨，我国的种子加工机械不仅要在生产能力上投入更多，更要向全自动化、智能化及信息远程控制化方向发展。智能化种子加工成套设备是种子加工的必然趋势。利用单片机和软件技术实现微电脑的智能化控制。只需一台 PC 机便可控制一套设备、多台机器，可实现设备的远程控制、监控和报警等，节省了人力物力，提高了农业生产的自动化水平。

2. 基于虚拟仪器软件技术的应用

基于虚拟仪器软件技术的种子加工成套设备，利用多种传感器监测，实现温度、角度、药物浓度、速度等数据的实时监测，根据数据库对加工工艺进行自动选择和电源控制，以适应不同种子的加工工艺要求，从而提高种子加工的精准性。还可以根据视频情况对机械进行远程控制。自动化监测与控制优化了控制参数，使得种子加工质量大大提高。这种自动化加工设备将是未来的发展趋势，节约人力物力的同时，可提高加工质量。

3. 向大型化、自动化、人性化方向发展

大型化。选用 10 吨 / 时以上的大型种子加工设备。包括大型风筛选、比重选、窝眼选、包衣机、分级机、脱粒机、除芒机和提升输送设备。

自动化。在种子加工成套设备中采用计算机、仪表、液压、传感、变频等自动控制设备；在种子加工设备的设计制造中采用 CAD、CAM、CAPP、网络制造技术和自动加工中心等快捷生产方式（公司冲压中心、计算机控制）。

人性化。在整个种子加工中心的规划、设计中，要充分考虑人性化的要求，改善人机作业环境，注重人员安全和劳动保护，注重人员对设备操作的方便性和舒适性。例如，在工房设计上选用工业彩钢板，宽敞高大，并配有工业通风系统，有的还配有采暖系统；对包衣后的种子采用更加完善的贮存措施，防止人员中毒；采用布带除尘或静电除尘。

4. 向立式种子加工生产工艺发展

研发目的是减少设备占地面积，减少提升设备以降低种子破碎率，降低残次品率及劳动强度，实现节能、高质量、高效率生产。解决目前我国种子加工生产线占地面积大，且种子经过提升设备反复提升而提高种子破碎率的技术难题，大力推广应用此项科技成果可促进农业的可持续发展。

六、我国种子贮藏加工领域的发展策略

1. 重视大型化设备的研发

伴随种子产业的规模化发展及加工能力的逐步提升，清选设备大型化、超大型化将成为未来的重要发展方向，中小型清选加工设备的作业能力已无法满足发展要求。因此，重视大型化设备的研发，提高机具生产率，才能满足我国种子产业发展规模化、集中化对大型设备的需求。

2. 加大专用设备研发力度

专用设备较通用设备对加工物料有更良好的适应性及作业质量，因此，根据加工物料的特性，研发与之相对应的专用作业关键部件及设备，可显著提高设备对清选物料的适应性，保证清选效果。加强机械制造的质量管理，在提高机械生产工艺的同时，保证机械的生产质量。

3. 加强产学研结合，加强基础研究

国内设备加工企业普遍存在研发投入少、研发能力弱等问题，而高校及科研院所则在科研方面具有优势。加强生产企业与高校、科研院所的合作交流，实现优势互补，可有效提高企业的自主创新能力和设备技术含量，破解现有设备相互仿制、简单重复、水平低下的难题。

种子机械处理的对象是种子，因此应做好各类种子的生物特性、理化特性及其他加工特性的理论研究，对不同加工工艺的技术参数进行试验研究。脱离这些基础性研究工作，种子加工机械不可能有大突破。

4. 加大种子清选设备标准化、模块化研究力度

针对国内设备存在的形式单一，同一型号不同厂家生产的设备零部件互换性差，标准化、模块化程度低等问题，应加大核心作业部件结构形式、参数、材料的研究，使得形式多样化，并提高标准化、模块化水平，使加工机械易于更换和实现不同模块的组合，进一步提高设备作业质量和可靠性。

5. 提高清选设备可操控性

目前，国内种子清选设备仍多采用传统的机械式进行调整控制，电气化、自动化程度较低，在一定程度上也影响了设备性能。因此，应加强液压、传感、计算机等先进技术在种子清选设备上的应用，提高设备可操控性。

6. 开展种子贮藏过程劣变的研究，保持种子的活力

针对我国主要农作物开展系统性的种子贮藏机理、种子劣变机理、种子休眠、种子寿命、种子包装等方面的研究。为我国的种业发展提供理论和技术支撑。重视高价值种子贮藏条件的研究，针对经济价值高的作物、林木、中药材种子开展贮藏最佳条件研究。研究种子超低温贮藏和种子超干贮藏的理论和方法。

我国的种子清选机经过半个多世纪的发展，取得了长足进步，现已基本形成了自行研究和生产的加工体系，产生了众多种子清选设备生产厂商，可生产出体现我国特色、适应国内需求、性价比高的种子清选设备。但与国外先进水平相比，国内加工设备还存在很大不足。我国种子市场巨大且仍有很大发展空间，与之相关的种子加工设备需求旺盛。加快种子加工设备的发展、缩小与国际先进水平的差距、进一步提升设备技术含量、提高作业效率与质量对促进我国种子产业发展和保障国内粮食安全具有重大深远意义。

参考文献

［1］曹栋栋，黄玉韬，秦叶波，等. 精胺和亚精胺引发对超甜玉米不同成熟度种子萌发质量的影响［J］. 植物

生理学报, 2018, 54（12）: 1829-1838.
[2] 常东复, 杨秀军, 陈天龙. 探究种子加工机械的发展现状及未来趋势[J]. 种子世界, 2019（3）: 120.
[3] 陈海军, 冯志琴, 孙文浩, 等. 玉米种子加工生产线设计经验[J]. 中国农技推广, 2009（6）: 16-17.
[4] 陈新军, 戚成扣, 蒲惠明, 等. 贮藏时间和温度对甘蓝型油菜种子活力及脂肪酸的影响[J]. 中国油料作物学报, 2010, 32（4）: 491-494.
[5] 成广雷. 国内外种子科学与产业发展比较研究[D]. 泰安: 山东农业大学, 2009.
[6] 韩柏和, 陈凯, 吕晓兰, 等. 国内外种子丸粒化包衣设备发展现状及存在问题[J]. 中国农机化学报, 2018, 39（11）: 51-55, 71.
[7] 何序晨, 胡伟民, 段宪明, 等. 西瓜超干种子的长期耐藏性分析[J]. 园艺学报, 2017, 44（2）: 307-314.
[8] 胡晋, 关亚静. 种子生物学（第2版）[M]. 北京: 高等教育出版社, 2022.
[9] 胡晋. 种子学（第2版）[M]. 北京: 中国农业出版社, 2014.
[10] 胡晋. 种子贮藏加工学[M]. 北京: 中国农业大学出版社, 2010.
[11] 胡晋, 戴心维, 叶常丰. 杂交水稻及其三系种子的贮藏特性和生理生化变化Ⅰ. 不同水分种子贮藏期间含水量和活力的变化[J]. 种子, 1988（1）: 1-8.
[12] 胡晋, 戴心维, 叶常丰. 杂交水稻及其三系种子的贮藏特性和生理生化变化Ⅱ. 籼、粳杂交水稻及其三系种子贮藏特性的差异和原因[J]. 种子, 1989（2）: 1-5.
[13] 胡晋, 龚利强. 超干处理和贮藏对番茄和辣椒种子生活力和活力的影响[J]. 种子, 1994（5）: 27-30.
[14] 胡志超, 王海鸥, 彭宝良. 我国种子加工技术与设备概况及发展[J]. 农业装备技术, 2005, 31（5）: 14-16.
[15] 贾琼, 贾峻, 贾莉, 等. 我国种子加工业发展探析[J]. 种子, 2010, 29（9）: 119-122.
[16] 李明, 姚东伟, 陈利明. 我国种子丸粒化加工技术现状. 上海农业学报, 20（3）: 73-77.
[17] 李寒松, 陈立涛, 张晓亮, 等. 国内外玉米种子精选分级技术装备及发展趋势[J]. 农业装备与车辆工程, 2016, 54（11）: 11-13.
[18] 李少杰. 谈种子加工机械行业存在的问题与解决对策[J]. 农机使用与维修, 2013（12）: 8-9.
[19] 李少杰. 我国种子加工机械发展现状及对策[J]. 农机使用与维修, 2013（11）: 17-18.
[20] 李月明, 孙丽惠, 郝楠. 浅析我国玉米种子加工技术的现状与发展趋势[J]. 杂粮作物, 2010, 30（6）: 450-451.
[21] 梁习卉子. 国内外种子加工行业的比较探究[J]. 新疆农垦科技, 2012（11）: 30-32.
[22] 林程, 沈杭琪, 关亚静, 等. 不同含水量和包装方式杂交水稻种子贮藏后生理生化及ABA和GA3相关基因表达的变化[J]. 植物生理学报, 2017, 53（6）: 1077-1085.
[23] 林程. 锌铁螯合物引发对杂交水稻种子活力和低温、淹水及其复合逆境抗性调控的研究[D]. 杭州: 浙江大学, 2021.
[24] 刘敏基, 王妮, 谢焕雄, 等. 种子清选机现状浅析与发展思考[J]. 中国农机化学报, 2020, 41（8）: 95-101.
[25] 马志强, 胡晋, 马继光. 种子贮藏原理与技术[M]. 北京: 中国农业出版社, 2011.
[26] 潘有雷. 我国种子加工机械现状与发展趋势[J]. 种子世界, 2015（1）: 26-27.
[27] 宋英, 张健, 曲桂宝. 种子加工技术及设备发展综述[J]. 农机质量与监督, 2011（11）: 22-23, 30.
[28] 王广万, 柴龙春. 玉米种子加工全过程质量控制[J]. 农业工程, 2015, 5（4）: 79-82.
[29] 王建华, 谷丹, 赵光武. 国内外种子加工技术发展的比较研究[J]. 种子, 2003（5）: 74-76.
[30] 王克礼. 对发展种子加工业的思考[J]. 种子世界, 2003（2）: 7-8.
[31] 王丽维, 赵武云. 种子包衣机械的研究现状与进展[J]. 湖南农业科学, 2009（3）: 94-96.
[32] 文彬. 种子贮藏生理学发展史概略[J]. 自然辩证法通讯, 2008, 30（5）: 69-74.

［33］ 闻金光，王林，韩晓梅. 我国向日葵种子加工的发展及现状［J］. 中国种业，2021（11）：17-19.

［34］ 徐军，马超. 种子处理悬浮剂加工难点及车间智能化设计建议［J］. 世界农药，2020，42（4）：32-40.

［35］ 袁益民. 荷兰-上海农业设施装备发展的比较与借鉴［M］. 上海：上海交通大学，2009.

［36］ 张宝友. 我国种子加工成套设备生产与使用中存在的问题与解决建议［J］. 种子世界，2014（7）：11-12.

［37］ 张会娟，胡志超，王海鸥，等. 种子丸粒化加工技术发展探析［J］. 江苏农业科学，2011，39（4）：506-507.

［38］ 张凯. 种子加工机械发展现状及未来趋势研究［J］. 农业机械化与现代化，2021（3）：23-24.

［39］ 张洋，王德成，王光辉，等. 我国牧草种子机械化加工的现状及发展［J］. 农机化研究，2007（1）：1-3.

［40］ 中国农业信息网. 国内外种子加工技术发展比较分析［J］. 2010（1）：7-9.

［41］ AN J Y, LIU Y H, HAN J J, et al. Transcriptional Multiomics Reveals the Mechanism of Seed Deterioration in *Nicotiana tabacum* L. and *Oryza sativa* L［J］. Journal of Advanced Research，2022（42）：163-176.

［42］ GAO Y, PAN S S, GUO G Y, et al. Preparation of a Thermoresponsive Maize Seed Coating Agent Using Polymer Hydrogel for Chilling Resistanee and Anti-Counterfeiting［J］. Progress in Organic Coatings，2020（139）：105452.

［43］ GUAN Y J, HU J, LI Y P, et al. A New Anti-counterfeiting Method-Fluorescent Labeling by Safranine T in Tobacco Seed［J］. Acta Physiologiae Plantarum，2011，33（4）：1271-1276.

［44］ GUAN Y J, LI Y P, HU J, et al. A New Effective Fluorescent Labeling Method for Anti-counterfeiting of Tobacco Seeds Using Rhodamine B［J］. Australian Journal of Crop Science，2013，7（2）：234-240.

［45］ LIN C, PAN S S, HU W M, et al. Effects of Fe-Zn-NA Chelates Priming on the Vigour of Aged Hybrid Rice Seeds and the Maintenance of Priming Benefits at Different Storage Temperatures［J］. Seed Science and Technology，2021，49（1）：33-44.

［46］ MOHAMED S S, GONG D T, GAO Y, et al. Priming with Methyl Jasmonate Alleviates Polyethylene Glycol-induced Osmotic Stress in Rice Seeds by Regulating the Seed Metabolic Profile［J］. Environmental and Experimental Botany，2018（153）：236-248.

［47］ ZHANG C F, HU J, LOU J, et al. Sand Priming in Relation to Physiological Changes in Seed Germination and Seedling Growth of Waxy Maize under High-salt Stress［J］. Seed Science and Technology，2007（35）：733-738.

作者：胡　晋　关亚静
统稿：杨新泉　倪中福

种子质量研究

一、引言

种子质量优劣不仅影响农作物的产量,而且影响农作物的品质。只有优良的种子配合适宜的栽培技术,才能发挥良种的优势,获得高产、稳产和优质的农产品。农业生产上要求种子具有优良的品种特性和优良的种子特性,通常包括品种质量和播种质量两方面的内容。品种质量指与遗传特性有关的品质,包括真实性、品种纯度、转基因成分;播种质量指种子播种后与田间出苗有关的质量,包括净度、发芽率、水分、活力、千粒重、生活力等。现代的种子质量除传统内容外,还扩展到种子的外观、色泽、包装、标识及利用种子的再生商品的品质。种子质量是一个综合性指标,单项指标不能说明种子的真正质量,种子质量优劣是决定种植效益的关键因素。世界粮食需求的增加和气候变化对粮食生产的影响对种子质量提出了更高的要求。为保障我国粮食安全,除了加强种业核心技术创新、商业化育种体系建设,还要下大力气研究限制种子质量提高的因素,破解制约种子质量的一些"卡脖子"问题。

二、种子质量与管理

(一)种子质量标准体系

种子质量标准主要是根据种子质量的内容对种子质量所做的各种分级规定,是正确划分种子等级的标准。

国外通过种子认证方案对种子质量进行全面管理。认证内容包含通用认证标准和特定作物认证标准,通用(一般)种子认证标准是基本标准,适用于所有有资格认证的大田作物,它与单个作物种子的具体标准一起构成了各类特定作物种子认证标准,一般包含了该地区需要认证的所有作物。表 1 汇总了全球主要国际组织、发达国家和地区 5 类农作物种子质量标准资料文件，共计 96 个，其中水稻 13 个、玉米 29 个、小麦 24 个、大豆 17 个、棉花 13 个。

表 1　国际组织、发达国家主要农作物种子质量标准

来源	标准数量	来源	标准数量
欧盟（EU）	4	美国加利福尼亚州	5
联合国粮食及农业组织（FAO）	2	美国密西西比州	4
经济合作与发展组织（OECD）	7	美国密苏里州	5
美国南方种子认证协会（SSCA）	4	美国威斯康星州	3
日本	3	美国堪萨斯州	3
韩国	1	美国内布拉斯加州	3
澳大利亚	3	美国俄亥俄州	2
加拿大	4	美国俄勒冈州	4
英格兰和威尔士	3	美国阿肯色州	4
美国新墨西哥州	6	美国宾夕法尼亚州	4
菲律宾	1	美国南卡罗来纳州	2
印度	11	美国路易斯安那州	6
美国明尼苏达州	3	—	—

来源：李丹等，2023。

目前，我国未强制实施种子质量认证制度。种子的国家标准是农业农村部会同国家标准计量局联合制定颁发的种子质量分级标准，作为国内在种子收购、销售、调拨时的检验和分级依据。现行的国家标准是《粮食作物种子　第 1 部分：禾谷类》（GB 4404.1-2008）、《粮食作物种子　第 2 部分：豆类》（GB 4404.2-2010）、《经济作物种子　第 1 部分：麻类》（GB 4407.1-2008）、《经济作物种子　第 2 部分：油料类》（GB 4407.2-2008）、《瓜菜类作物种子　第 1 部分：瓜类》（GB 16715.1-2010）、《瓜菜类作物种子　第 2 部分：白菜类》（GB 16715.2-2010）、《瓜菜类作物种子　第 3 部分：茄果类》（GB 16715.3-2010）、《瓜菜类作物种子　第 4 部分：甘蓝类》（GB 16715.4-2010）、《瓜菜类作物种子　第 5 部分：绿叶菜类》（GB 16715.5-2010）、《马铃薯种薯》（GB 18133-2012）。

（二）种子质量分级标准

国外的种子生产程序分为以育种家种子为种源的"基础种子、注册种子、认证种子"

三级。育种家种子是种源，由育种家、指定机构或公司直接监督和控制，不向市场提供，通常不在商业市场上流通，不需要认证，因此没有制定种子质量标准。其后的三级种子都完整地列入质量标准，充分体现了以育种家种子为种源、重复繁殖和限代繁殖的特点。种子质量指标包括净种子、杂质、其他作物种子总量、杂草种子、有毒（有害）杂草种子、发芽率和含水量等因子。而大的国际组织的标准因属宏观控制，仅列出代表性指标，如EU只有纯度、净度、发芽率等指标；OECD种子认证方案只涉及种子的遗传质量及品种纯度。

我国的种子质量分级标准因品种类型的不同而不同，常规品种、自交系亲本、三系亲本等分原种和大田用种两个等级；杂交种只分为大田用种一个等级。不同等级的种子以品种纯度、净度、发芽率和水分4项指标进行划分。分级方法采用最低定级原则，即任何一项指标达不到标准都不能作为相应等级的合格种子。有研究表明，与国外种子质量水平相比，我国水稻种子质量明显高于东南亚等全球主要水稻产区国家，玉米种子质量低于孟山都、先锋公司等欧美国家，玉米、小麦种子质量虽低于发达国家但高于东南亚国家。我国常规稻种子发芽率≥85.0%，超过国际标准，但比日本（90.0%）低5个百分点，含水量分为籼（≤13.0%）、粳（≤14.5%）两种；杂交稻种子发芽率≥80.0%，与印度相当。玉米常规种和杂交种（非单粒播种）种子发芽率≥85.0%，比国际标准低5个百分点，玉米自交系种子的发芽率≥80.0%，单粒播种的种子发芽率≥93.0%，超过了国际标准（90.0%），并且单粒播种子取消了长城以北和高寒地区种子含水量处在13.0%~16.0%范围可以销售的规定，明确含水量必须在13.0%以下。这表明，单粒播种对种子质量标准提出了更高要求。常规小麦种子的发芽率≥85.0%，与国际标准相当。大豆种子发芽率≥85.0%，超过了国际标准。棉花（包括转基因种子）毛籽、光籽和薄膜包衣籽的发芽率分别≥70.0%、≥80.0%、≥80.0%，除了毛籽，均高于国际标准。

（三）种子质量认证

19世纪，随着育种工作的迅速开展，新品种不断产生，为了解决这些新育成的品种在推广后不久就出现的品种混杂或退化问题，种子（品种）认证制度在欧美国家迅速建立。欧洲各国成立了欧洲经济合作组织（OECD），实施《国际种子贸易自由流通OECD品种认证方案》，统一各成员组织的种子认证制度。美国、加拿大等北美洲国家于1919年成立了国际作物改良协会（ICIA），于1968年更名为官方种子认证机构协会（AOSCA），主要为解决品种产量降低、品质变劣、抗性减弱、种子质量与标签不符等问题，协助协会成员对认证种子和其他品种的繁殖材料进行营销、生产、鉴定和推广。OECD和AOSCA共同推动了全球种子产业的健康发展。截至20世纪60年代末，种子认证制度逐渐演变为双边多边互认、区域和国际种子认证制度。截至2018年，国际种子认证机构共认证作物种类201个，品种涉及6.2万个。2017年认证种子数量达110万吨，每年认证种子数量仍在不断增加。通过引导种子企业专业化生产、质量控制、种子营销和自我保证体系的完善，促使国际种子市场更加规范和繁荣。

我国种子质量认证工作起步较晚。1996年，农业部发布《关于开展种子质量认证试点工作的通知》，将种子质量认证试点工作列为实施种子工程建设内容，旨在通过种子质量认证试点工作，实施符合我国国情的种子质量认证制度，加快种子质量管理与国际接轨。通过深入研究 OECD、AOSCA 等国际组织成熟的种子质量认证机构的管理办法和认证方案，并结合我国种子管理的特点、优势与差距，加大改革种子质量管理力度，农业部先后组织起草了《农作物种子质量认证管理试行办法》《农作物种子质量认证试行方案》《农作物种子质量认证证书和认证标识管理试行办法》《农作物种子质量认证实施认可的管理指南》《农作物种子质量认证文件化管理指南》等种子质量认证规范性文件的草案。《农作物种子质量认证管理试行办法》规范了我国种子质量认证实施模式、种子质量认证标准、种子质量认证监督管理等内容，这是开展种子质量认证的纲领性文件。

全国农业技术推广服务中心于2017—2019年围绕种子质量认证开展了大量卓有成效的工作，通过试点示范探索建立并完善种子认证制度，打造和展示我国种子认证优品品牌，为推动我国种子认证制度实施积累经验、储备技术、树立典型。农作物种子质量认证是新修订的《中华人民共和国种子法》设立的一项新制度，是国际上种子质量管理和种子贸易的通行制度。实施种子认证制度对于提高种子质量、打造我国种业品牌有不可替代的作用。种子认证以全程质量管控保"用种安全底线"，以高标准严要求拉"种业质量高线"，是保障生产用种质量安全、推动实现"好品种"转化为"好种子"、促进优良品种使用、实现种业高质量发展的重要途径；能够促进企业强化质量控制，树立质量品牌，是培育种子企业品牌的重要手段。在新形势下，种子认证是贯彻落实种业高质量发展、提高农业良种化水平和实现种业振兴的一项有效举措。

（四）种子质量管理体系

我国种子立法，充分考虑了我国种子产业的发展水平和阶段特点，把"提高种子质量水平"作为立法宗旨之一。围绕"提高种子质量水平"这一立法宗旨，《中华人民共和国种子法》明确了种子质量监督管理体制。从2000年起，《中华人民共和国种子法》正式实施，是我国第一部与种子有关的法律。其施行过程中，共历经3次修正，新修订的《中华人民共和国种子法》于2022年3月1日正式施行。新修订的《中华人民共和国种子法》确定了"提高种子质量，发展现代种业，保障国家粮食安全"的立法宗旨，并设立专门章节规定种子监督管理。确定了种子企业、政府及其主管部门的权利、责任和义务，落实了质量责任追究制度，构成了种子质量管理的基本框架。即种子企业是种子质量管理的主体，应建立健全内部种子质量管理制度，依法遵守质量管理规范，确保种子质量，依法承担质量责任；政府对种子质量实施宏观管理，具有指导种子产业健康发展、促进种子质量全面提高、增强种子产业竞争力的重要责任；农业行政主管部门主管种子质量监督工作，种子管理部门应与农业综合执法部门整合资源，发挥各自优势，合理分工，协调工作，建立信息互通共享机制，对种子质量进行监督抽查。

技术性法规主要指种子质量系列国家标准，包括《农作物种子标签通则》（GB 20464-2006）、《农作物种子检验规程》（GB/T 3543.1~3543.7-1995）等。《农作物种子质量监督抽查管理办法》第十六条规定，扦样按《农作物种子检验规程扦样》（GB/T 3543.2-1995）执行；第二十四条规定，检验机构应按《农作物种子检验规程》（GB/T 3543.1~3543.7-1995）进行检测，分子检测标准采用主要农作物品种真实性和纯度 SSR 分子标记检测等。《农作物种子标签和使用说明管理办法》第三条规定，种子生产经营者负责种子标签和使用说明的制作，对其标注内容的真实性和种子质量负责。

（五）种子质量检验

国际种子检验协会（International Seed Testing Association，ISTA）是全球唯一一个专业从事种子检测的国际组织，是独立的、不受经济利益和政治影响的非政府间的技术合作组织，也是全球公认的有关种子检验标准化的权威机构，总部设在瑞士的苏黎世。ISTA 的主要任务是研究创新种子检验技术和方法，对实验室进行能力比对和认可评审；根据各个委员会研究项目的多样性，成立若干个工作小组进行深入探讨；召开世界性种子大会，讨论和修订《国际种子检验规程》（International Rules for Seed Testing），促进形成在国际种子贸易中广泛采用的、一致性的标准检验程序。各技术委员会分期组织种子检验领域的知名专家对全世界的种子检验从业人员进行检验技术系统培训；对检验室和检验机构进行能力比对和认可评审，不断规范种子检验技术、方法和规程，使种子检验结果在世界范围有可比性，对种子产业和国际种子贸易的健康发展起到了重要作用。ISTA 不断加强与种子相关的其他国际组织或机构的联系和合作，包括北美官方种子检验协会（AOSA）、亚太种子协会（APSA）、非洲种子贸易协会（AFSTA）、美国种子贸易协会（ASTA）、欧洲种子协会（ESA）、国际种子贸易联合会（ISF）、世界经济合作与发展组织（OECD）、国际植物新品种保护联盟（UPOV）等，共同构成了优势互补、各自独立的种子检验国际组织体系，同时避免了在国际种子贸易和质量控制方面的工作重复。ISTA 会定期召开种子科技相关的国际会议，举行种子质量控制相关的专题技术培训，编写出版种子刊物和手册等，为世界种子科学技术的发展做出了卓越贡献。

截至 2020 年年底，ISTA 已经发展成为拥有 225 个会员实验室，覆盖 83 个会员国的大范围协作网，其中有 145 个会员实验室通过了 ISTA 认可，可以签发国际种子检验证书（ISTA Certificate）。北美及欧盟等对种子质量的要求十分严格。欧盟各成员国种子检测机构历史悠久、规模较大，种子质量检验室基本上都严格按照 ISTA 认可实验室标准来建设，并达到相当高的水平。

我国的种子检验相关工作起步较晚，检验标准和检验规则尚不健全。1983 年，国家标准局颁布了《农作物种子检验规程》（GB 3543-83），1995 年颁布了新的《农作物种子检验规程》（GB/T 3543.1-7），等效采用《国际种子检验规程》，初步实现了国内种子检验结果与国际接轨，促进了我国种子检验技术的进步。农业部蔬菜种子质量监督检验测试中心于 2011 年 1 月成为 ISTA 会员实验室，于 2013 年 3 月成为我国首个 ISTA 认可的种子检验实验室。随后，中国农业大学牧草种子实验室也通过了 ISTA 认可。截至 2020 年年底，我国已有 7 个 ISTA 会员实验室、2 个 ISTA 认可实验室。在国际种子贸易中，必须持有 ISTA 质检证书，而我国缺少 ISTA 国际认可实验室，导致我国种企长期以来在进出口贸易中处于被动地位；因此，积极参与 ISTA 国际实验室认可可逐步提高我国种子检验的整体水平和国际地位，全面参与国际市场竞争。

目前，我国种子检验规程具体规定了种子检验的内容和方法。检验项目分为必检项目和非必检项目，必检项目包括种子的净度、发芽率、真实性、纯度、水分；非必检项目包括生活力、质量、健康测定检验等。近年来，随着转基因作物的推广，转基因种子检测也逐渐纳入种子质量检验的范围。

三、种子质量检验研究现状

国内外种业市场发展迅速，人们对高质量种子的需求日益迫切，并且需要种子质量的快速评估方法。随着传感器、机器视觉技术和人工智能的快速发展，表型的准确、高通量且无损获取在推进基础研究和作物育种方面发挥了重要作用。高通量表型技术能够快速、无损、大规模地收集植物的生化和生理特征。通过图像分析获得的表型数据，结合机器学习方法，可以辅助各种农业分类任务。高通量表型分析通常会收集大量高维度的表型数据。机器学习和深度学习算法能够高效地处理和分析这些复杂数据，并且能够捕捉到植物表型特征与目标性状之间的非线性关系。例如，随机森林（RF）作为一种集成机器学习算法，可以用多个决策树对复杂特征进行建模并评估特征的重要性。因此，机器学习算法和无损检测技术的结合为高通量种子质量检验提供了广阔的前景，可以减少人工检测的一些限制，并提供准确有效的分析结果。机器视觉技术（通常是获取 RGB 图像）能够提供分类和决策过程中起重要作用的样本表型特征，一般包括形状、颜色和纹理特征。因此，当这些表型特征数据与机器学习或深度学习算法结合时，便可有效区分高质量和低质量种子。目前，对于种子水分、活力及纯度等质量指标的检测技术研究主要集中在非破坏性和快速两个方面，主要通过机器视觉、近红外光谱、高光谱成像、电子鼻、气相色谱离子迁移谱、软 X 射线、叶绿素荧光等无损检测技术对种子形状、颜色、纹理特征，以及挥发性气体、物质含量进行检测与监测，以判断种子质量。

（一）种子发芽率测定

种子发芽实验是种子质量检测的内容之一。但传统方法需要人工计数来测量幼苗和计算发芽率，工作量极大，且非常耗时，而基于图像识别的发芽幼苗又存在很大的误差。PlantScreen 植物表型成像分析系统可以自动对植物样品进行连续培养和表型监测，适用于高通量的种子萌发实验。该系统中，种子萌发率的检测基于 FluorCam 叶绿体荧光成像技术，可以检测到种子的叶绿素荧光。测量得到的叶绿素荧光 Fm 能够非常有效地识别发芽的种子，专用的分析软件能够很容易地将未萌发种子和背景去除，并获得准确的动态发芽率曲线（Pavicic et al., 2019）。Colmer 等自主开发的自动化表型采集和分析平台 SeedGerm 系统，基于经济型的硬件和开源软件设计涵盖了对小麦、大麦、玉米、番茄、辣椒和油菜等作物的种子发芽试验、发芽时序图像、泛化图像处理、实时训练和基于机器学习的表型性状分析；生成可靠的发芽性状分析数据集供量化分析。此外，还可以从统计上分析幼根突破种皮的时间和评价标准，研究表明，开源 SeedGerm 系统在作物发芽研究、育种和种子监测中有广泛的应用前景（Colmer et al., 2020）。

栽培作物品种的休眠水平普遍低于其野生祖先，如小麦、大麦、水稻和玉米等禾谷类作物种子的休眠性弱，在雨水丰沛的气候条件下容易穗发芽。目前，穗发芽已经成为全球农业生产中一个严重的问题。穗发芽受植物激素、碳水化合物代谢物、活性氧（ROS）等一系列内在因素，以及光照、温度等环境因素的影响。其中与 ABA 代谢相关的基因在籽粒穗发芽调控中起重要作用。小麦 R-1（TaMYB10）是一个多效性基因，同时控制籽粒颜色和穗发芽，并参与类黄酮合成途径和脱落酸（ABA）信号转导（Himi et al., 2011）。红粒小麦含有 R-1b 显性等位基因，比含有 R-1a 隐性等位基因的白粒小麦表现出更高的穗发芽抗性（Wang et al., 2016; Lang et al., 2021）。通过基因编辑手段使白皮小麦中 Tamyb10-B1a 基因的 19bp 缺失导致的移码突变修复为 18bp 缺失，进而使 Tamyb10-B1 基因恢复编码蛋白的能力，可成功地将白粒小麦转化为红粒小麦，可以提高小麦的抗穗发芽能力（Zhu et al., 2023）。在拟南芥中，低温（10℃）被用于诱导原花青素等类黄酮物质的合成，最终加深种皮颜色，种子休眠性增强。拟南芥种子和作物籽粒中的原花青素结构相似（Routaboul et al., 2012），这为红粒小麦（含有较高水平的原花青素）比白粒小麦具有更强的穗发芽抗性提供了另一个证据。相关研究结果为未来基于种子颜色等性状进行种子穗发芽无损检测奠定了基础。

（二）品种真实性和纯度检测

品种真实性和纯度是种子质量的重要指标，直接影响作物的田间产量。近些年，随着现代育种技术水平的不断提高和《中华人民共和国种子法》的颁布实施，许多作物尤其是玉米，新品种急剧增加，但以次充好、品种侵权等问题层出不穷，造成了种子市场的混乱。这对种子品种真实性鉴定和纯度检测提出了新要求。此外，种子生产加工过程中监管不严格也会导致品种混杂和种子纯度下降。有研究表明，种子纯度每下降1%，玉米产量就会降低3.7%~5.0%（任星旭等，2022）。因此，在种子生产、加工、销售、政府市场监管等环节，品种真实性鉴定都至关重要，以确保种子高纯度，从而避免产量损失。但传统的品种真实性鉴定方法如幼苗形态鉴定法，工作量大、周期长、受环境条件影响大，且只有在区分特征有显著差异的品种时有较高的准确性；通过同工酶和种子贮藏蛋白鉴定区分品种，重复性差；分子标记鉴定技术如SSR，是一种较好的鉴定真实性和种子纯度的手段，具有多态性好、重复性高、结果相对稳定等优点，但该技术也具有一定的局限性，无法满足样本高通量的检测需求，尤其是制种到市场销售期间短期大量品种纯度鉴定的需求。随着分子标记技术的快速发展，第三代分子标记，即SNP标记，因其具备数量多、集成高、可微型化及自动化程度高等优点，所以广泛应用于种质资源研究、品种鉴定、分子辅助育种等领域。SNP检测方法包括水解探针法、高密度基因芯片及竞争性等位基因特异性PCR法（Kompetitive allele-specific PCR，KASP）等。其中KASP平台由于具有高效、低成本的特性，目前已开发大麦、棉花等作物的纯度鉴定标记。在玉米中，有研究基于国家审定玉米品种指纹数据，结合快速DNA提取法、高通量检测平台及数据自动化分析，确定了一套适用于玉米杂交种纯度鉴定的SNP核心引物组合，形成了基于KASP技术的玉米品种纯度鉴定检测体系，并建立了玉米纯度鉴定高通量检测方案（王蕊等，2021）。

针对传统的品种真实性鉴定方法存在的不足（Qiu et al.，2019；孟淑春等，2020；王蕊等，2021），研究人员探索使用机器视觉、高光谱、近红外光谱技术高通量获取种子图像或表型信息，结合机器学习（支持向量机、随机森林、偏最小二乘法或多层感知器神经网络等）或深度学习（AlexNet、GoogleNet、ResNet、VGG 16或VGG 19等）算法建立模型，通过分析和处理种子间的表型差异可实现对作物不同品种的精确分类，最高准确率可达100%（Wu et al.，2019；Zhu et al.，2019a；Zhu et al.，2019b；Bai et al.，2020；Zhu et al.，2020）。但这些品种分类相关研究所用的种子品种数量有限，研究的重点在于几个品种之间的区分，本质上是多分类模型。而生产中的品种成千上万，因此，前期建立的品种分类模型对于没有参与建模的外部品种而言缺乏应用价值，所以距离生产实际还有一定的距离。

目前，在这些品种分类工作的基础上，有研究进一步建立二分类模型，判别籽粒"是"或"不是"特定品种，这样可使模型的应用范围不再局限于建模数据所包含的有限品种，外来新品种可被正确地识别为"不是"目标品种，因此可实现应用于生产实践的单籽粒品种的真实性快速、无损鉴定，进而实现检测种子批的纯度快速检测（Tu et al.，2021；Tu et al.，2022），并可以将模型导入智能化种子检测软件，实现可视化地对待测种子样品品种真实性的逐一快速判定，同时计算得出待测样品批的种子纯度（Tu et al.，2023）。这些研究对于推进品种真实性和纯度快速、无损检测具有重要意义，也可提升企业生产、农民种植的经济效益，对于促进种子学学科现代化发展具有重要意义。

（三）种子活力检测

种子活力是评价种子质量的重要指标，决定种子或种子批在发芽与出苗期间的若干特性的综合表现。高活力种子长成的幼苗早期生长更加旺盛、迅速，抗逆性更强。传统的种子活力检测方法分为直接法和间接法：间接法包括电导法、四唑染色、酶活性和种子呼吸强度法；直接法包括幼苗分级法、幼苗生长测定、逆境萌发检测（抗冷测定、冷浸发芽、加速老化）。这些传统的种子活力检测方法也存在操作过程相对复杂、耗时长、受环境或人为因素影响大、会对种子造成不可逆损伤等问题（Rahman et al.，2016），难以满足种业市场的快速发展对高活力种子及种子活力的快速评估方法的迫切需求。并且种子活力本身是一个复杂的综合性指标，难以定量预测，因此，种子活力的无损检测是目前国内外研究的热点和难点。

国际知名种子专家 Miller B. McDonald 曾明确警示应尽量避免使用种子活力测定结果来预测田间出苗情况，室内种子活力测定的结果应用于评估比较特定条件下哪个种子批的潜在田间表现更好（McDonald.，2002），即主要用于定性评判，而非定量预测。胚根伸长计数法（Radicle Emergence，RE）可根据胚根突破种子的快慢比较不同种子批活力的差异，活力高的种子批出苗更快更整齐（Matthews et al.，2012；Shinohara et al.，2021）。因此，在种子萌发初期进行胚根伸长计数可以缩短种子活力检测时间，实现比幼苗生长试验更快的种子活力评估（Powell.，2022）。在种子生理的活力评估方面，可根据种子的呼吸耗氧情况来判断其活力的高低。ASTEC Global 开发的 Q2 种子分析仪，通过氧传感技术可检测单粒种子的氧气损耗（Bradford et al.，2013），通过计算出 ASTEC 值可揭示种子活力情况。近期也有研究根据不同作物种子的特性，将辣椒、甜玉米和小麦种子的 Q2 检测的评估时间由原来的 120 小时提前至吸胀的第 6 小时、第 9 小时和第 12 小时，实现了基于种子吸胀早期的耗氧量对活力进行快速检测，缩短评估时间的同时避免对种子造成不可逆的损伤，回干后的种子可正常萌发（Tu et al.，2023）。

成像技术、图像分析等形式更为先进的技术在种子活力检测中的应用也快速兴起（Demilly et al.，2014；Xia et al.，2019）。图像分析涉及不同波长：RGB 成像光波波长为 435 纳米、545 纳米、650 纳米，高光谱成像光波波长为 375~970 纳米，近红外成像光波波长为 750~900 纳米。国内外许多研究者探索采用机器视觉、近红外光谱、高光谱、叶绿素荧光等技术对种子活力进行快速、无损检测。基于机器视觉技术（RGB 图像）开发的 Seed Vigour Imaging System（SVIS）系统可通过计算幼苗生长的速度和均匀性对大豆、生菜和玉米等作物种子的活力进行比较（Hoffmaster et al.，2005；McDonald，2007；Gomes Junior et al.，2014）。RGB 图像分析也被用于检测种子的胚根伸长和幼苗生长情况，可实现半自动化的基于胚根伸长计数的种子活力检测（Colmer et al.，2020；Shinohara et al.，2021）。

与 RGB 或光谱图像分析相结合的胚根伸长计数法进一步缩短测试时间，提供了一种节省人力，比幼苗生长试验更快捷的种子活力检测方法（Matthews et al.，2010；Shinohara et al.，2021）。叶绿素荧光能够以非破坏性的方式检测出种子由成熟度差异导致的发芽力和活力差异（Kenanoglu et al.，2013；Li et al.，2016），为种子加工过程中种子质量的提升提供可靠方法。

随着信息技术、人工智能和农业大数据等新兴研究领域的不断完善，多学科交叉为高通量、自动化作物表型组研究奠定了坚实的基础，推进了无损、准确、标准化及高通量的种子表型性状获取进程，进而使得通过分析种子表型性状实现作物种子活力的快速、无损评估成为可能。随着机器学习及深度学习的发展，及其在数据处理和图像识别方面取得的效果，许多研究已经开始将种子基于无损检测技术获得的表型数据（如各种物理特征、光谱数据或挥发性气体成分）与算法结合，建立活力检测模型，对不同活力等级的种子进行快速、无损的判别与检测（Zhang et al.，2018；Zhang et al.，2022）。但目前基于上述先进技术的种子活力相关研究大多通过人工老化或其他处理方式获得不同活力水平的种子，虽然能够获得理想的活力鉴别效果，但由于人为处理的种子与自然状态或自然老化种子之间存在差异，导致所建立的种子活力无损检测模型在实际检测中应用效果并不理想。因此，采用更符合实际生产的自然老化种子或大量商业化种子批进行研究，所建立的活力检测模型将具有更重要的现实意义和实际应用价值（Jin et al.，2022；Powell.，2022）。基于这些研究，未来种子活力检测应朝着自动化方向发展，开发成熟的种子活力自动化检测设备，为生产提供高质量种子。

（四）种子水分含量检测

水分是植物生命活动必不可少的物质之一，自由水和束缚水的含量影响着植物生理生化过程，自由水较多时，植物代谢较强，生长较快；束缚水较多时，植物抗性较强。在种子贮藏过程中，种子含水量过高或过低都会影响种子的质量，最终降低其播种品质。种子水分测定是测定种子中自由水和束缚水的含量。在种子的众多内含物中，许多物质可能影响种子水分的测定结果，其中以化合水、易挥发性物质和不饱和脂肪酸对种子水分测定结果的影响较大。经典的种子水分含量测量方法有低恒温烘干法、高温烘干法、高水分预先烘干法，这些方法测试精度高但普遍存在试样破坏、耗时长、无法单颗测定等问题。

近红外光谱（Near Infrared Spectrometry，NIR）技术以其快速、无损、绿色分析的特点在种子质量检测领域展开了大量深入研究，并已在玉米、小麦和大豆单粒种子水分检测中得到应用（Fassio et al.，2009）。一项研究采用多种光谱预处理的方法消除单粒种子采集光谱时由于颗粒形态等引起的噪声干扰，再采用主成分分析、去噪自动编码器进行降维和特征提取，建立基于随机森林（RF）的单粒玉米种子含水量预测模型。研究结果表明，经过光谱预处理并结合光谱降维消噪，基于 RF 的模型可以有效降低单粒玉米种子近红外光谱采集时引入的非线性干扰，有助于提升单粒玉米种子水分近红外快速无损检测（张乐等，2021）。还有一项研究提出了采用玉米种子种胚朝上进行高光谱反射图像采集的方法，并集成随机森林和AdaBoost算法特征，提出基于加权策略的改进RF用于单粒种子水分含量建模，建立了高光谱检测技术结合集成学习算法的高精度玉米种子水分检测模型。以上研究表明，近红外光谱技术在作物种子批水分检测领域具有实际应用可行性（吴静珠等，2022）。

（五）转基因种子检测

转基因生物（GMO，genetically modified organism）是利用基因重组技术引入其他生物或物种的基因而培育出来的生物新品种。转基因技术使农作物获得自身不具有的抗病、抗虫、耐除草剂、抗逆境和高产优质等特性。转基因农作物自1996年商品化以来，种植面积不断扩大，目前全球转基因作物的种植面积已超过2亿公顷，以大豆、玉米、棉花、油菜等作物为主。目前，国内针对转基因作物种子监管、标识的要求主要是基于外源DNA分子特征进行定性和定量检测，以及基于外源蛋白特征进行试纸条快速检测。转基因检测方法主要包括种子产品抽样、核酸定性、定量检测（通用元件检测、品系特异性检测等）和蛋白检测（试纸条快速检测）等。

1. 农作物种子产品抽样

通过抽样检测实现从田间作物到农产品终端的追溯，从而实现农业转基因生物安全监管。目前没有国际范围内可接受的GMO抽样标准。欧盟、国际标准化组织和中国分别针对GMO的抽样制订了法规标准，而加拿大和美国没有单独的转基因产品抽样标准。目前通用的定性PCR方法检测极限一般为0.1%，即1000粒种子中有1粒转基因种子就可以准确检测出来，低于这个含量就不准确。

2. 基于外源DNA分子特征进行定性和定量检测

目前，在农作物种子转基因检测中，最常用的是以外源基因的特定DNA序列为对象的PCR检测技术，分为通用元件特异性PCR检测、转化事件特异性PCR检测、品系特异性PCR检测等（Holst-jensen.，2009）。通过普通定性PCR或实时荧光定量PCR技术检测转基因转化载体携带的启动子、终止子、标记基因、外源目的基因等特定序列，判断其是否为转基因作物。

通用元件特异性PCR主要扩增启动子、终止子和遗传标记基因（甄贞等，2018）。利用通用元件特异性PCR可以初步确定农作物种子是否含有转基因成分。转化事件特异性PCR用于确定农作物种子含有哪些外源基因成分，用于转入的抗草甘膦、抗虫等外源基因的特定DNA序列，如检测5-烯醇式丙酮酰莽草酸-3-磷酸合酶基因*CP4-EPSPS*、Bt杀虫基因*Cry1Ac*等，以确定样品中是否有这些外源基因，即样品是否含有相关转基因农作物产品。品系特异性PCR用于扩增特定转基因农作物品种的特定序列，以确定样品是否属于某种转基因品系。在农作物种子中检出通用元件后，通常再利用品系特异性PCR进一步检测该农作物属于何种转基因品系。由于通用元件在自然界可能存在少量的基因漂移，会造成农作物种子的转基因假阳性，因此利用品系特异性 PCR 确定转基因品系才能更准确地确定样品是否含有转基因农作物种子。目前常用的农作物种子品系特异性 PCR 有转基因大豆 GTS40-3-2、MON89788、Mon87705、A2704-12、W62 等，转基因玉米 MON810、MON89034、MON88017、TC1507、GA21、Bt10、Bt176、NK603、T25、MIR162 等，转基因水稻 TT51-1、KF6、KF8、KMD1 等，转基因油菜 GT73、MS1、MS8、RF1、Oxy235 等，转基因棉花 MON1445/1698、MON15985、MON88913 等。通过对这些农产品种子的转基因检测，对转基因农作物的非法种植进行有力的追溯和进一步监管。

3. 基于外源蛋白特征进行试纸条快速检测

转基因农作物外源目的基因表达的蛋白质可以利用以抗体、抗原为基础的免疫学蛋白质检测方法进行检测。美国 Agdia 公司已经开始生产销售转基因快速检测试纸条，中国农业科学院油料作物研究所等科研单位和有关企业目前也开发了用于农作物植株和种子的转基因快速检测试纸条，用于快速检测种子或植物叶片等样品中的外源蛋白 CP4-EPSPS、Bar、BtCry1Ab/1Ac 等，以定性检测作物是否为该类转基因产品。

试纸条快速检测法采用双抗体夹心法，试纸条含有偶联发光基团的外源蛋白的抗体，当外源蛋白存在时会与特异性抗体结合形成复合物，添加二抗后产生特异颜色，进而显示检测结果为阳性。采用试纸条法检测，测定时间为 15~20 分钟，测试结果准确率高。目前，国内各省已开始大量推广用试纸条进行农作物种子的转基因初筛检测方法，显著降低了检测成本，扩大了监测范围，具有良好的应用前景。

四、我国种子质量研究的发展策略建议

（一）加强种子检验技术研究

现阶段，我国种子市场已经由国内转向国际，种子市场的扩大对种子检验工作提出了更高的要求，只有做好种子检验工作，提高种子质量，才能推动我国种子市场的发展，为农业的健康发展提供保障。国际种子加工处理技术装备向大型化、高效率、体系化等方向发展，注重绿色环保、节能降耗。加强种子生产、加工、流通全过程的种子质量检验，对于保障农业生产获得高质量种子具有重要意义。一是重视种子检验技术研究，借助现代生物技术、传感技术、光谱、质谱等技术手段，采用机器视觉、近红外光谱、高光谱成像、电子鼻、气相色谱离子迁移谱、软 X 射线、叶绿素荧光等种子质量无损检测技术，高通量、无损地获取种子的形状、颜色、纹理及挥发性气体等表型信息，结合人工智能中的机器学习算法及深度学习算法研发种子质量检测新技术，以便实现对种子活力、种子健康、品种真实性、纯度等质量性状进行快速检测，从而提升种子质量检测的能力和效率。在此基础上，研发智能化、高通量、无损的种子质量检测设备将更加契合种业市场快速发展的

需求。二是加强种子加工智能化设备的研制。农作物种类繁多，急需产业化、商业化推广满足特殊需求的色选、丸粒化等高端单机装备，熟化快速检测技术装备，大力推广智能控制系统，实现流程标准化、绿色节能化的全过程标准化质量控制技术体系。三是加强技术标准的研究和应用，建成种植鉴定与分子检测结合的品种真实性鉴定平台，升级种子质量与检验标准，提升监管技术手段。

（二）加强种子质量监管

新形势下，转变思路，增强种业的品牌和质量竞争力，种子质量监管工作也必须与时俱进。一是品种真实性问题是当前种业关注的监管重点，也是急需解决的主要问题。种子质量监管将由以行业管理和综合执法为主走向多方共治的局面，形成分工合理、优势互补的全国"一盘棋"格局。二是提升质量标准，优质的种子除了要满足种子质量标准的基本要求，还要针对种子抗性、产量、熟期、品质等进行检验，从而避免有问题的种子流向市场。三是不断完善国家种子检验规程，推动种子检验工作的高效开展。针对种子检验规程，应在原有标准的基础上加以修订、调整和完善，加大规程与国际接轨力度，扩大标准范围，提高种子检验规程的灵活性及可操作性。同时，要加大种子检验标准的执行力度，严格按照相关标准及操作要求进行，确保种子检验工作有据可依、有章可循。四是推动农作物种子检验检测、质量监管相关办法的修订。加快全国统一的标准样品DNA指纹平台建设和应用，涵盖审定和登记作物，解决品种真实性检测问题。

（三）提升种子质量信息化管理水平

数字种业的发展对于种业高质量发展至关重要，要不断提升种子质量监管信息化手段，有效解决监管时效性、准确性等问题。一是要不断升级分子检测技术，运用好SSR、SNP、MNP分子技术和多种作物的标准样品DNA指纹数据库。二是要进一步规范种子标签管理，通过扫描二维码实现种子质量安全信息的全程追溯。三是加强5G技术在种子质量监管中的作用。随着5G技术的不断应用，种业数字化能实现种业基地GIS管理、制种过程管理、种子检测管理、种子质量溯源监管等。四是要推动监督抽查管理信息化，实现实时上传、批量处理、快速分析、历史数据随时调取等功能，优化监督抽查程序。五是探索机器视觉技术的落地应用，在种子活力监测、质量检测、发芽率识别等任务中，利用目标检测与识别等视觉技术为种质监测提供全方面的技术支持。六是建立标准化、专业化、集约化的检验技术平台、信息系统和质量管理体系，全面提升种子质量检验效率。

（四）施行种子质量认证制度

种子质量自愿认证制度是促进新时期种业高质量发展的重要抓手，将引导制种企业和制种基地提升种子质量水平。2017—2019年，全国农业技术推广服务中心围绕种子质量认证开展了试点示范工作，取得了明显成效，打造和展示了我国种子认证优质品牌，为推动我国种子认证制度实施积累经验、储备技术、树立典型。但在探索和实践的过程中，仍需要进一步完善认证方案。一是完善种子认证制度体系。完善认证管理办法、实施规则和认证目录等，优化种子认证方案、相关标准、技术规程和操作指南，夯实技术基础，构建好种子认证管理制度。二是进一步推进种子认证试点示范。进一步做实认证方案，强化试点管理，适当扩大试点范围，在试点区域选择上，增加其他地理位置特殊、气候环境特别的区域；在作物种类上，结合可能纳入认证目录的作物种类，适当纳入对农业产业影响大、国际贸易需求急的蔬菜、种薯、种苗和经济作物，进一步提高认证试点的代表性。三是进一步增强种子认证效果。加大宣传力度，充分利用培训、会议、报告和媒体等渠道，宣传政策、制度、要求和效果，提高种子认证制度的知名度和影响力，让各级领导、更多企业和广大农民群众能够充分了解认证制度，接受认证种子。四是推动种子认证制度落地。尽快出台种子认证管理办法，制定配套方案，培育认证机构和技术人员，强化示范带动作用。谋划筹建认证机构，综合考虑工作需求、作物种类和专业技术能力，谋划机构布局，确保各作物、各地区都有主体来承担认证工作，避免认证机构无序发展；思考谋划认证机构主体，充分吸收管理机构、检验机构之外的新主体来承担认证工作。积极争取项目资金、优惠政策等的支持，做好制度实施的各项准备。

（五）加快人才队伍和平台建设

提高种子检验工作质量，促进种子检验工作的更好发展，必须加大投入，为种子检验工作建设完善的检验室，配置齐全、先进的检验设备，完善种子检验体系，加快 ISTA 认证实验室建设，从而为种子检验工作的顺利开展提供保障，使种子质量管理工作与国际接轨。全面提升种子检验工作人员的能力水平，促进种子检验工作人员知识结构的转变和优化；强化种子检验技能的培训，提升其专业能力；加强法律法规的学习应用，使种子检验工作人员能够全面了解并执行《农作物种子检验规程》和质量管理制度，从而确保种子检验质量。扭转中国种子企业在进出口贸易中的被动地位，提升国际竞争力，促进种子产业发展。

参考文献

[1] 邓超, 唐浩. 对我国农作物种业发展的几点思考 [J]. 中国种业, 2022, 6: 1-5.
[2] 付玲, 王培. 加强我国农作物种子质量监管的建议 [J]. 中国种业, 2022, 10: 14-18.
[3] 黄赛. 浅析美国种子认证制度及其对我国的启示 [J]. 南方农业, 2019, 13 (31): 48-52, 66.

[4] 李丹，王晓玉，杨玉，等．主要农作物种子质量标准体系现状与展望［J］．中国种业，2023（2）：1-9.

[5] 孟淑春，徐秀苹，宋顺华．ISTA实验室认可过程中需要注意的问题［J］．蔬菜，2021（2）：59-63.

[6] 任星旭，易红梅，刘丰泽，等．快速多重SSR法在玉米种子纯度鉴定中的分析［J］．分子植物育种，2022（20）：880-886.

[7] 王蕊，施龙建，田红丽，等．玉米杂交种纯度鉴定SNP核心引物的确定及高通量检测方案的建立［J］．作物学报，2021（47）：770-779.

[8] 吴静珠，张乐，李江波，等．基于高光谱与集成学习的单粒玉米种子水分检测模型［J］．农业机械学报，2022，53（5）：302-308.

[9] 吴伟，邹文雄，严见方．推行种子质量认证制度提高种业高质量发展的探讨［J］．浙江农业科学，2019，60（5）：697-702.

[10] 张乐，吴静珠，李江波，等．基于随机森林的单粒玉米种子水分近红外快速定量检测［J］．中国粮油学报，2021，36（12）：114-119.

[11] BAI X, ZHANG C, XIAO Q, et al. Application of Near-infrared Hyperspectral Imaging to Identify a Variety of Silage Maize Seeds and Common Maize Seeds［J］. RSC Advances, 2020（10）: 11707-11715.

[12] BRADFORD K J, BELLO P, FU J C, et al. Single-seed Respiration: A New Method to Assess Seed Quality［J］. Seed Science and Technology, 2013（41）: 420-438.

[13] COLMER J, O'NEILL C M, WELLS R, et al. SeedGerm: A Cost-effective Phenotyping Platform for Automated Seed Imaging and Machine-learning Based Phenotypic Analysis of Crop Seed Germination［J］. New Phytologist, 2020（228）: 778-793.

[14] FASSIO A, FERNÁNDEZ G, RESTAINO E A, et al. Predicting the Nutritive Value of High Moisture Grain Corn by Near Infrared Reflectance Spectroscopy［J］. Computers & Electronics in Agriculture, 2009, 67（1-2）: 59-63.

[15] FRAITURE M A, HERMAN P, TAVERNIERS I, et al. Current and New Approaches in GMO Detection Challenges and Solutions［J］. Biomed Res Int, 2015（4）: 392872.

[16] GOMES JUNIOR G G, CARMIGNANI PESCARIN CHAMMA H. M, CICERO S M. Automated Image Analysis of Seedlings for Vigor Evaluation of Common Bean Seeds［J］. Acta Scientiarum Agronomy, 2014（36）: 195-200.

[17] HIMI E, MAEKAWA M, MIURA H, et al. Development of PCR Markers for Tamyb10 Related to R-1, Red Grain Color Gene in Wheat［J］. Theoretical and Applied Genetics, 2011（122）: 1561-1576.

[18] HOLST-JENSEN A. Testing for Genetically Modified Organisms（GMOs）: Past, Present and Future Perspectives［J］. Biotechnology Advances, 2009, 27（6）: 1071-1082.

[19] HOWARD T P, FAHY B, CRAGGS A, et al. Barley Mutants with Low Rates of Endosperm Starch Synthesis Have Low Grain Dormancy and High Susceptibility to Preharvest Sprouting［J］. New Phytologist, 2012（194）: 158-167.

[20] International Rice Research Institute. Official Standards for Seed Certification Philippines.

[21] JIN B, ZHANG C, JIA L, et al. Identification of Rice Seed Varieties Based on Near-Infrared Hyperspectral Imaging Technology Combined with Deep Learning［J］. ACS Omega, 2022（7）: 4735-4749.

[22] KENANOGLU, B B, DEMIR, I, JALINK, H. Chlorophyll Fluorescence Sorting Method to Improve Quality of Capsicum Pepper Seed Lots Produced from Different Maturity Fruits Hort Science, 2013（48）: 965-968.

[23] LANG J, FU Y, ZHOU Y, et al. Myb10-D Confers PHS-3D Resistance to Pre-harvest Sprouting by Regulating NCED in ABA Biosynthesis Pathway of Wheat［J］. New Phytologist, 2021（230）: 1940-1952.

[24] LI C, WANG X, MENG Z. Tomato Seeds Maturity Detection System Based on Chlorophyll Fluorescence. Proceedings 10021: Optical Design and Testing VII, 54r 1002125, 2016.

[25] LUO X, DAI Y, ZHENG C, et al. The ABI4-RbohD/VTC2 Regulatory Module Promotes Reactive Oxygen Species

(ROS) Accumulation to Decrease Seed Germination under Salinity Stress [J]. New Phytologist, 2021 (229): 950-962.

[26] MATTHEWS S, ELKHADEM R, CASARINI E, et al. Rate of Physiological Germination Compared with the Cold Test and Accelerated Ageing as a Repeatable Bigour Test for Maize (Zea mays) [J]. Seed Science and Technology, 2010 (38): 379-389.

[27] MATTHEWS S, WAGNER M-H, KERR L, et al. Automated Determination of Germination Time Courses by Image Capture and Early Counts of Radicle Emergence (RE) Lead to a New Vigour Test for Winter Oilseed Rape (Brassica napus) [J]. Seed Science and Technology, 2012 (40): 413-424.

[28] MCDONALD M B. Standardization of Seed Vigor Tests [J]. Seeds: Trade., Production and Technology, 2002: 200-208.

[29] PAVICIC M, WANG F, MOUHU, K. High Throughput in Vitro Seed Germination Screen Identified New ABA responsive RING-type ubiquitin E3 ligases in Arabidopsis thaliana [J]. Plant Cell, Tissue and Organ Culture: An International Journal on in Vitro Culture of Higher Plants, 2019 (139): 563-573.

[30] POWELL, A A. Seed Vigour in the 21st Century [J]. Seed Science and Technology, 2022 (50): 45-73.

[31] QIU G, LÜ E, WANG N, et al. Cultivar Classification of Single Sweet Corn Seed Using Fourier Transform Near-infrared Spectroscopy Combined with Discriminant Analysis [J]. Applied Sciences-Basel, 2019 (9): 1530.

[32] RAHMAN A, CHO B K. Assessment of Seed Quality Using Non-destructive Measurement Techniques: A Review [J]. Seed Science Research, 2016 (26): 285-305.

[33] ROUTABOUL J M, DUBOS C, BECK G, et al. Metabolite Profiling and Quantitative Genetics of Natural Variation for Flavonoids in Arabidopsis [J]. Journal of Experimental Botany, 2012 (63): 3749-3764.

[34] SHINOHARA T, DUCOURNAU S, MATTHEWS S, et al. Early Counts of Radicle Emergence, Counted Manually and by Image Analysis, Can Reveal Differences in the Production of Normal Seedlings and the Vigour of Seed Lots of Cauliflower [J]. Seed Science and Technology, 2021 (49): 219-235.

[35] SSCA (Southern Seed Certification Association), Inc. Standards and regulation for certified seed production.

[36] TAI L, WANG H, XU X, et al. Pre-harvest Sprouting in Cereals: Genetic and Biochemical Mechanisms [J]. Journal of Experimental Botany, 2021 (72): 2857-2876.

[37] The Food&Environment Research Agency. Government of UK. Guide to seed certification procedures in England and Wales.

[38] TU K L, WEN S Z, CHENG Y, et al. A Model for Genuineness Detection in Genetically and Phenotypically Similar Maize Variety Seeds Based on Hyperspectral Imaging and Machine Learning [J]. Plant Methods, 2022 (18): 81.

[39] TU, K L, WEN, S Z, CHENG Y, et al. A Non-destructive and Highly Efficient Model for Detecting the Genuineness of Maize Variety 'JINGKE 968' Using Machine Vision Combined with Deep Learning [J]. Computers and Electronics in Agriculture, 2021 (182): 106002.

[40] TU K L, YIN Y L, YANG L M, et al. Discrimination of Individual Seed Viability by Using the Oxygen Consumption Technique and Headspace-gas Chromatography-ion Mobility Spectrometry [J]. Journal of Integrative Agriculture, 2023 (22): 727-737.

[41] WANG W Q, XU D Y, SUI Y P, et al. A Multiomic Study Uncovers a bZIP23-PER1A-Mediated Detoxification Pathway to Enhance Seed Vigor in Rice [J]. Proceedings of the National Academy of Sciences of the United States of America, 2022, 119 (9): e2026355119.

[42] Wisconsin Crop Improvement Association. Wisconsin seed certification standards, 2017.

[43] WU N, ZHANG Y, NA R, et al. Variety Identification of Oat Seeds Using Hyperspectral Imaging: Investigating the Representation Ability of Deep Convolutional Neural Network [J]. RSC Advances, 2019 (9): 12635-12644.

［44］XIA Y, XU Y, LI J, et al. Recent Advances in Emerging Techniques for Non-Destructive Detection of Seed Viability: A Review［J］. Artificial Intelligence in Agriculture, 2019（1）: 35-47.

［45］ZHANG T T, AYED C, FISK I D, et al. Evaluation of Volatile Metabolites as Potential Markers to Predict Naturally-aged Seed Vigour by Coupling Rapid Analytical Profiling Techniques with Chemometrics［J］. Food Chemistry, 2022（367）: 130760.

［46］ZHANG T T, WEI W S, ZHAO B, et al. A Reliable Methodology for Determining Seed Viability by Using Hyperspectral Data from Two Sides of Wheat Seeds［J］. Sensors-Basel, 2018（18）: 813.

［47］ZHU Y W, LIN Y R, FAN Y J, et al. CRISPR/Cas9-mediated Restoration of Tamyb10 to Create Pre-harvest Sprouting-resistant Rred Wheat［J］. Plant Biotechnology Journal, 2023（21）: 665-667.

［48］ZHU S, CHAO M, ZHANG J, et al. Identification of Soybean Seed Varieties Based on Hyperspectral Imaging Technology［J］. Sensors-Basel, 2019a（19）: 5225.

［49］ZHU S, ZHANG J, CHAO M, et al. A Tapid and Highly Efficient Method for the Identification of Soybean Seed Varieties: Hyperspectral Images Combined with Transfer Learning［J］. Molecules, 2020（25）: 152.

［50］ZHU S, ZHOU L, GAO P, et al. Near-infrared Hyperspectral Imaging Combined with Deep Learning to Identify Cotton Seed Varieties［J］. Molecules, 2019b（24）: 3268.

作者：郭宝健

统稿：杨新泉　倪中福

种质设计与创制研究

一、前沿

种子是农业的"芯片",也是人类生存和发展的基础。种业是保障国家粮食安全和生态安全的根本。农业种子的选育经历了驯化选育农家品种到以杂交为主要技术的常规育种,到遗传学发展促生的分子育种,再到更加高效和精准的育种技术——"设计育种"的出现。技术的不断革新和发展为新种质的创制奠定了良好的基础,使得育种技术从传统经验育种转向智能设计育种。目前,越来越多的高产、稳产、多抗、优质、高效的新品种基于作物重要农艺性状形成的遗传机制和分子基础,进一步通过大数据和人工智能技术设计的最佳育种方案和育种途径培育出来,这些新品种不仅体现了我国种质设计与创制技术发展所取得的成果,而且是国家种业安全和农业现代化的基本保障。

本部分将重点从农业品种的更新换代、品种改良的技术革新、农业工业化的需求、种质精准设计与创制概念的提出与发展等方面进行梳理和分析,侧重总结近年来种质设计与创制研究热点与重要进展。同时简要比较国内外种质设计与创制研究发展状况。另外,从农业现代化对育种技术的新要求、作物种质精准设计与创制的提出和发展、未来种质精准设计与创制所依靠的科技创新等,预测未来5年种质设计与创制的发展趋势,进一步提出我国在种质设计与创制领域的发展策略和建议。

二、种质设计与创制技术的发展与应用

良种对我国粮食增产的贡献率超过40%。种质设计与创制技术已经历3个主要阶段:1.0时代为原始驯化选择阶段,是通过人工选择优中选优,从而将野生种驯化为栽培种,进一步选育为优良种质或品质的阶段。2.0时代为常规育种阶段,主要是通过杂交育种、

诱变育种、杂种优势利用等育种方法培育并筛选具有父母本优良性状的新品种、新种质。3.0时代为分子育种阶段，该阶段将分子生物学技术手段（如分子标记辅助育种、转基因育种和分子模块育种等）应用于育种，从而加速育种的进程。纵观育种技术发展历程，每次技术的革新都与基础理论的突破密切相关，而新技术的应用往往能极大地推动新种质的创制甚至是具有突破性的品种的出现，从而促进种业和农业现代化的快速发展。

（一）驯化选择

驯化选择在人类农耕文明的起源和演变过程中发挥了重要作用，推动了人类文明的持续发展和社会的快速进步，同时是作物种质资源遗传基础不断丰富衍化、利用价值不断完善的主要途径之一。作物驯化指人类对采集的野生植物进行栽培和繁殖，在自然选择和人工选择的双重作用下，有目的地保留基因组中有应用价值的遗传变异信息，将野生植物逐步改造为栽培植物的过程。驯化综合表征指作物由野生状态驯化为栽培状态后，表型性状的综合改变。早期驯化选择的主要目标是种子性状，种子性状的改变使得农作物的产量得到显著的提升，很大程度上促进了农耕文明的进步和人类的发展，如落粒性的丢失、种子休眠性的丧失、种子变大和灌浆速率增加等。大量研究表明，多数驯化综合表型的变化是由单基因或少数主效基因位点控制的，并且遗传效应不受遗传背景和环境因素的影响（张学勇等，2017）。

虽然驯化选择最主要的目标是种子性状，但是综合表型的选择在不同作物中有明显的差别。例如，在水稻中，野生稻驯化为栽培稻经历了由匍匐生长向直立生长的转变、长芒变为短芒、穗型更加紧凑、籽粒灌浆速度更快等；在玉米中，野生玉米驯化主要经历了株型更加紧凑、行粒数更多、籽粒外稃消失、颖壳硬度降低等过程；在小麦中，野生小麦驯化主要经历了穗粒数增多、粒重增加、易收获性增强等变化；在大豆中，野生大豆驯化主要经历了种皮透水性增强和无限生长习性克服的过程；在谷子中，野生谷子驯化主要经历了抽穗期延迟、穗粒数增多、刚毛变短等过程。由以上结果可以看出，不同作物的驯化性状具有鲜明的特色，这提示我们不同作物可能经历不同的驯化过程。但总体来说，这些性状的改变主要是为了降低植物从野生到栽培过程中的种植难度，从而提升收获指数，增加产量（贾冠清等，2019）。

农作物的驯化传播过程一般认为需要经历4个主要阶段：第1阶段，作物完成驯化，主要表现为拥有驯化综合表征的栽培品种出现。第2阶段，原始的驯化品种通过不断积累有益的等位变异，成为更加适合栽培的品种。第3阶段，最适合栽培的品种向其他地域扩散，不断地适应新环境，积累更多新的等位变异，产生地方品种。第4阶段，在不同生态区域，由于人为的育种活动产生了大量适应特定生态区域的优良栽培品种。这一过程中，由于起源中心变异时间最为悠久，往往积累了大量遗传变异，形成大量的新种质，从而形成了我们熟知的作物多样性中心，如小麦的起源中心新月沃地，玉米的发源地墨西哥等

（张静昆等，2022）。

驯化选择的理论基础有多种，主要有：①平行选择理论，指不同作物的同源基因在进化过程中同时被选择的现象，其理论基础是主要农艺性状的趋同进化现象。如研究发现高粱的落粒性控制基因 *Sh1* 与水稻中的同源基因 *OsSh1* 及玉米中的同源基因 *ZmSh1-1* 具有相同的功能，暗示了高粱、水稻和玉米中存在落粒基因位点的平行驯化选择（Lin et al.，2012）。尽管平行选择理论得到了更多的实验验证，但仍有部分研究表明，平行选择理论无法解释所有的驯化现象。②平衡选择理论，平衡选择作为自然选择的一种形式，主要表现为基因位点呈现多态性，且一直保持平衡。如研究发现栽培甘蔗的基因多样性高于野生甘蔗，并且没有检测到栽培种与野生种基因池间的遗传分化，研究还发现，栽培甘蔗具有和野生甘蔗近似的基因杂合度，且进一步的研究表明，平衡选择的基因主要集中在蔗糖和淀粉代谢途径（Wu et al.，2018）。这些研究结果提示我们，平衡选择效应在作物的驯化过程中发挥着重要作用。然而，无论是哪种理论都表明驯化选择是通过不断向某个方向积累对基因或基因组的影响来改变农艺性状，从而获得对生产有利的新基因型或新种质，其产生的影响是深远的。而一批驯化选择基因的克隆，特别是对一些控制复杂性状形成的遗传基础及其调控机制的解析，可以更清晰地揭示作物驯化和品种改良的历史，提升人们对育种的认知，并推动育种方法的改进。因此，系统分析驯化和育种在作物基因组和基因中留下的踪迹，凝练其中的规律，不仅有助于揭示在人工选择作用下生物遗传变异的规律及物种形成的机制，还能加深人们对特定生物性状的起源、变异和进化的认识，为进一步开发新的种质资源、更有效地改良品种提供理论基础和指导（张学勇等，2017）。

（二）杂交育种

对不同作物的驯化选择可以追溯到数千年甚至上万年前，但真正意义上的科学育种并由此发展起来的农业产业始于孟德尔遗传定律的重大发现。早在 1719 年，英国植物学家费尔柴尔德以石竹科植物为材料在世界上首次获得人工杂交品种。1761—1766 年，德国植物学家科尔罗伊特进行烟草杂交实验获得优质的杂交品种。从 1856 年起，奥地利科学家孟德尔进行了 8 年的豌豆杂交试验，于 1866 年发表论文《植物杂交实验》，描述了植物的杂种优势现象及性状遗传规律，奠定了杂交育种的理论基础。最早的育种研究论文可以追溯到 1905 年发表的关于小麦育种的研究。20 世纪 30 年代的玉米杂交育种和 20 世纪 60 年代矮秆绿色革命基因的成功应用是杂交育种的里程碑。

杂交育种是种质设计与创制发展第二阶段中最重要的技术。杂交育种是通过不同亲本间的有性杂交导致遗传基因重组，经若干世代的性状分离、选择和鉴定获得符合育种目标新品种的方法。从亲本亲缘关系的远近着眼，品种间杂交是最常用的方法，亚种间和种间杂交育种正处于日渐受重视的地位。1865 年，孟德尔提出"遗传分离规律"；1926 年，摩尔根发表的《基因论》所揭示的基因与性状间的联系和规律等无疑对始于 20 世纪初期杂交育种的发展有指导意义（刘杰等，2021）。

此后，随着遗传学的发展、性状鉴定技术的改进及生物统计学的应用，杂交育种技术逐步形成了一套比较完整的体系。20世纪中期以来，为了应对人口迅速增长带来的粮食需求，各国纷纷开展杂交育种研究。中国的水稻杂交育种以台湾和广东两省开展最早。台中区农业改良场于1929年从"龟治/神力"组合中选了台中65，于1936年登记推广。丁颖在广州于1926年发现野生稻并于当年获得天然杂交种子，经过多年分离比较，所筛选出的优良品系于1933年定名为中山1号；1928年起又陆续进行了栽培稻与野生稻间及栽培稻间的有计划杂交试验，先后育成了一批水稻新品种，开创了中国水稻杂交育种之先河。据统计，杂交育成品种在20世纪50年代占44.5%、60年代占60.3%、70年代占64.0%、80年代占70.1%，目前占比超过80.0%，是育种方法的绝对主流。在杂交方式方面，单交育成的品种占95.0%，三交和双交育成的品种各占2.0%，回交育成的品种占1.0%。单交是水稻杂交育种取得成果的主要方式。在20世纪50年代前，人们对杂交分离后代均采用1年1个世代的连续多代单株选择法，其后加速世代进程法和集团选择法渐趋普遍，20世纪60年代初，海南成为中国水稻冬育的主要基地，被称为加速育种进程的"天然温室"，加速了水稻杂交世代稳定的进程。

1964年，袁隆平开始了中国水稻杂种优势利用工作。1966年，他在《科学通报》发表了著名论文《水稻的雄性不孕性》，指明了水稻杂种优势利用发展的战略方向。1970年，李必湖在海南崖县普通野生稻自然群落中发现了花粉败育型不育材料。以此为契机，通过全国的协作攻关，用浙江培育的二九南、珍汕97等早籼品种转育成了一批雄性不育系。1973年，广西农学院等单位先后筛选出一批强恢复系，其中以分布于东南亚的籼稻品种泰引1号、IR24和IR661等具有较强的恢复能力，从而成功地实现了籼型杂交水稻的三系配套，1975年又实现了杂交粳稻的三系配套。选育出的不同类型的杂交水稻组合于1976年开始在生产上大面积推广，使中国成为世界上第一个成功进行水稻杂种优势商品化利用的国家。1981年，籼型杂交水稻获国家技术发明奖特等奖。此后，中国杂交稻品种选育理论和技术不断创新发展，在杂交籼稻不育细胞质源发掘方面，实现了由野败型向野败型、冈型、D型、矮败型、红莲型、印水型等多类型、多质源并行开发的局面，保障了杂交水稻的遗传多样性。在杂交水稻恢复系改良方面，注重配合力、抗性和品质的综合提高，明恢63、蜀恢527等一批综合性状优良的恢复系在杂交水稻育种与生产中发挥了重要作用，其中，汕优63总面积超过6667万公顷，年最大种植面积超过667万公顷，是世界上种植面积最大的水稻品种。在杂交水稻三系法育种成功的基础上，中国于20世纪80年代后期又成功选育出两系杂交稻，并逐步占据杂交稻的半壁江山。2020年，在国家审定的574个水稻品种中，杂交稻有493个，占总数的85.9%，其中籼型两系杂交稻270个、占杂交稻的54.8%，籼型三系杂交稻208个、占杂交稻的42.2%。2013年，两系法杂交水稻获国家科学技术进步奖特等奖（程式华，2021）。

在玉米单产增长的诸多因素中，遗传改良的作用占35%~40%。中华人民共和国成立以来，经过几代科技工作者的共同努力，玉米育种事业取得了举世瞩目的成绩。1949—1965年，我国玉米育种经历了地方品种评选，品种间杂交种的选育，选育双交种、三交种、顶交种到应用单交种的典型发展。自20世纪60年代中后期开始推广单交种以来，我国育种家先后选育出一大批在生产上大面积应用的优良自交系，如自交系黄早四、自330、丹340、E28、478、郑58等，它们的特点是应用面积大、组配组合多、应用时间长、潜在利用价值大。用这些自交系先后育成一大批在生产中发挥重大作用的优良杂交种，如丹玉6号、中单2、丹玉13和掖单13等，这些品种推广面积大、应用时间长、增产效果明显。丹玉13在1989年种植了350万公顷，占当年玉米种植面积的17.2%，其种植比例为我国杂交种推广历史之最。中单2持续推广20多年，年种植面积仍保持在66.6万公顷以上。进入20世纪90年代，掖单号玉米因其株型紧凑、耐肥、耐密而连续8年播种面积居全国第一。20世纪末，农大108以高产、优质、多抗和适应性强的绝对优势迅速在全国20多个省（直辖市、自治区）推广。随着国外跨国公司的进入，我国民族种业面临极大的竞争压力，郑单958的选育推广提升了我国玉米种业的竞争力。2006年种植面积达到387.6万公顷，成为中华人民共和国成立以来年种植面积最大的玉米品种。而在2008年，跨国公司选育的玉米品种先玉335年种植面积居500多个品种的第四位，年种植面积为54.4万公顷，实际上可能超过66.6万公顷，2009年可能达到133万公顷（许明学等，2000）。

（三）分子设计育种

常规育种在过去近百年对农业的发展起到了巨大的推动作用，但常规育种存在育种周期长、选择效率偏低的缺点，整个育种周期一般需要8~10年。1953年，DNA双螺旋结构的解析标志着生命科学研究进入分子水平阶段。而基于分子生物学理论的分子育种开始于20世纪90年代初，得益于DNA分子标记技术的开发和转基因生物育种技术的发展，特别是以功能分子模块和可遗传操作为特征的分子模块育种，大大提高了育种的目标性，明显缩短了育种周期，品种培育效率得到大幅提升。2005年后，以新一代测序、基因组编辑、单倍体制种等为代表的新型技术的出现，分子设计育种应运而生。分子设计育种基于对控制作物重要性状的关键基因及其调控网络的认识，将生物遗传学理论与杂交育种结合，利用基因组学、表型组学等多组学数据进行生物信息学的解析、整合、筛选、优化，从而获取育种目标的最佳基因型，最终高效精准地培育出新品种。分子设计育种具有比传统杂交育种更为突出的优越性，尤其是整合了基因组编辑技术，可将育种周期缩短至2~5年，大大提高了育种效率，已经成为作物育种新的发展方向（万建民，2006）。

分子设计育种通过多种技术的集成与整合，对育种程序中的诸多因素进行模拟、筛选和优化，提出最佳的符合育种目标的基因型，实现目标基因型的亲本选配和后代选择策略，以提高作物育种中的预见性和育种效率，实现从传统的"经验育种"到定向、高效的"精确育种"的转化（王建康等，2011）。分子设计育种主要包含以下3个步骤：①研究目标性状基因及基因间的关系，即找基因（或生产品种的原材料），这一步包括构建遗传群体、筛选多态性标记、构建遗传连锁图谱、数量性状表型鉴定和遗传分析等。②根据不同生态环境条件下的育种目标设计目标基因型，即找目标（或设计品种原型），这一步利用已经鉴定出的各种重要育种性状的基因信息，包括基因在染色体上的位置、遗传效应、基因到性状的生化网络和表达途径、基因之间的互作、基因与遗传背景和环境之间的互作等，模拟预测各种可能基因型的表现型，从中选择符合特定育种目标的基因型。③选育目标基因型的途径分析，即找途径（或制定生产品种的育种方案）。近年来，我国在遗传研究材料创新、重要性状遗传分析、育种模拟工具开发和应用、设计育种实践、分子设计育种技术体系建设等方面取得重要进展（景海春等，2021）。

近10年来，我国先后启动了多个分子设计育种相关项目，如中国科学院启动实施的战略性先导科技专项（A）"分子模块设计育种创新体系""种子精准设计与创造"项目，科技部启动实施的"七大农作物育种"项目。通过项目的实施，我国在作物基因组、水稻理想株型、水稻杂种优势、养分高效利用、作物-微生物互作、作物基因组编辑和分子改良等方面均取得了一系列突破性成果，在部分研究领域已经处于世界领先地位。其中，水稻重要农艺性状的分子模块理论及其育种应用上取得的成果尤为突出，走在了分子设计育种的前沿。2015年以来，中国科学院李家洋团队与合作者利用"水稻高产优质性状形成分子机理及品种设计"理论基础和品种设计理念，成功培育出高产、优质、高抗的"中科发"系列和"嘉优中科"系列等新品种，为水稻和其他农作物的精准高效分子设计育种起到了示范引领作用。中国农业科学院万建民研究团队利用粳稻品种 Asominori 为背景、籼稻品种 IR24 为供体的65个染色体片段置换系开展水稻粒长和粒宽性状的 QTL 分析，根据 QTL 分析结果设计出大粒目标基因型，并提出实现目标基因型的最佳育种方案，于2008年选育出携带籼稻基因组片段的大粒粳稻材料。同时，小麦、大豆等作物的分子设计育种也有一定的进展。中国科学院成都生物研究所小麦研究团队通过耦合抗条锈病分子模块、无芒性状分子模块和矮秆分子模块育成了抗倒、抗病、优质、无芒、适宜机械收割的小麦新品种"川育25"。2016年，通过耦合大粒分子模块和抗条锈病分子模块，该研究团队培育出"科麦138"，使得产量比对照品种提高超过10%，被列为四川省主导小麦品种。通过导入糯性分子模块和低PPO分子模块培育出"中科糯麦1号"，实现了优质、高产、抗病等多个优良性状的有机结合。这些小麦新品种的推广对我国西南地区小麦升级换代起到了引领作用。中国科学院遗传与发育生物学研究所田志喜团队将大豆四粒荚分子模块 ln 导入不含该模块的大面积主推底盘品种"中黄13"和"科豆1号"中，培育出四粒荚比例和产量都明显增加的"科豆17"等系列大豆新品种。中国科学院东北地理与农业生态研究所刘宝辉团队结合分子模块育种理念，通过将早熟模块 e1-as 导入底盘品种，选育出了中早熟、高油、高光效、高产品种"东生77"，早熟、高油、高产品种"东生78"和高油、高产品种"东生79"。此外，中国农业科学院黄三文团队利用基因组学大数据进行了育种决策，建立了杂交马铃薯基因组设计育种流程。

三、作物种质精准设计与创制

随着生物技术的发展，种子设计与创制技术逐步走向以精准的设计育种或大数据驱动的智能化育种4.0时代，而基因编辑、人工智能、合成生物学等技术的融合加快了新技术的发展和应用，从而实现了作物性状更高效的定向改良，大大促进了作物种质的精准设计与创制。

（一）基因编辑技术的突破与应用

传统杂交育种技术从本质上是以染色体重组交换为基础，通过相关基因优化组合来创造优良品种的过程，但是存在重组交换频率低、重组位点分布不均、有害等位基因连锁等弊端。近年来出现的以CRISPR/Cas9系统为代表的基因组编辑技术极大地拓宽了动植物育种的方式方法，使"无重组育种"成为可能。基因组编辑技术利用位点特异性核酸酶在生物基因组定点突变，科学家可以根据设计蓝图在作物基因组已有基因的特定位点改变、添加或删除DNA序列。基因组编辑技术不仅可以快速优化组合天然变异，而且可以引入人工合成变异，从而拓宽了相应的作物表型变异。因为基因组编辑技术操作简便，所以其在作物育种中迅速得到了应用。

与传统育种或转基因育种技术相比，基因编辑技术具有以下优势：①目标基因的改变更精确，它能够精准地控制改变单个或多个基因，因此其产物与自然突变无任何差别。②获得相应产品的速度更快，一般来说传统育种或转基因技术需要5~10年甚至更长时间，而基因编辑产品的开发则只需1~3年。③监管相对较少，转基因作物的监管十分严苛，而基因编辑的产品因可以不带非目标外源片段减少了监管的程序。④投入更少、成本更低，由于改良作物的速度更快且监管更简单，总投入成本显著减少（殷文晶等，2023）。

随着基因组编辑技术的快速发展，利用CRISPR/Cas系统在拟南芥和玉米中逐步实现了精准的染色体大片段缺失、倒位、易位和重复，传统的染色体工程育种焕发了新的生机（刘耀光等，2019）。德国科学家首先在模式植物拟南芥中完成了基因组不同位点可遗传的倒位，随后利用卵细胞特异启动子表达Cas9蛋白靶向诱导18kb可传递的染色体易位，并在拟南芥异染色质区靶向逆转了一个1Mb hk4S倒位，重塑了该区域的减数分裂重组模式。美国杜邦公司利用CRISPR-Cas9技术实现了一个优质玉米自交系PH1V5T品种2号染色体5Mb的大片段臂间倒位，重新打开一个包含大量变异的染色体区域进行重组，为开发优良玉米新品种提供了新的基因资源。通过CRISPR-Cas9介导的染色体工程技术固定或打破了染色体上基因的遗传连锁、重构染色体基因组，在作物遗传改良和精准染色体工程育种领域表现出巨大的应用潜力。如何进一步突破现有瓶颈，在作物尤其是多倍体小麦中通过基因组编辑技术实现高效、定向、稳定的染色体重排是未来重要的探索方向。

以 CRISPR/Cas9 技术为代表的基因组编辑技术自诞生以来，已经被广泛用于农作物特定基因的编辑，目前，这一技术已被用于定向改良作物的野生近缘种，实现了野生近缘种的加速驯化。2018 年 10 月 1 日，中国和巴西两个研发团队同时报道了成功实现野生番茄的人工快速驯化案例。来自中国的研究团队采用多元 CRISPR-Cas9 编辑技术对具有抗病、耐盐特性的两个野生番茄材料进行基因组编辑，通过对 *SELFPRUNING*、*SELF-PRUNING5G*、*CLAVATA3*、*WUSCHEL* 和 *SlGGP1* 5 个基因的编辑，实现了对野生番茄株型、熟性、果实大小和维生素 C 含量的改良，在保留野生番茄突出的抗逆特性的同时，实现了快速的人工驯化；来自巴西的研究人员采用 CRISPR-Cas9 编辑技术对野生番茄的 *SELFPRUNING*、*OVATE*、*MULTIFLORA*、*FASCIATED*、*LYCOPENEBETA-CYCLASE* 和 *CLAVATA3* 6 个基因进行了基因编辑，完成了从野生番茄到栽培番茄的驯化。经过人工基因组编辑的野生番茄株型得到了优化，果实的大小增加了 3 倍、果实数量增加了 10 倍、果实番茄红素含量增加了 5 倍，具备了栽培番茄的基本特征。随着大量作物驯化基因的克隆及基因组编辑技术的进步，对具有发展潜力的野生植物进行基因组编辑，实现作物的快速从头人工驯化的时代已经到来，这一技术策略必将会在极大丰富目前已有作物种类的同时，为保证人类粮食安全和膳食健康做出巨大贡献。

美国已经成功开发出多种基因组编辑改良作物，如抗褐变蘑菇、苹果和马铃薯，并培育了高 omega-3 不饱和脂肪酸含量的亚麻荠品种。美国政府也表示，对于这些作物的安全监管不会有特殊要求，因此，预计未来会有越来越多的基因组编辑改良作物问世。中国科学家则率先利用各种操作在水稻、小麦、玉米、大麦等作物上实现了基因组编辑，包括定点突变、替换、插入、单碱基点突变、精准过表达等，同时开发了植物 CRISPR/Cas9 基因组编辑技术和 DNA-free 转化的安全作物基因组编辑育种技术。利用这些技术，科学家培育了抗白粉病小麦、香米，高维生素 C 生菜，不同糖分草莓等新品种，同时构建了作物高通量育种技术，并建立了抗病毒育种新方法。此外，科学家还发现了一种新毒素 - 抗毒素 RNA 系统，为未来新作物的创制奠定了良好的基础。

（二）合成生物学应用于新种质的创制

合成生物学（synthetic biology）是一种基于工程学的理念，通过对生物体进行有目标的设计、改造甚至是重新合成来满足人类需求。随着基因组测序、基因编辑、合成技术和功能基因组学的发展，人们已经能够在低等生命系统中对基因组进行全方位改造，甚至是从头设计和合成。合成基因组学（synthetic genomics）的研究不仅有助于在更复杂的层面认知生命的设计和构造原理，理解生命运行的本质规律，而且在能源、健康、环境和农业等领域具有广阔的应用前景。而面向农业的合成基因组学则能够从根本上改变农业的生产模式,极大地提高农作物生产效率,在减少农药和化肥使用的同时,解决人口快速增长和环境持续恶化带来的挑战,实现农业的可持续和智慧化发展(张洛等,2023)。

合成生物学根据实际应用需求,从头或重新设计并制造生物模块、生物系统和生物机器。目前,科学家已可以通过合成生物学技术从头合成噬菌体,从而创造生命;针对细菌及酵母,合成生物学研究也在积极开展。病毒、细菌和单细胞模式生物酵母的基因组的人工设计和合成研究不断取得突破,为多细胞复杂生物体系的基因组合成提供了重要的理论和方法。由于植物生命系统具有庞大的染色体组件、复杂的内源信号网络,其生长发育过程受精细的遗传和表观遗传调控,其基因组的人工设计和合成基本上处于空白。染色体作为遗传信息的载体,构建有功能的能稳定遗传的人工染色体是合成基因组学研究的重要目标。在作物育种中,合成生物学可以成为基因组编辑技术的重要补充,通过人工染色体技术有可能实现数百个基因构成的遗传网络的整体改造。虽然在植物中人工染色体尚未出现,但这一领域将是未来遗传工程技术发展的重要领域(李楠等,2022)。

合成生物技术采用工程学的模块化概念和系统设计理论,改造和优化现有自然生物体系,或从头合成具有预定功能的全新人工生物体系,不断突破生命的自然遗传法则,这标志着现代生命科学已从认识生命进入设计和改造生命的新阶段。合成生物技术在农业领域的应用,为光合作用(高光效固碳)、生物固氮(节肥增效)、生物抗逆(节水耐旱)、生物转化(生物质资源化)和未来合成食品(人造肉奶)等世界性农业生产难题提供了革命性的解决方案。

目前,利用合成生物技术提高作物光合效率的策略主要包括提高 Rubisco 酶活性、引入碳浓缩机制、减少碳损耗及提高光能利用效率等,以 C_4 光合途径导入 C_3 水稻为例,理论上 C_4 水稻光合效率和产量能够提高 50%,同时水和氮的利用效率显著提高(Batista-Silva et al.,2020)。2017 年,比尔·盖茨基金会、美国食品和农业研究基金会和英国国际发展部联合资助实现提高光合效率项目,旨在全方位提高植物光合效率,大幅提高主要粮食作物产量。目前,超过 80% 的农业用地种植的是缺乏 CO_2 浓缩机制的 C_3 植物,在 C_3 植物中引入 CO_2 浓缩机制,有望提高光合固碳效率。如向水稻中引入 5 个外源酶,在水稻中构建新的生化合成途径,使得 CO_2 以 C_4 途径的方式被富集(Mackinder et al.,2016);在植物叶绿体中引入藻类或蓝细菌中的碳浓缩机制,抑制 Rubisco 加氧酶活性,提高光合固碳效率。2019 年,美国科学家人工设计出 3 条额外的光呼吸替代路径,大大缩短了光呼吸原本迂回复杂的反应路径,培育的高光效烟草生长得更快、更高,茎部更粗大,生物量比对照植株增加 40%(South et al.,2019)。

在国际上,高效人工固氮体系的设计思路包括①改造根际固氮微生物及其宿主植物底盘,构建人工高效抗逆固氮体系。②扩大根瘤菌的寄主范围,构建非豆科作物结瘤固氮体系。③人工设计最简固氮装置,创建作物自主固氮体系。英国科学家借助菌根共生体系的部分信号通路并将其引入非豆科植物体，人工构建非豆科作物结瘤固氮体系，实现非豆科植物自主固氮。此外，通过定位突变铵同化、铵转运及固氮负调节基因或通过人工设计固氮激活蛋白 NifA 功能模块和人工小 RNA 模块构建耐铵泌铵固氮工程菌。我国科学家首次在联合固氮菌中鉴定了直接参与固氮基因表达调控的非编码 RNA，首次解析了光依赖型原叶绿素酸酯氧化还原酶 LPOR（类固氮酶）的结构及催化机制，为生物固氮智能调控和新型固氮酶合成设计提供了理论依据；通过人工设计简化固氮基因组或重构植物靶细胞器电子传递链模块，证明植物源电子传递链模块与人工固氮系统功能适配，向构建自主固氮植物，实现农业节肥增产增效的目标迈出里程碑意义的一步（Zhang et al., 2019）。

四、未来农业对种质创制的需求

（一）绿色可持续发展是基本要求

1998 年，李振声院士提出种业科研领域的主要目标之一是为"第二次绿色革命"准备基因资源，要做到"少投入，多产出，保护环境"。主要是针对在过去半个世纪第一次绿色革命所带来的负效应，即主要作物中大量矮秆、耐肥的高产品种的培育和大面积推广，在全球范围内用于作物生产的化肥、农药、水及劳动力的投入激增，产量增长与环境污染、资源消耗不成比例。而这种以高投入换取高产量，同时带来高消耗、高污染的粗放式增产方式在中国表现得尤为突出。"第二次绿色革命"的基本出发点就是要改变这种趋势。通过具有新的优良性状的品种培育和技术推广，减少化肥、农药、水及劳动力的投入，做到资源节约、环境友好，从而实现农业生产方式的根本转变、实现农业的可持续发展、保障国家粮食的生产安全（张启发等，2014）。

为了实现绿色可持续的粮食生产，育种策略需要进行大变革，以实现节约资源和保护环境。这就要求新培育的作物品种除了产量高和品质优良，还要具备多种生物胁迫的抗性，包括抗主要病虫害及非生物胁迫抗性，如干旱、盐碱、极端温度等。为了降低化肥消耗，新培育的品种应能高效利用土壤中的营养物质，包括氮、磷、钾等。

实现上述育种目标的一个例子就是由华中农业大学张启发团队提出的"绿色超级稻"的理念，同时针对解决粮食需求和可持续发展的难题。绿色超级稻旨在培育"少打农药、少施化肥、节水抗旱、优质高产"的水稻新品种。因此，绿色超级稻需要具备这几个特性：在不同的水稻产区对主要病虫害具有抗性、高效利用土壤氮和磷等营养物质、耐干旱等。培育保持高产稳产、提升环境适应性、少打农药、少施化肥、节水抗旱、抗病虫害的绿色品种是生产健康稻米的基本条件。水稻中一系列的抗稻瘟病、抗白叶枯病及抗飞虱基因得到了定位或克隆。但是还没有找到有效抗稻曲病和抗螟虫的基因，今后需要在这些方面力争有所突破。土壤重金属污染特别是镉污染严重，对食品安全和人类健康有重要影响。2010 年，Ueno 等克隆出一个控制水稻镉积累的基因 *OsHMA3*，超表达低镉积累的等位基因可以有选择性地降低种子中镉的积累,而对其他的微量元素没有影响。选育种子中镉或其他重金属含量低的品种,可以解决"重金属米"的安全隐患。另外,应该重视培育富含微量元素如富硒水稻品种,重视培育满足特殊人群需要的水稻品种,如适合糖尿病患者食用的抗性淀粉含量高的水稻品种。

总之,作物新品种育种要紧跟耕作制度变化的步伐,培育适合新耕作方法的新品种。一方面要利用分子育种技术和基因编辑技术等,加快作物功能基因组研究成果向育种应用的转化;另一方面要重视发掘新的重要基因,为设计育种提供元件。培育高产、优质的绿色品种是农业可持续和现代化发展的基本要求(Zhang et al., 2007)。

(二)营养健康是必然趋势

长期以来,高产一直是我国作物育种的首要目标,对特殊营养品质改良重视不够,作物品质改良仅限于提高蛋白质、脂类与淀粉等大量营养素方面,这种状况显然已不能满足目前我国居民对饮食健康的需求。合理的膳食结构除了提供能量,还需要提供必需的非能量营养成分,以维持人体细胞的正常功能,延缓衰老,保持健康的生理状态;反之,将会导致细胞功能异常,以致引发非传染性慢性疾病的发生。如人维生素A摄取不足会导致各种慢性眼科疾病及夜盲症的发生(Panie et al., 2005)。最新的膳食营养状况调查表明,我国居民在生活水平不断改善的同时普遍缺乏微量营养素(维生素和矿物质营养),被称为"隐性饥饿"。虽然通过服用维生素片能够部分弥补微量营养摄入不足,但是越来越多的研究表明,长期摄入人工合成的维生素可能不利人体健康。培育富含特殊营养成分的作物新品种被认为是解决"隐性饥饿"的有效途径之一(Nestel et al., 2006)。

功能农业是2008年赵其国院士在全球率先提出的农业新概念,其核心思想是农产品的营养化、功能化。2010年以来,世界农业的发展战略已经由单纯的"粮食安全保障"变为"粮食与营养安全保障"。2017年中央一号文件首次提出"加强现代生物和营养强化技术研究,挖掘开发具有保健功能的食品"。2019年6月17日,国务院的国发〔2019〕12号文件《关于促进乡村产业振兴的指导意见》进一步明确要求:"推进农业与文化、旅游、教育、康养等产业融合,发展创意农业、功能农业"。习近平总书记多次关心富硒问题,并嘱咐"一定要打好这一品牌"。2019年,在以"功能农业关键科学问题与发展战略"为主题的香山科学会议学术讨论会上,确立了功能农业是一个原创性新领域,是为应对全球性"隐性饥饿"问题的"中国方案"。

显而易见,功能农业的基础是营养强化功能作物新品种的培育和高效利用。小麦、玉米、水稻、花生和大豆中有很多对人体有益的功能营养物质,如蛋白质、微量元素、抗性淀粉、膳食纤维、各类维生素(维生素A、维生素C、维生素D、维生素E和叶酸等)、单不饱和脂肪酸、白藜芦醇、异黄酮等,对人体健康和畜禽的正常生长都起到关键作用(Martin et al., 2011)。研究发现,抗性淀粉具有调节、保护小肠,防止糖尿病和脂肪堆积,促进锌、钙、镁离子的吸收等功能，是一种非常重要的膳食纤维。目前，抗性淀粉已成为国内外营养专家和功能食品专家的研究热点，但是该类商用化的产品仅见于美国和英国，国内尚缺乏具有自主知识产权的品牌产品。普通玉米籽粒中赖氨酸含量还不到禽畜饲料通常需要量的 1/3，不足的部分通常靠添加鱼粉、豆饼、赖氨酸来补充。我国目前赖氨酸的生产能力有限，85% 以上靠进口，为此每年约需耗费外汇 1.29 亿美元。花生油富含油酸、亚油酸，二者的相对比例决定着花生油的品质和货架寿命，油酸为单不饱和脂肪酸，既能降低人体内低密度脂蛋白胆固醇含量，又能保持人体内高密度脂蛋白胆固醇含量稳定，并且丰富的油酸能降低心血管疾病发生，被誉为中国的"橄榄油"。因此，高油酸花生的培育对于保障我国食用植物油安全供给具有重要意义。大豆异黄酮是大豆生长中生成的天然生物活性物质，其会影响激素分泌、代谢生物酶活性、蛋白质合成、生长因子活性，是天然的癌症预防剂。我国是乳腺癌高发国家之一，乳腺癌及各种妇科疾病严重影响女性身体健康。实验研究表明，乳腺癌症发病率、妇科疾病发病率与居民摄入豆制品及异黄酮的量息息相关（Basu et al., 2018）。

由于长期追求产量，我国现有农作物品种的功能营养品质普遍较差。虽然可以通过农业种植方法的改进来提高农产品中矿物质（硒、锌等）与有益化合物（花青素、类胡萝卜素等）的含量，但培育和应用具有营养强化特性的功能作物新品种才是最经济有效的措施（Martin et al., 2011）。然而，我国营养强化功能作物新品种的培育还处于起步阶段，常规育种手段仍是当今农业生产上选育新品种的主要方法，其周期长、见效慢，难有重大突破。虽然从 2004 年我国就开始了以生物强化技术为基础的作物营养强化项目，但培育出的功能性作物新品种数量还很不足，仅限于锌强化的小麦和水稻，铁强化的小麦、水稻和玉米，以及维生素 A 原强化的小麦和玉米等。

但是近年来，随着分子生物学、基因组学、生物信息学、表型组学等领域的发展和生物技术的进步，分子育种、基因组编辑育种、一年多代超快育种等新型遗传改良技术不断涌现。相比于传统育种，这些新型技术可对生物体从基因到整体不同层次进行设计和操作，实现从传统"经验育种"到定向高效"精确育种"的跃升，能够极大地提高优异性状基因的挖掘、聚合及其育种应用成效。但是，目前这些新型技术在功能作物新品种培育中的高效应用仍有诸多技术壁垒尚待突破，如基因挖掘研究与育种实践结合不紧密、多种功能营养性状聚合难度大、功能营养性状与产量潜力协调提升存在矛盾等。要破解这些困难，需要尽快建成研发目标清晰、学科专业配套、具有协同创造精神的科研团队，同时给予持续的研发经费支持，如此才能增强功能农业的创新实力，并源源不断地产出具有重要战略意义和实用价值的功能作物新品种，为带动功能农产品的产业化及功能农业的大发展奠定基础。

据估计，2035 年，功能农业在全球种植业应用规模将超过 3 亿亩、产值将达到 3 万亿元。2020 年全球推出了多种功能农产品，我国功能农产品产值达到约 1000 亿元，功能农业在农业产业中的占比预计将会快速增加，2020年约为1%、2030年约为10%、2050年为50%以上，这将为功能农业产业化及其市场规模与效益的扩大带来前所未有的发展机遇。但长期以来，我国农业产业化整体水平较低，农业经营主体组织规模小、竞争力弱，直接或间接地限制了功能农产品市场的发育、壮大和成熟。再加上功能作物品种研发、种植、终端产品创制及评价等方面存在脱节现象，严重阻碍了功能农产品的产业化。但随着国家对解决三农问题的重视，以及新型农业产业和规模化农业经营主体的支持，功能农业及功能农产品的产业化正进入快速发展时期。例如，中国农业科学院营养强化项目首席科学家张春义研究员带领团队历经10年育成营养强化的高叶酸玉米，其单穗叶酸含量是普通玉米的5倍，目前已实现规模化种植与产业化经营。2018年种植面积达到1000亩，生产了300万穗高叶酸玉米，2019年种植面积10000亩，生产了3000万穗高叶酸玉米，未来有可能实现8万亩的种植规模，有超过2000万人的固定消费群体。此外，我国多个省（直辖市、自治区）纷纷建立起营养强化功能农产品生产基地和示范区。如宁夏回族自治区建设的"十万亩富硒农业功能示范区"、陕西省建立的"全国功能农业示范区"及河北省承德市建立的"河北功能农业示范市"等。

综合上述信息可以看出，培育功能作物新品种、推进营养强化功能农产品的产业化是保障国民身体健康和优质养殖业的基础，也是我国农业产业迈向高质量发展的重大助力。国家、各级政府及许多科研人员都已认识到功能农业的重要社会价值和经济价值，功能农产品研发与市场化已呈现迅猛发展之势。但客观来讲，当前我国功能农产品市场还很弱，在许多重要环节还存在亟待解决的问题和瓶颈，如功能性作物新品种数量少且培育难度大、种植不规范、专用型功能产品种类不多、营养功效评价标准和方法不健全等。在此背景下，我们建立营养强化功能作物技术创新中心，以期通过学科交叉融通及产学研用对接，尽快破解上述问题与瓶颈，释放功能作物种植及营养强化农产品消费的巨大市场潜力，从而为建设"健康中国"，以及实现农业产业现代化做出重要和富有成效的贡献。

（三）智能化是种业未来的发展方向

遗传育种研究本质上是发现基因型和表型的关联，传统方法主要依靠表型观察和育种家经验进行选择，不仅周期长，而且难以形成标准化、高效的育种体系。基因组学、分子生物学、影像学、遥感信息学、大数据科学尤其是人工智能的迅速发展，将推动育种科学发展以高维数据收集挖掘为基础、以大数据建模预测为指导的智能化育种技术体系建立（张颖等，2021）。

作物智能设计育种是基于作物重要农艺性状形成的遗传和分子基础，通过人工智能决策系统设计最佳育种方案，进而定向、高效改良和培育作物新品种的一门新兴前沿交叉学科。根据理论基础和技术手段的不同，未来智能设计育种可以分为两种范式：一是智能化的杂交育种，根据作物目标性状的遗传结构，采用分子标记辅助选择或全基因组选择策略，将优良等位基因聚合到优良遗传背景中，创造出集众多优良基因和调控模块于一身、目标性状得到明显改良的新种质或新品种。二是智能化的生物育种，其利用人工智能技术设计优异等位变异和基因组元件，利用转基因和基因编辑技术写入基因组，精准改良目标性状（Xu et al.，2022）。

作物智能设计育种特征主要表现在：智能化的杂交育种以育种大数据和育种模型为基础，精准设计自然变异的最优组合，并以最快捷的杂交组配方式实现自然变异的最优组合；智能化的生物育种利用人工智能技术和合成进化技术设计DNA/蛋白质序列，可以"道法自然、超越自然"，指导作物的基因编辑育种和合成生物学。

在遗传变异检测方面，大数据科学提升了变异检测的效率和准确性，并在筛选功能变异中起到巨大作用。第三代单分子测序技术及基于第二代测序技术的深测序项目产生了大量数据，植物遗传变异检测目标已从单个SNP转向了结构变异和插入/缺失的等位变异。在作物表型采集方面，随着基因型鉴定技术的发展，植物表型采集迅速成为遗传研究的瓶颈，因此高通量自动化表型采集技术成为未来作物科学发展所必需的技术。自动化表型采集技术主要依赖影像学及遥感技术从田间或温室采集数字化图像，利用人工智能技术翻译成人类所能理解的植物表型信息。图像数据的传输、存储、管理、翻译是实现这一技术的关键。

而对遗传变异和作物表型全面准确的鉴定，以及准确地描述两者间线性或非线性关系，是绘制未来作物设计蓝图的关键。在利用基因型–表型预测模型育种方面，国际研究呈现出单基因模型向多基因模型、线性模型向非线性模型、低维数据向高维数据转变的特点。农作物性状可分为单一基因控制的简单性状和多基因控制的复杂性状。前者可通过分子标记辅助育种模型MAS实现高效率育种选择。然而，很多重要农艺性状都是多基因控制的复杂性状，只能通过全基因组选择技术和利用个体间亲缘关系矩阵进行高效的性状预测和个体选择。在当前的玉米育种中，国际种业公司普遍采用全基因组选择技术，更加精准地聚合微效有利等位变异、清除微效有害等位变异（Varshney et al.，2020）。全基因组选择在基础理论上已经不存在尚未解决的科学问题，将该技术用于育种的难点在于如何以工程化育种的思路，以合适的体制机制将人力、物力、财力有机整合，效仿日本丰田公司"拧干毛巾上最后一滴水"的精神，实现育种流水线的高效、低成本运转。在人工智能技术辅助育种方面，美国农业公司已有应用。如原孟山都公司通过人工智能筛选，只需对最具开发潜力的品种分子进行田间测试即可帮助农民增收。国际育种公司如先锋广泛采用全基因组选择技术进行育种实践。目前，国际上正在尝试在全基因组选择模型内加入其他多组学数据，并利用人工智能模型准确预测相关遗传位点，为作物精准设计提供靶位点（Wakkace et al.，2018）。

整合数据信息存储管理、可视化、共享是实现智能高效遗传研究和育种决策的基础。针对未来作物生长发育的基本规律和功能基因组学、染色体结构的认知和表观遗传学调控及编辑、作物与相关生物的互助与拮抗、作物表型组学和遗传转化体系的建立，以及作物大数据算法、数据挖掘、分析管理技术，高效率基因组编辑技术和合成生物学等领域的基础性研究已经成为各国抢占的制高点（Araus et al., 2018）。

随着高通量基因组测序技术的发展，越来越多的作物全基因组密码被解开。在海量的基因组数据面前，控制优良性状的基因是哪些？什么样的基因组合才能产出最优的作物品种？上述分子标记有效利用与定向育种的先决条件人们却不得而知。明确哪些分子标记与哪些性状关联，可以借助机器学习模型或深度学习模型帮助育种家根据基因型预测表型（Lee et al., 2018）。人工智能技术突破了人的经验，使作物育种更加精准且高效。深度学习领域的新分支——生成模型技术可以从大量已知的生物学序列中总结规律，进而从头设计具有优异生化特性的、全新的生物学序列。例如，通过学习自然界的启动子DNA序列，生成模型可以设计自然界不存在的启动子；通过学习自然界的蛋白质，生成模型可以设计自然界不存在的蛋白质。

机器学习是借助计算机算法建立模型并解析数据，通过不断学习数据的自身特征并训练模型，从而实现对目标对象的判断和预测。传统的基于线性模型的机器学习方法由于不考虑生物学过程背后的分子机制，造成模型不会"举一反三"，在某个基因上学习到的特征不能运用到有相似分子机制的基因，并且不能有效预测低频、罕见变异的表型效应。以玉米为例，玉米自然群体中就有超过50%的变异属于低频、罕见变异。以基因组序列为预测变量的深度学习模型可以克服这一难点。研究人员以基因家族代替单个基因为单位随机分配训练集和测试集数据，以解决"进化依赖"造成的模型"过拟合"问题。接着进一步利用多种算法对模型进行解析，获得了调控基因表达的关键DNA基序（Ghasal et al., 2018）。在此模型基础上，研究人员利用进化上亲缘关系较近的两个物种成功预测了同源基因的相对表达量，进一步获得了调控同源基因相对表达量的关键DNA基序。可以发现，深度学习模型通过模拟分子生物学过程，可在自然群体中预测直接产生表型的因果变异，而非和因果变异紧密连锁的变异。未来可以针对因果变异进行基因组编辑，直接将有利自然变异引入现有的育种材料。

此外，与传统高投入、大规模的田间试验相比，人工神经网络模型可在计算机中对基因组DNA序列进行虚拟诱变，并利用模型预测变异的结果。以人工神经网络为代表的新一代人工智能技术具有更强大的数据挖掘能力，正推动作物育种走向智能化的"4.0"时代。

五、展望

当今世界正经历百年未有之大变局，新一轮科技革命和产业变革突飞猛进，科学研究范式正在发生深刻变革，学科交叉融合不断发展，新一轮科技革命和产业变革重塑全球经济格局，国际力量对比深刻调整，新冠疫情影响广泛深远，国际环境日趋复杂。2020年中央经济工作会议明确提出"尊重科学、严格监管，有序推进生物育种产业化应用"，同时指出"要开展种源'卡脖子'技术攻关，立志打一场种业翻身仗"，这表明我国农业生物育种技术研发及其产业化发展已进入自立自强、跨越式发展的新阶段。但我国生物育种研发面临着一系列制约因素，在政策层面存在法律法规不完善、产业化政策不配套和体制机制不适应问题等；在技术层面存在原始创新薄弱、关键技术缺乏和创新链条脱节等问题；在产业化环境方面存在知识产权保护乏力、科学普及有待加强和生物伦理管理缺位等问题。只有克服上述制约因素，才能加快我国生物育种技术研发与产业化进程，增强我国现代农业核心竞争力，实现科技自立自强，保障国家粮食安全、生态安全与国民营养健康。

第一，在国家政策层面需要有更多的支持和倾斜。要进一步且持续强化生物育种发展的战略意义，完善国家生物育种创新发展体系，推动我国由生物育种产业大国向强国的快速转变；要加强原始创新与知识产权保护，建立和完善知识产权保护与转化新机制，健全分子设计育种知识产权体系，确保关键共性技术自主可控，"中国碗装中国粮"；要完善我国生物育种管理法规体系，注重生物安全与生物伦理监管，作为一项变革性的新兴技术，特别是基因组编辑在我国亟须政策加持，以推动新技术产品产业化发展。

第二，要围绕我国种业发展和创新中亟须解决的生产问题，在技术层面有更多的原始创新，并进一步发展和推广。针对我国农业生物种质资源多样性与演化规律不清的科学问题，应用多重组学、泛组学、人工智能和系统生物学等揭示农作物从野生种到地方品种再到现代品种发展过程中重要性状的形成与演化规律，阐明种质资源驯化和改良中的遗传调控机理。针对未来农业生物分子设计所面临的关键技术瓶颈，研发种子精准设计与创造亟须的变革性、颠覆性技术，构建种子精准设计的技术体系。同时针对我国农业农村现代化对粮食安全、绿色发展、健康生活、极端气候响应和战略新兴产业发展的重大需求，精准培育和创造增产提质、减投增效、减损促稳的新型农业资源，实现对现有品种的跨越升级，引领精准农业发展。

参考文献

［1］景海春，田志喜，种康，等. 分子设计育种的科技问题及其展望概论［J］. 中国科学（生命科学），2021，51（10）：1356-1365.

［2］张学勇，马琳，郑军. 作物驯化和品种改良所选择的关键基因及其特点［J］. 作物学报，2017，43（2）：157-170.

［3］贾冠清，孟强，汤沙，等. 主要农作物驯化研究进展与展望［J］. 植物遗传资源学报，2019，20（6）：1355-1371.

［4］张静昆，李文佳，曾鹏，等. 作物从头驯化策略的提出与进展［J］. 中国农业科技导报，2022，24（12）：68-77.

［5］LIN Z W，LI X R，SHANNON L M Y，et al. Parallel Domestication of the Shattering1 Genes in Cereals［J］. Nature genetics，2012，44（6）：720-U154.

［6］WU J，WANG Y T，XU J B，et al. Diversification and Independent Domestication of Asian and European Pears［J］. Genome Biology，2018，19（1）：77.

［7］刘杰，黄学辉. 作物杂种优势研究现状与展望［J］. 中国科学（生命科学），2021，51（10）：1396-1404.

［8］袁隆平. 水稻的雄性不孕性［J］. 科学通报，1966，11（4）：185.

［9］程式华. 中国水稻育种百年发展与展望［J］. 中国稻米，2021，27（4）：1-6.

［10］许明学，荆绍凌，苗万波. 玉米杂交育种的历史回顾与展望［J］. 玉米科学，2000，8（1）：28-30.

［11］万建民. 作物分子设计育种［J］. 作物学报，2006，32（3）：455-462.

［12］王建康，李慧慧，张学才，等. 中国作物分子设计育种［J］. 作物学报，2011，37（2）：191-201.

［13］殷文晶，陈振概，黄佳慧，等. 基于CRISPR-Cas9基因编辑技术在作物中的应用［J］. 生物工程学报，2023，39（2）：399-424.

［14］刘耀光，李构思，张雅玲，等. CRISPR/Cas植物基因组编辑技术研究进展［J］. 华南农业大学学报，2019，40（5）：38-49.

［15］张洛，王正阳，蒋建东，等. 农业领域合成生物学研究进展分析［J］. 江苏农业学报，2023，39（2）：547-556.

［16］李楠，许哲平，郭晓真，等. 植物合成生物学领域发展态势分析［J］. 中国农业科技导报，2022，24（9）：24-38.

［17］BATISTA-SILVA W，DA FONSECA-PEREIRA P，MARTINS A O，et al. Engineering Improved Photosynthesis in the Era of Synthetic Biology［J］. Plant Communications，2020，1（2）：1000032.

［18］MACKINDER L C M，MEYER M T，METTLER-ALTMANN T，et al. A Repeat Protein Links Rubisco to Form the Eukaryotic Carbon-concentrating Organelle［J］. Proceedings of the National Academy of Sciences of the United States of America，2016，113（21）：5958-5963.

［19］SOUTH P F，CAVANAGH A P，LIU H W，et al. Synthetic Glycolate Metabolism Pathways Stimulate Crop Growth and Productivity in the Field［J］. Science，2019，363（6422）：45.

［20］ZHANG S W，HEYES D J，FENG L L，et al. Structural Basis for Enzymatic Photocatalysis in Vhlorophyll Biosynthesis［J］. Nature，2019，574（7780）：722.

［21］STEPHENS N，DI SILVIO L，DUNSFORD I，et al. Bringing Cultured Meat to Market：Technical，Socio-political，and Regulatory Challenges in Cellular Agriculture［J］. Trends Food Sci Tech，2018，78：155-166.

［22］张启发，刘海军. 未来作物育种对绿色技术的需求［J］. 华中农业大学学报，2014，33（6）：10-15.

［23］ZHANG Q. Strategies for Developing Green Super Rice［J］. Proceedings of the National Academy of Sciences of the United States of America，2007，104（42）：16402-16409.

［24］PAINE J A，SHIPTON C A，CHAGGAR S，et al. Improving the Nutritional Value of Golden Rice Through Increased Pro-vitamin A Content［J］. Nature Biotechnology，2005，23（4）：482-487.

［25］NESTEL P，BOUIS H E，MEENAKSHI J V，et al. Biofortification of staple food crops［J］. J Nutr，2006，136（4）：1064-1067.

［26］MARTIN C，BUTELLI E，PETRONI K，et al. How Can Research on Plants Contribute to Promoting Human Health? The Plant cell，2011，23（5）：1685-1699.

［27］BASU P，MAIER C. Phytoestrogens and Breast Cancer：In Vitro Anticancer Activities of Isoflavones，Lignans，Coumestans，Stilbenes and their Analogs and Derivatives［J］. Biomed Pharmacother，2018，107：1648-1666.

［28］张颖，廖生进，王璟璐，等. 信息技术与智能装备助力智能设计育种［J］. 吉林农业大学学报，2021，

43（2）：119-129.

[29] XU Y B, ZHANG X P, LI H H, et al. Smart Breeding Driven by Big Data, Artificial Intelligence, and Integrated Genomic-enviromic Prediction [J]. Molecular Plant, 2022, 15（11）：1664-1695.

[30] VARSHNEY R K, SINHA P, SINGH V K, et al. 5Gs for Crop Genetic Improvement. Current Opinion in Plant Biology, 2020（56）：190-196.

[31] WALLACE J G, RODGERS-MELNICK E, BUCKLER E S. On the Road to Breeding 4.0：Unraveling the Good, the Bad, and the Boring of Crop Quantitative Genomics [J]. Annual Review of Genetics, 2018, 52：421-444.

[32] ARAUS J L, KEFAUVER S C, ZAMAN-ALLAH M, et al. Translating High-Throughput Phenotyping into Genetic Gain [J]. Trends in Plant Science, 2018, 23（5）：451-466.

[33] LEE U, CHANG S, PUTRA G A, et al. An Automated, High-throughput Plant Phenotyping System Using Machine Learning Based Plant Segmentation and Image Analysis [J]. Plos One, 2018, 13（4）：e0196615.

[34] GHOSAL S, BLYSTONE D, SINGH A K, et al. An Explainable Deep Machine Vision Framework for Plant Stress Phenotyping [J]. Proceedings of the National Academy of Sciences of the United States of America, 2018, 115（18）：4613-4618.

作者：严建兵　陈　伟

统稿：杨新泉　倪中福

ABSTRACTS

Comprehensive Report

With the continuous acceleration of China's agricultural modernization, the discipline of seed science is playing an increasingly important role in promoting high-quality agricultural development, enhancing stress resistance, and ensuring food security. This comprehensive report aims to comprehensively explore the development trends of China's seed science discipline in the next five years, and propose relevant strategic needs and key development directions.

Summary of Seed Science: Through a review of the development process of China's seed science discipline and the current role of seed science in the context of China's seed industry revitalization, China's seed science is facing new opportunities and challenges.

The latest research progress in this discipline in recent years: comprehensively summarize and sort out the research status of China's seed science discipline in the past five years, and explore the clear and urgent strategic needs for future development. The primary task is to strengthen genetic improvement and innovative research, and cultivate higher quality, high-yield, and stress resistant crop varieties through cutting-edge technologies such as gene editing. In the process of addressing climate change, improving crop adaptability and stress resistance will be the research focus for the next five years. The integration of digital agriculture and intelligent planting technology will promote fundamental changes in agricultural production methods. To achieve the goal of intelligent agriculture, we need to strengthen the application of information technology in seed production and agricultural management. At the same time, it emphasizes ecological friendliness and sustainable development, and reduces the negative impact of agriculture on the environment through organic agriculture and low-carbon agriculture models.

Comparison of domestic and international development: By sorting out the global development situation of the seed industry, comparing the differences in domestic and international development, it is clear that the widespread application of gene editing technology, the rise of intelligent agriculture, and the promotion of innovation through multi field integration will become the main trends in the development of China's seed science discipline in the next five years. Through the forward-looking layout of technology, the discipline of seed science will usher in more brilliant development prospects.

Summary and Outlook: The continuous innovation of technology has provided rich development opportunities for the discipline of seed science in China. We need to fully leverage the collaborative role of research institutions, universities, and enterprises, strengthen international exchanges and cooperation, and continuously promote innovation and progress in China's seed science discipline. Only by keeping up with the trend of the times and seizing opportunities, can China's discipline of seed science demonstrate a more unique style on the global stage, and take solid steps towards promoting China's agricultural modernization.

Reports on Special Topics

This special report aims to provide a detailed description of the latest progress in basic research and technological applications in China's seed science discipline, highlighting current research hotspots and important achievements. These advances not only promote the deep development of seed science in China, but also provide rich scientific support for the agricultural field. Through in-depth research on gene editing technology, intelligent agriculture, and eco-friendly planting, we will outline the possible development blueprint of the discipline of seed science in the next five years, closely aligning with the needs of China's agricultural modernization, and proposing clear development strategies and directions. Future research will pay more attention to the combination of basic theory and practical applications, and by deeply exploring the biological characteristics of seeds, we will help promote the sustainability of China's agricultural technology Leapfrog development.